최상위수학

이 책을 만드신 선생님
최문섭 최희영 한송이 송낙천 김종군 민승기 남덕우 김의진

이 책을 검토하신 선생님
최상위에듀 집필연구소

최상위수학 중 1-1
펴낸날 [초판 1쇄] 2023년 10월 15일 [초판 3쇄] 2025년 3월 1일
펴낸이 이기열
펴낸곳 (주)디딤돌 교육
주소 (03972) 서울특별시 마포구 월드컵북로 122 청원선와이즈타워
대표전화 02-3142-9000
구입문의 02-322-8451
내용문의 02-336-7918
팩시밀리 02-335-6038
홈페이지 www.didimdol.co.kr
등록번호 제10-718호
구입한 후에는 철회되지 않으며 잘못 인쇄된 책은 바꾸어 드립니다.
이 책에 실린 모든 삽화 및 편집 형태에 대한 저작권은 (주)디딤돌 교육에 있으므로 무단으로 복사 복제할 수 없습니다.

최상위 수학

중 1-1

디딤돌

Structure

상위권을 위한 심화 학습 교재,
최상위 수학

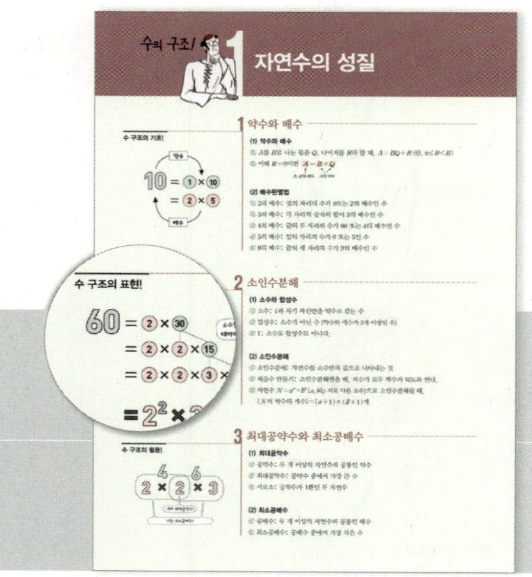

중단원 개념 정리

학습할 내용을 한눈에 파악할 수 있도록 핵심
내용만을 **이미지화**하여 정리했습니다.

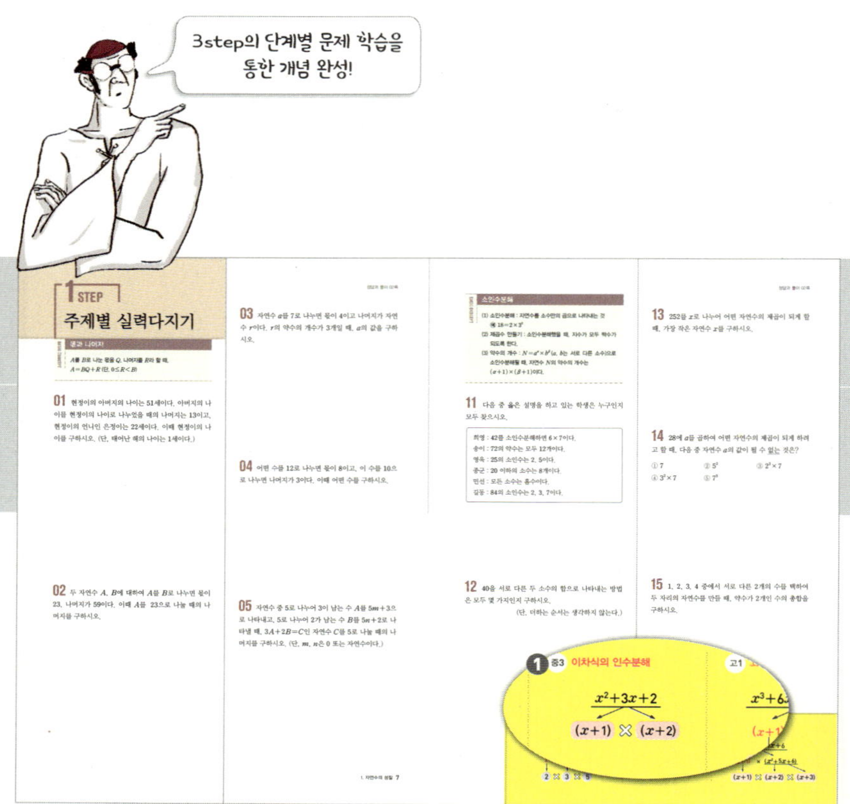

1 STEP ▶ 주제별 실력 다지기

고난도 문제 유형들을 주제별로 정리하여
차근차근 실력을 쌓을 수 있도록 하였습니다.

❶ 고등까지 연결되는 중등개념을 통해 학년별
내용을 연계하여 파악하고 연계된 내용 안에서
의 핵심을 볼 수 있도록 하였습니다

단원 종합 문제

단원에서 학습한 내용을 토대로 종합적인 형태의
문제 해결 능력을 키우는 문제들로 구성하였습니다.

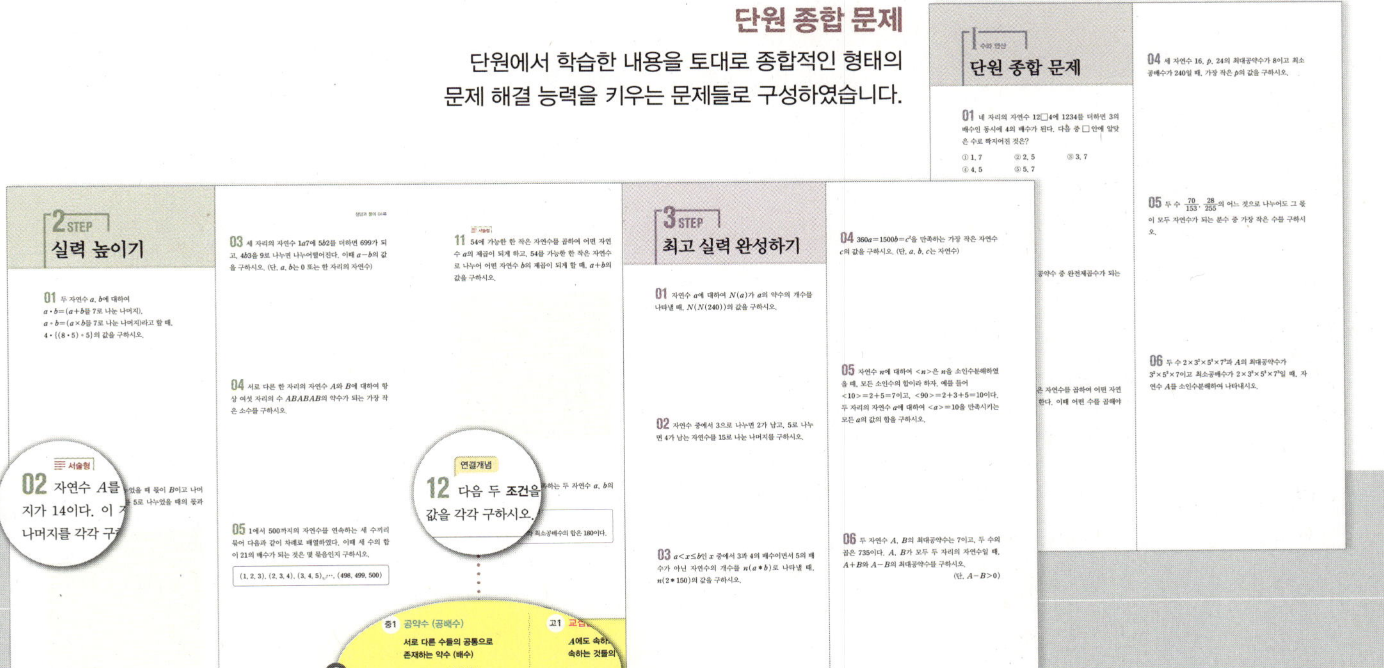

2STEP ▶ 실력 높이기

보다 심도깊게 설계된 문제들을 통해 실전
감각을 익히고, **서술형 문항**을 통해 논리적인
사고를 키울 수 있도록 하였습니다.

❷ 다른 단원이나 고학년, 고등까지 연계되는
연결 개념들을 소개하여 보다 깊이있는 개념
학습을 할 수 있도록 하였습니다.

3STEP ▶ 최고 실력 완성하기

문제해결력을 요구하는 심화문제들을 통해서
최고의 실력을 완성할 수 있도록 하였습니다.

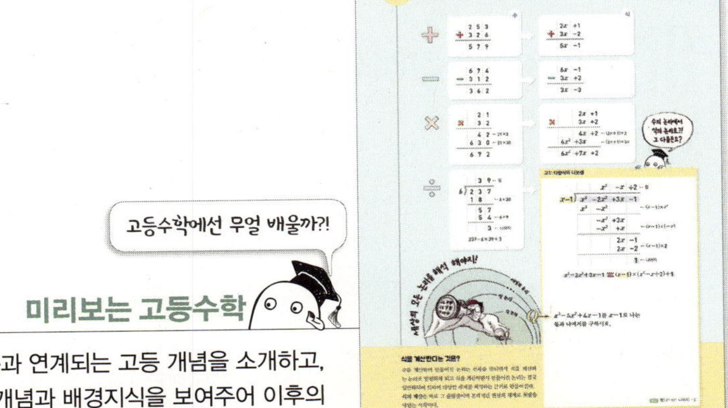

미리보는 고등수학

중단원 내용과 연계되는 고등 개념을 소개하고,
확장된 개념과 배경지식을 보여주어 이후의
학습에 대한 방향성을 제시하였습니다.

Contents

I

수와 연산

1 자연수의 성질

2 정수와 유리수

3 정수와 유리수의 계산

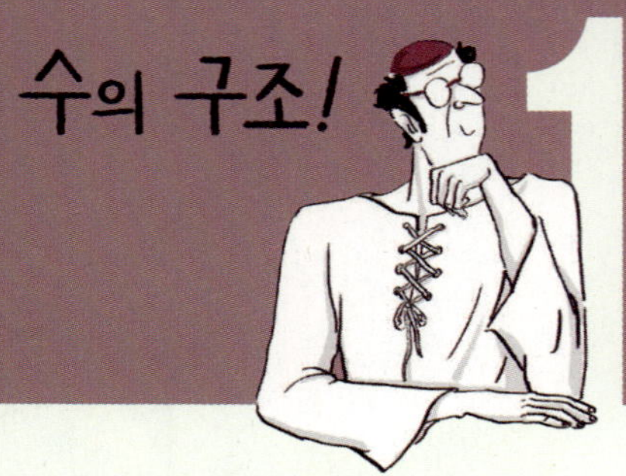

1 자연수의 성질

1 약수와 배수

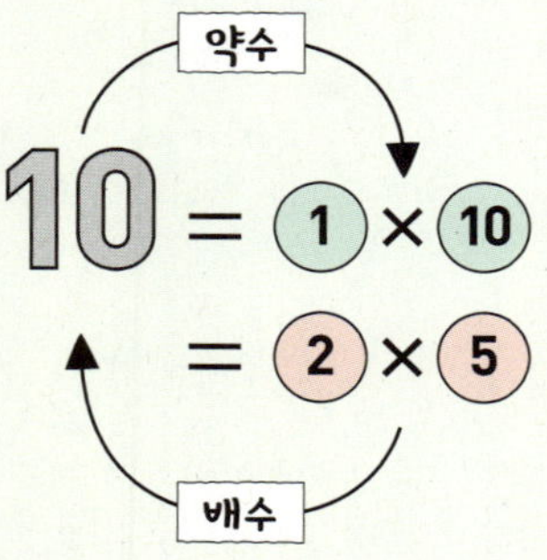

(1) 약수와 배수

① A를 B로 나눈 몫을 Q, 나머지를 R라 할 때, $A=BQ+R$ (단, $0 \le R < B$)

② 이때 $R=0$이면 $A=B \times Q$

B, Q의 배수 A의 약수

(2) 배수판별법

① 2의 배수: 일의 자리의 수가 0 또는 2의 배수인 수

② 3의 배수: 각 자리의 숫자의 합이 3의 배수인 수

③ 4의 배수: 끝의 두 자리의 수가 00 또는 4의 배수인 수

④ 5의 배수: 일의 자리의 수가 0 또는 5인 수

⑤ 9의 배수: 각 자리의 숫자의 합이 9의 배수인 수

2 소인수분해

(1) 소수와 합성수

① 소수: 1과 자기 자신만을 약수로 갖는 수 (약수의 개수가 2개인 수)

② 합성수: 1보다 큰 자연수 중에서 소수가 아닌 수 (약수의 개수가 3개 이상인 수)

③ 1: 소수도 합성수도 아니다.

(2) 소인수분해

① 소인수분해: 자연수를 소수만의 곱으로 나타내는 것

② 제곱수 만들기: 소인수분해했을 때, 지수가 모두 짝수가 되도록 한다.

③ 자연수 $N=a^\alpha \times b^\beta$ (a, b는 서로 다른 소수)으로 소인수분해될 때,

$$(N의 \; 약수의 \; 개수)=(\alpha+1) \times (\beta+1)$$

3 최대공약수와 최소공배수

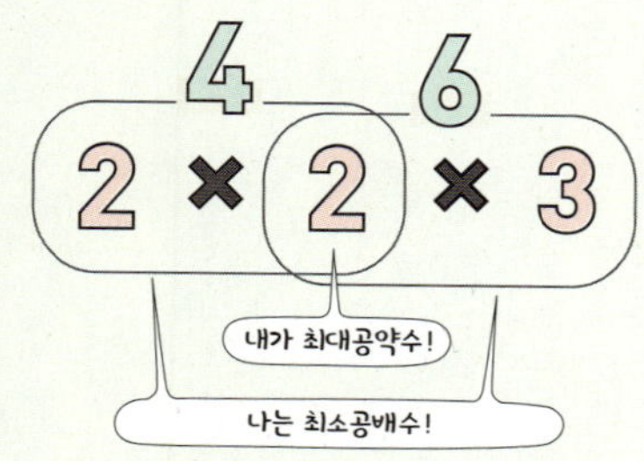

(1) 최대공약수

① 공약수: 두 개 이상의 자연수의 공통인 약수

② 최대공약수: 공약수 중에서 가장 큰 수

③ 서로소: 공약수가 1뿐인 두 자연수

(2) 최소공배수

① 공배수: 두 개 이상의 자연수의 공통인 배수

② 최소공배수: 공배수 중에서 가장 작은 수

1 STEP

주제별 실력다지기

몫과 나머지

A를 B로 나눈 몫을 Q, 나머지를 R라 할 때,
$A = BQ + R$ (단, $0 \leq R < B$)

01 현정이의 아버지의 나이는 51세이다. 아버지의 나이를 현정이의 나이로 나누었을 때의 나머지는 13이고, 현정이의 언니인 은정이는 22세이다. 이때 현정이의 나이를 구하시오. (단, 태어난 해의 나이는 1세이다.)

02 두 자연수 A, B에 대하여 A를 B로 나누면 몫이 23, 나머지가 59이다. 이때 A를 23으로 나눌 때의 나머지를 구하시오.

03 자연수 a를 7로 나누면 몫이 4이고 나머지가 자연수 r이다. r의 약수의 개수가 3개일 때, a의 값을 구하시오.

04 어떤 수를 12로 나누면 몫이 8이고, 이 수를 10으로 나누면 나머지가 3이다. 이때 어떤 수를 구하시오.

05 자연수 중 5로 나누어 3이 남는 수 A를 $5m+3$으로 나타내고, 5로 나누어 2가 남는 수 B를 $5n+2$로 나타낼 때, $3A+2B=C$인 자연수 C를 5로 나눌 때의 나머지를 구하시오. (단, m, n은 0 또는 자연수이다.)

배수판별법

(1) 2의 배수: 일의 자리의 수가 0 또는 2의 배수
(2) 3의 배수: 각 자리의 숫자의 합이 3의 배수
(3) 4의 배수: 끝의 두 자리의 수가 00 또는 4의 배수
(4) 5의 배수: 일의 자리의 수가 0 또는 5
(5) 6의 배수: 각 자리의 숫자의 합이 3의 배수이면서 일의 자리의 수가 0 또는 2의 배수
(6) 9의 배수: 각 자리의 숫자의 합이 9의 배수
(7) 25의 배수 : 끝의 두 자리의 수가 00 또는 25의 배수

06 9009는 a의 배수이다. 다음 중 a로 적당하지 <u>않은</u> 것은?

① 7 ② 9 ③ 11
④ 13 ⑤ 27

07 네 자리의 수 3□□2가 4의 배수가 되는 경우는 모두 몇 가지인지 구하시오.

08 네 자리의 수 95□4는 4의 배수이면서 동시에 9의 배수이다. □ 안에 알맞은 수를 구하시오.

09 $\boxed{0}$, $\boxed{2}$, $\boxed{4}$의 세 장의 카드를 한 번씩 사용하여 만들 수 있는 세 자리의 수 중 가장 작은 4의 배수와 가장 큰 3의 배수의 합을 구하시오.

10 4개의 수 0, 1, 2, 3 중에서 서로 다른 세 개의 수를 이용하여 세 자리의 자연수를 만들 때, 3의 배수는 몇 개인지 구하시오.

소인수분해

(1) 소인수분해 : 자연수를 소수만의 곱으로 나타내는 것
　　예 $18 = 2 \times 3^2$

(2) 제곱수 만들기 : 소인수분해했을 때, 지수가 모두 짝수가 되도록 한다.

(3) 약수의 개수 : $N = a^\alpha \times b^\beta$ (a, b는 서로 다른 소수)으로 소인수분해될 때, 자연수 N의 약수의 개수는 $(\alpha+1) \times (\beta+1)$이다.

11 다음 중 옳은 설명을 하고 있는 학생은 누구인지 모두 찾으시오.

> 희영 : 42를 소인수분해하면 6×7이다.
> 송이 : 72의 약수는 모두 12개이다.
> 영욱 : 25의 소인수는 2, 5이다.
> 종군 : 20 이하의 소수는 8개이다.
> 민선 : 모든 소수는 홀수이다.
> 길동 : 84의 소인수는 2, 3, 7이다.

12 40을 서로 다른 두 소수의 합으로 나타내는 방법은 모두 몇 가지인지 구하시오.

（단, 더하는 순서는 생각하지 않는다.）

13 252를 x로 나누어 어떤 자연수의 제곱이 되게 할 때, 가장 작은 자연수 x를 구하시오.

14 28에 a를 곱하여 어떤 자연수의 제곱이 되게 하려고 할 때, 다음 중 자연수 a의 값이 될 수 없는 것은?

① 7
② 5^2
③ $2^2 \times 7$
④ $3^2 \times 7$
⑤ 7^3

15 1, 2, 3, 4 중에서 서로 다른 2개의 수를 택하여 두 자리의 자연수를 만들 때, 약수가 2개인 수의 총합을 구하시오.

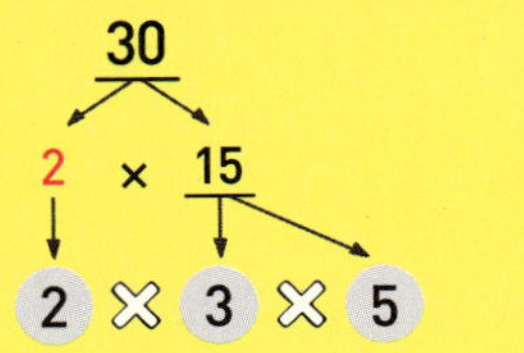

16 서로 다른 두 자연수 a, b의 공약수의 개수를 $\langle a,\ b \rangle$라고 할 때, 다음 중 a, b가 서로소인 경우를 나타낸 것은?

① $\langle a,\ b \rangle = 0$ ② $\langle a,\ b \rangle = 1$

③ $\langle a,\ b \rangle = 3$ ④ $\langle a,\ b \rangle = a$

⑤ $\langle a,\ b \rangle = b$

17 450과 675의 공약수 중에서 어떤 자연수의 제곱이 되는 모든 수의 합을 구하시오.

18 구름이의 할아버지, 아버지, 삼촌의 나이는 각각 72세, 44세, 36세이다. 구름이의 나이의 약수가 이 세 분의 나이의 공약수와 같다고 할 때, 구름이의 나이를 구하시오.

19 자연수 k의 약수 중 임의의 수를 $C(k)$라고 하자. 즉, $C(8)$은 1, 2, 4, 8 중의 하나를 뜻한다. $C(12)$이면서 $C(18)$인 수가 항상 $C(k)$가 된다고 할 때, 자연수 k의 값을 구하시오.

20 최대공약수가 6인 두 자연수 a, b 중 작은 자연수 b는 4의 배수이고 이 두 자연수의 곱 $a \times b$가 1512일 때, 이 두 자연수의 순서쌍 $(a,\ b)$를 모두 구하시오.

최대공약수의 활용

(1) a를 나누면 m이 남고, b를 나누면 n이 남는 수 중 가장 큰 수는 $a-m$과 $b-n$의 최대공약수이다. (단, a, b는 자연수)
(2) '되도록 많은', '가능한 한 큰' 등의 표현이 있는 문제는 최대공약수의 문제이므로 주어진 수들의 최대공약수를 구해서 접근한다.

21 어떤 수로 50을 나누면 2가 남고, 89를 나누면 5가 남을 때, 어떤 수를 모두 구하시오.

22 200을 x로 나누면 4가 남고, 100을 x로 나누면 2가 남을 때, 모든 x의 값의 합을 구하시오.

23 밑면의 가로의 길이가 54 cm, 세로의 길이가 36 cm, 높이가 72 cm인 직육면체 모양의 나무토막을 잘라서 남은 부분이 없도록 가능한 한 큰 여러 개의 정육면체 모양의 나무토막을 만들면 한 모서리의 길이가 a cm인 정육면체 모양의 나무토막을 b개 만들 수 있다고 한다. 이때 $a+b$의 값을 구하시오.

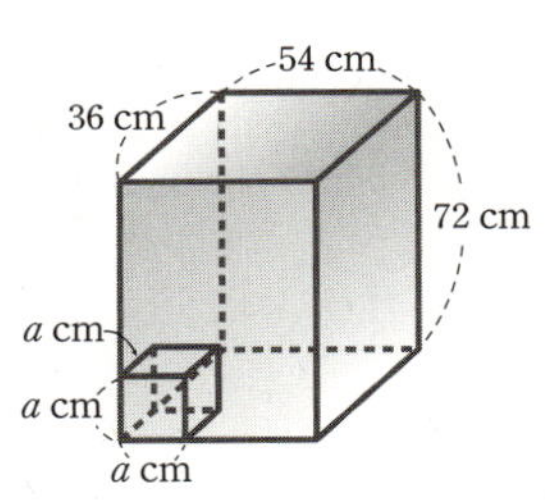

24 가로의 길이가 48 m, 세로의 길이가 60 m인 직사각형 모양의 농장의 둘레를 따라 같은 간격으로 나무를 심으려고 한다. 나무의 개수가 최소가 되도록 하려면 나무는 모두 몇 그루가 필요한지 구하시오.
(단, 농장의 네 귀퉁이에는 반드시 나무를 심는다.)

25 사과 87개, 배 56개, 감 77개를 몇 명의 학생들에게 똑같은 개수로 나누어 줄 때, 사과는 3개 모자라고, 배는 2개 남고, 감은 5개 남는다. 이때 가능한 학생 수를 모두 구하시오.

공배수와 최소공배수

(1) 공배수: 두 개 이상의 자연수의 공통인 배수
(2) 최소공배수: 공배수 중에서 가장 작은 수
(3) 성질: 공배수는 최소공배수의 배수이다.

26 세 수 12, 14, 20의 공배수 중에서 500에 가장 가까운 수를 구하시오.

27 세 자연수의 비가 4 : 5 : 6이고 최소공배수가 240일 때, 세 자연수의 합을 구하시오.

최소공배수의 활용

(1) a로 나누어도, b로 나누어도 m이 남는 수는 a와 b의 최소공배수의 배수에 각각 m을 더한 수이다. (단, a, b는 자연수)
(2) '되도록 작은', '가능한 한 작은' 등의 표현이 있는 문제는 최소공배수의 문제이므로 주어진 수들의 최소공배수를 구해서 접근한다.

28 $x=21a+4=14b+4$를 만족하는 가장 큰 두 자리의 자연수 x를 구하시오. (단, a, b는 자연수)

29 두 자리의 자연수 중에서 4로 나누어도, 5로 나누어도 나머지가 1인 자연수는 모두 몇 개인지 구하시오.

30 14와 20의 어느 것으로 나누어도 나머지가 7인 수 중에서 가장 작은 세 자리의 자연수를 구하시오.

31 자연수 N을 3, 4, 5, 6, 7로 각각 나누면 나머지가 모두 1이다. 이를 만족하는 N 중에서 1500에 가장 가까운 수를 구하시오.

32 톱니의 수가 각각 24개, 30개, 20개인 세 톱니바퀴 A, B, C가 다음 그림과 같이 두 점 P, Q에서 서로 맞물려있다. 세 톱니바퀴가 회전하기 시작하여 처음으로 다시 같은 두 지점 P, Q에서 동시에 맞물리려면 톱니바퀴 B는 몇 번 회전해야 하는지 구하시오.

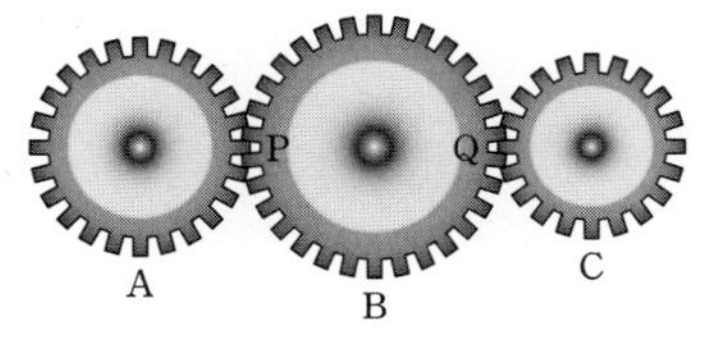

33 장날은 5일마다 돌아오는데 6월 9일은 일요일이고 장날이었다. 같은 해 7월 중에서 일요일이면서 장날이 되는 날은 7월 며칠인지 구하시오.

34 신호등 A, B, C가 있다. A는 9초 동안 켜져 있다가 3초 동안 꺼지고, B는 12초 동안 켜져 있다가 6초 동안 꺼지고, C는 18초 동안 켜져 있다가 6초 동안 꺼진다고 한다. 세 개의 신호등이 동시에 켜진 후 처음으로 다시 동시에 켜지기까지 몇 초가 걸리는지 구하시오.

35 3으로 나누면 1이 남고, 4로 나누면 2가 남고, 6으로 나누면 4가 남는 자연수 중에서 500에 가장 가까운 수를 구하시오.

최대공약수와 최소공배수의 관계

(1) 최대공약수와 최소공배수의 관계 : 두 수 A, B의 최대공약수를 G, 최소공배수를 L이라 하면 서로소인 두 자연수 a, b에 대하여 $A=aG$, $B=bG$이면
  ① $L=abG=aB=bA$
  ② $AB=LG$

(2) 두 분수 $\dfrac{b}{a}$, $\dfrac{d}{c}$의 어느 것에 곱해도 자연수가 되는 가장 작은 분수는 $\dfrac{(a,\ c\text{의 최소공배수})}{(b,\ d\text{의 최대공약수})}$이다.

36 두 수 $3\times a\times 7^2$과 $b\times 5\times 7\times 11$의 최대공약수가 $3\times 5\times 7$이고 최소공배수가 $3\times 5\times 7^2\times 11$일 때, $a+b$의 값을 구하시오.

37 두 수 28과 A의 최대공약수가 14이고 최소공배수가 84일 때, A의 값을 구하시오.

38 세 수 36, N, 90의 최대공약수가 18이고 최소공배수가 540일 때, N의 값을 모두 구하시오.

39 두 자리의 자연수 A, B의 최대공약수는 2, 최소공배수는 144일 때, $A+B$의 값을 구하시오.

40 두 분수 $\dfrac{3}{16}$, $\dfrac{9}{28}$ 중 어느 것에 곱하여도 그 곱이 자연수가 되는 분수 중에서 가장 작은 분수의 분자를 a라고 할 때, a의 약수의 개수를 구하시오.

2 STEP
실력 높이기

01 두 자연수 a, b에 대하여
$a \cdot b = (a+b$를 7로 나눈 나머지$)$,
$a \circ b = (a \times b$를 7로 나눈 나머지$)$라고 할 때,
$4 \cdot \{(8 \cdot 5) \circ 5\}$의 값을 구하시오.

02 자연수 A를 15로 나누었을 때 몫이 B이고 나머지가 14이다. 이 자연수 A를 5로 나누었을 때의 몫과 나머지를 각각 구하시오.

03 세 자리의 자연수 $1a7$에 $5b2$를 더하면 699가 되고, $4b3$을 9로 나누면 나누어떨어진다. 이때 $a-b$의 값을 구하시오. (단, a, b는 0 또는 한 자리의 자연수)

04 서로 다른 한 자리의 자연수 A와 B에 대하여 항상 여섯 자리의 수 $ABABAB$의 약수가 되는 가장 작은 소수를 구하시오.

05 1에서 500까지의 자연수를 연속하는 세 수끼리 묶어 다음과 같이 차례로 배열하였다. 이때 세 수의 합이 21의 배수가 되는 것은 몇 묶음인지 구하시오.

$$(1, 2, 3), (2, 3, 4), (3, 4, 5), \cdots, (498, 499, 500)$$

06 100 이하의 자연수 중 14와 서로소인 수는 모두 몇 개인지 구하시오.

07 자연수 a에 대하여 $\langle a \rangle$는 a의 약수의 개수라 하자. $\langle 36 \rangle \times \langle x \rangle = 36$일 때, 이를 만족하는 자연수 x의 최솟값을 구하시오.

08 1, 2, 3, 4, 5, 6 중에서 서로 다른 2개의 수를 택하여 두 자리의 자연수를 만들 때, 약수의 개수가 홀수인 수를 모두 구하시오.

09 $2^3 \times \square$는 약수가 8개인 가장 작은 자연수이다. $\square$ 안에 알맞은 수를 구하시오.

10 $24 \times a = b^2$을 만족하는 가장 작은 자연수 a, b와 자연수 m에 대하여 $\dfrac{a+b}{m}$는 어떤 자연수의 제곱수일 때, m의 값을 모두 구하시오.

11 54에 가능한 한 작은 자연수를 곱하여 어떤 자연수 a의 제곱이 되게 하고, 54를 가능한 한 작은 자연수로 나누어 어떤 자연수 b의 제곱이 되게 할 때, $a+b$의 값을 구하시오.

연결개념

12 다음 두 **조건**을 모두 만족하는 두 자연수 a, b의 값을 각각 구하시오.

┌─ 조건 ─┐

(가) $a : b = 7 : 5$
(나) a와 b의 최대공약수와 최소공배수의 합은 180이다.

13 어떤 수에 $1\dfrac{7}{8}$을 곱하거나 이 어떤 수를 $\dfrac{5}{12}$로 나누어도 결과는 자연수가 될 때, 어떤 수가 될 수 있는 가장 작은 수를 구하시오.

14 다음 **조건**을 모두 만족하는 세 자리의 자연수 중에서 가장 큰 값을 구하시오.

┌─ 조건 ─┐

(가) 소인수분해하였을 때, 서로 다른 소인수가 3개이고, 이 소인수들의 합은 12이다.
(나) 약수가 12개이다.

여기도 속하고 저기도 속하는 것들?

중1 **공약수 (공배수)**	고1 **교집합**
서로 다른 수들의 공통으로 존재하는 약수 (배수)	A에도 속하고 B에도 속하는 것들의 모임

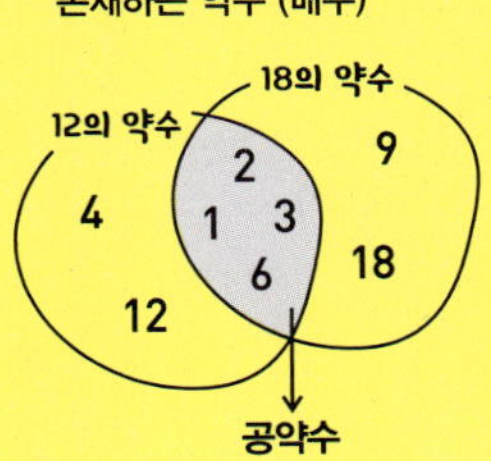

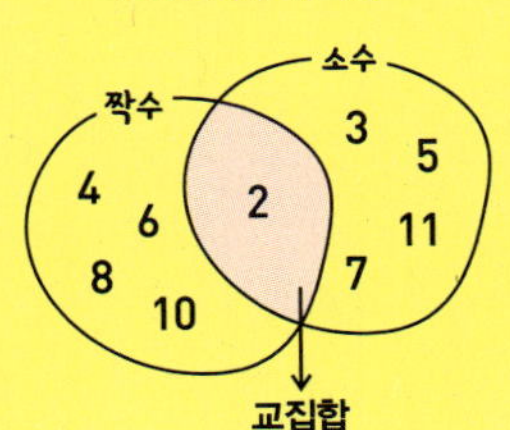

15 세 자리의 자연수 중에서 3, 4, 5, 6의 어느 수로 나누어도 나머지가 항상 2인 가장 작은 수를 7로 나눌 때의 나머지를 구하시오.

16 수련회에서 학생들에게 간식을 나누어 주려고 하는 데 빵은 19개, 귤은 53개, 음료수는 42개가 있다. 모든 학생들에게 똑같이 나누어 주려면 빵은 5개, 귤은 7개가 부족하고, 음료수는 6개가 남는다. 이때, 학생 수와 한 학생이 받게 될 음료수는 몇 개인지 차례대로 구하시오.

17 매일 개관하는 도서관에서 3일마다 하루 봉사활동을 하는 사람과 6일마다 하루 봉사활동을 하는 사람이 어느 월요일에 함께 봉사활동을 하였다. 이 두 사람이 다시 처음으로 함께 봉사활동을 하게 되는 월요일은 그로부터 며칠 후인지 구하시오.

18 두 자연수 a, b의 최대공약수는 4이고, a와 b의 곱이 576일 때, 가능한 순서쌍 (a, b)의 개수를 구하시오.

19 문섭이가 사탕 한 봉지를 사서 친구들에게 선물을 주려고 한다. 3개씩 포장하면 1개가 남고, 5개씩 포장하면 3개가 남고, 7개씩 포장하면 5개가 남는다. 사탕 한 봉지에는 몇 개의 사탕이 들어 있는지 구하시오.
(단, 사탕 한 봉지에 들어 있는 사탕은 200개 미만이다.)

20 다음 **조건**을 모두 만족하는 세 자리의 자연수 A는 모두 몇 개인지 구하시오.

┌─ 조건 ─┐
(가) A와 12의 최대공약수는 6이다.
(나) A와 135의 최대공약수는 45이다.

21 자연수 m의 배수는 항상 6과 8의 공배수 중에서 찾을 수 있다고 한다. 이때 자연수 m의 값 중 두 번째로 작은 수를 구하시오.

22 부산역에서 서울역으로 가는 KTX는 오전 6시부터 16분 간격으로 출발하고, 수서역으로 가는 SRT는 오전 6시 30분부터 18분 간격으로 출발한다. 부산역에서 오전 11시와 정오 사이에 두 열차가 동시에 출발하는 시각을 구하시오.

23 밸런타인데이를 맞이하여 길동이는 초콜릿 42개, 초코칩 쿠키 70개, 막대사탕 56개를 되도록 많은 학생들에게 남김없이 똑같이 나누어 주려고 한다. 나누어 줄 학생 수가 x명, 학생 한 명이 받을 초콜릿이 y개, 초코칩 쿠키가 z개, 막대사탕이 w개일 때, x와 $y+z+w$의 최소공배수를 구하시오.

01 자연수 a에 대하여 $N(a)$가 a의 약수의 개수를 나타낼 때, $N(N(240))$의 값을 구하시오.

02 자연수 중에서 3으로 나누면 2가 남고, 5로 나누면 4가 남는 자연수를 15로 나눈 나머지를 구하시오.

03 $a < x \leq b$인 x 중에서 3과 4의 배수이면서 5의 배수가 아닌 자연수의 개수를 $n(a * b)$로 나타낼 때, $n(2 * 150)$의 값을 구하시오.

04 $360a = 1500b = c^2$을 만족하는 가장 작은 자연수 c의 값을 구하시오. (단, a, b, c는 자연수)

05 자연수 n에 대하여 $<n>$은 n을 소인수분해하였을 때, 모든 소인수의 합이라 하자. 예를 들어 $<10> = 2 + 5 = 7$이고, $<90> = 2 + 3 + 5 = 10$이다. 두 자리의 자연수 a에 대하여 $<a> = 10$을 만족시키는 모든 a의 값의 합을 구하시오.

06 두 자연수 A, B의 최대공약수는 7이고, 두 수의 곱은 735이다. A, B가 모두 두 자리의 자연수일 때, $A + B$와 $A - B$의 최대공약수를 구하시오.

(단, $A - B > 0$)

07 두 자연수 a, b에 대하여 ◎, ◆을 다음과 같이 약속하자.

$$a◎b=(a,\ b\text{의 최대공약수}),$$
$$a◆b=(a,\ b\text{의 최소공배수})$$

$A=(12◎14)◆5$, $B=18◎(8◆12)$일 때, $(A◎n)◆B=B$를 만족시키는 모든 한 자리의 자연수 n의 값의 합을 구하시오.

08 어떤 자연수 n을 소인수분해했을 때, 소인수 2의 지수를 $\langle n \rangle$, 소인수 3의 지수를 $≪n≫$이라고 하자. 예를 들어 $12=2^2×3^1$일 때, $\langle 12 \rangle=2$, $≪12≫=1$이다. 이때 $\langle x \rangle+≪x≫=3$을 만족하는 100 이하의 자연수 x의 개수를 구하시오.

(단, $\langle x \rangle$와 $≪x≫$는 자연수이다.)

09 원 둘레를 같은 방향으로 움직이는 세 점 A, B, C가 3분에 각각 원을 45바퀴, 30바퀴, 60바퀴씩 돈다. 원 둘레 위의 한 점 P에서 세 점 A, B, C가 동시에 출발한 후 1시간 동안 점 P를 동시에 통과하는 횟수를 구하시오.

10 네 수 2613, 2243, 1503, 985를 같은 자연수로 나누었을 때의 나머지가 모두 같다고 한다. 이때 나누는 수와 나머지를 각각 모두 구하시오.

(단, 나머지는 0이 아니다.)

수처럼 식도 계산할 수 있다!

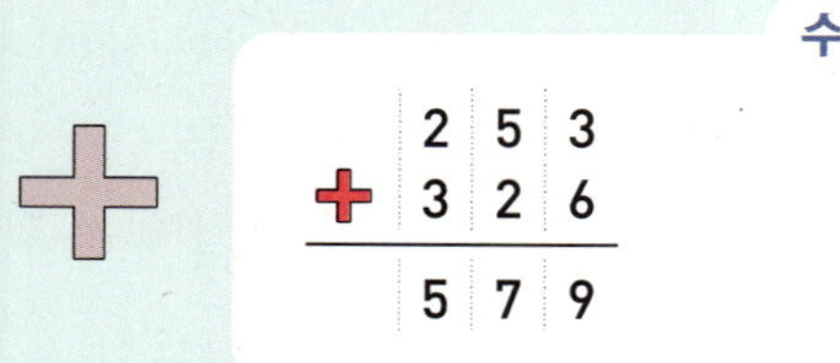

수

$$\begin{array}{r} 253 \\ +\ 326 \\ \hline 579 \end{array}$$

식

$$\begin{array}{rr} 2x & +1 \\ +\ 3x & -2 \\ \hline 5x & -1 \end{array}$$

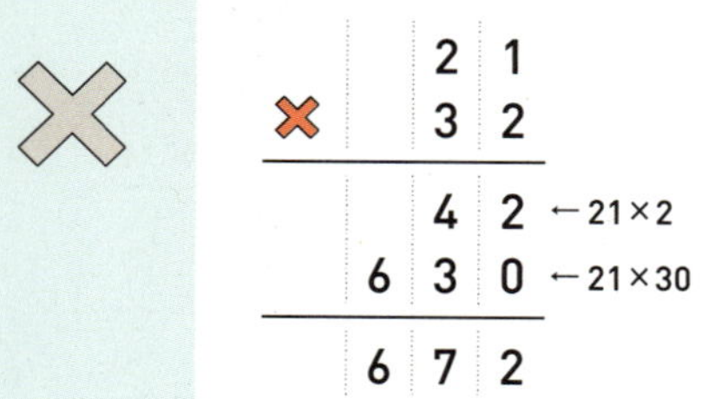

$$\begin{array}{r} 674 \\ -\ 312 \\ \hline 362 \end{array}$$

$$\begin{array}{rr} 6x & -1 \\ -\ 3x & +2 \\ \hline 3x & -3 \end{array}$$

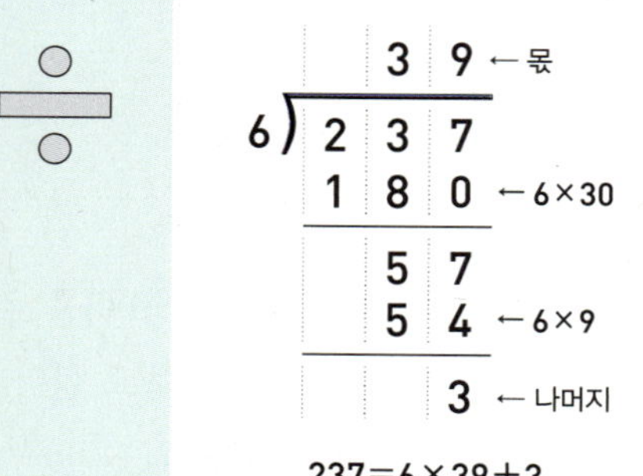

$$\begin{array}{r} 21 \\ \times\ 32 \\ \hline 42 \quad \leftarrow 21\times2 \\ 630 \quad \leftarrow 21\times30 \\ \hline 672 \end{array}$$

$$\begin{array}{rr} 2x & +1 \\ \times\ 3x & +2 \\ \hline 4x & +2 \quad \leftarrow (2x+1)\times2 \\ 6x^2 \ +3x & \quad \leftarrow (2x+1)\times3x \\ \hline 6x^2 \ +7x & +2 \end{array}$$

$$6\ \overline{)\ 237} \quad \begin{array}{l} 39 \leftarrow \text{몫} \\ \end{array}$$

$$\begin{array}{r} 39 \leftarrow \text{몫} \\ 6\ \overline{)\ 237} \\ 180 \leftarrow 6\times30 \\ \hline 57 \\ 54 \leftarrow 6\times9 \\ \hline 3 \leftarrow \text{나머지} \end{array}$$

$$237 = 6\times39 + 3$$

고1: 다항식의 나눗셈

$$x-1\ \overline{)\ x^3\ -2x^2\ +3x\ -1} \quad \begin{array}{l} x^2\ -x\ +2 \leftarrow \text{몫} \end{array}$$

$$\begin{array}{r} x^2\ -x\ +2 \leftarrow \text{몫} \\ x-1\ \overline{)\ x^3\ -2x^2\ +3x\ -1} \\ x^3\ -x^2 \quad\quad \leftarrow (x-1)\times x^2 \\ \hline -x^2\ +3x \\ -x^2\ +x \quad \leftarrow (x-1)\times(-x) \\ \hline 2x\ -1 \\ 2x\ -2 \leftarrow (x-1)\times2 \\ \hline 1 \leftarrow \text{나머지} \end{array}$$

$$x^3 - 2x^2 + 3x - 1 = (x-1)\times(x^2 - x + 2) + 1$$

Q $x^3 - 5x^2 + 4x - 1$을 $x-1$로 나눈 몫과 나머지를 구하시오.

식을 계산한다는 것은?

수를 계산하며 만들어진 논리는 문자를 만나면서 식을 계산하는 논리로 발전하게 되고 식을 계산하면서 만들어진 논리는 결국 일반화되어 드디어 다양한 세계를 해석하는 근거로 만들어진다. **식의 계산**은 바로 그 출발점이며 본격적인 연산의 세계로 첫발을 내딛는 시작이다.

정답 몫: $x^2 - 4x$ 나머지: -1

2 정수와 유리수

1 정수

(1) 정수: 양의 정수, 0, 음의 정수를 통틀어 일컫는 수

① 양의 정수 (자연수): 자연수에 양의 부호 +를 붙인 수

② 음의 정수: 자연수에 음의 부호 −를 붙인 수

(2) 절댓값 (기호 | |로 표현)

① 정의: 수직선 위에서 어떤 수 a를 나타내는 점과 원점 사이의 거리

② 표현: $|a| = \begin{cases} a & (a \geq 0) \\ -a & (a < 0) \end{cases}$

※ 주의!!
음의 부호 (−)가 붙어있으므로 음수처럼 보이지만
a가 음수이므로 $-a$는 양수이다.

(3) 정수의 대소 관계 :

① 음의 정수는 0보다 작고, 양의 정수는 0보다 크다. 즉, (음의 정수)$< 0 <$(양의 정수)

② 양의 정수는 절댓값이 큰 수가 크다. 즉, $a > 0$, $b > 0$일 때, $|a| > |b|$이면 $a > b$이다.

③ 음의 정수는 절댓값이 큰 수가 작다. 즉, $a < 0$, $b < 0$일 때, $|a| > |b|$이면 $a < b$이다.

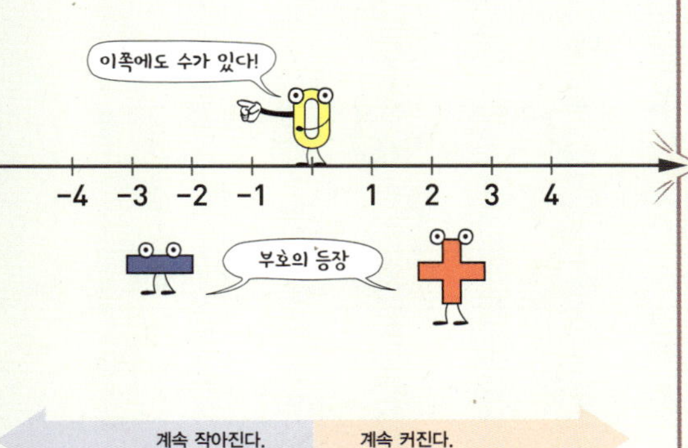

2 유리수

(1) 유리수: 두 정수 a, b에 대하여 $\dfrac{a}{b}$ (단, $b \neq 0$)꼴로 나타낼 수 있는 수

① 양의 유리수: 유리수에 양의 부호 +를 붙인 수 예 $+\dfrac{1}{2}$, $+\dfrac{2}{3}$, $+\dfrac{5}{4}$, …

② 음의 유리수 : 유리수에 음의 부호 −를 붙인 수 예 $-\dfrac{1}{2}$, $-\dfrac{2}{3}$, $-\dfrac{5}{4}$, …

(2) 유리수의 대소 관계

① 음수는 0보다 작고, 양수는 0보다 크다. 즉, (음수)$< 0 <$(양수)

② 양수는 절댓값이 큰 수가 크다.

③ 음수는 절댓값이 큰 수가 작다.

(3) 유리수 $\dfrac{b}{a}$의 크기

① $\dfrac{b}{a} > 1$이면 $|b| > |a|$ $\begin{cases} a > 0,\ b > 0 일\ 때,\ b > a \\ a < 0,\ b < 0 일\ 때,\ b < a \end{cases}$

② $0 < \dfrac{b}{a} < 1$이면 $|b| < |a|$ $\begin{cases} a > 0,\ b > 0 일\ 때,\ b < a \\ a < 0,\ b < 0 일\ 때,\ b > a \end{cases}$

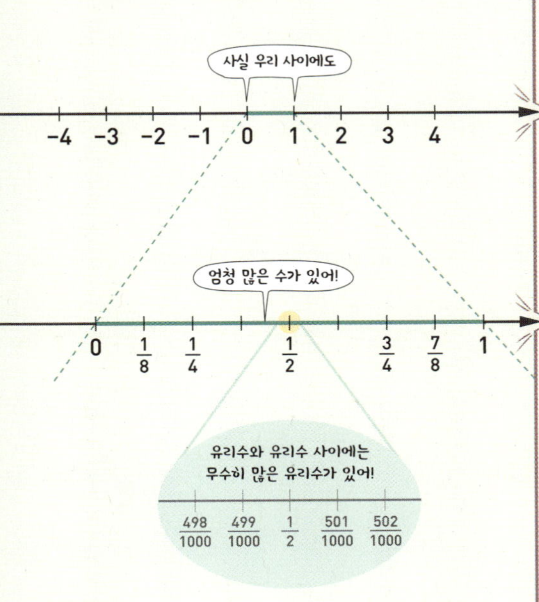

주제별 실력다지기

수의 분류

(1) 정수의 정의

　양의 정수, 0, 음의 정수를 통틀어 정수라고 한다.

(2) 유리수의 정의

　두 정수 a, b에 대하여 $\dfrac{a}{b}$ (단, $b \neq 0$) 꼴로 나타낼 수 있는 수

(3) 수의 분류

$$\text{유리수} \begin{cases} \text{정수} \begin{cases} \text{양의 정수 (자연수)} \ (\text{예} \ +1, +2, +3, \cdots) \\ 0 \\ \text{음의 정수} \ (\text{예} \ -1, -2, -3, \cdots) \end{cases} \\ \text{정수가 아닌 유리수} \left(\text{예} \ -\dfrac{1}{2}, \dfrac{1}{3}, 0.01, \cdots \right) \end{cases}$$

01 다음 중 옳은 설명을 하고 있는 학생은 누구인지 모두 찾으시오.

> 희영: 0은 유리수가 아니다.
> 영욱: 정수는 유리수가 아니다.
> 길동: 유리수는 양의 정수, 0, 음의 정수로 이루어져 있다.
> 송이: 모든 자연수는 유리수이다.
> 민선: 두 정수 사이에는 또 다른 정수가 반드시 존재한다.
> 종군: 두 유리수 사이에는 또 다른 유리수가 반드시 존재한다.
> 낙천: 정수는 모두 유리수이다.

02 대지와 구름이는 다음과 같은 게임 규칙을 만들었다.

> ❶ 대지가 기약분수를 말할 때마다 구름이는 그것보다 작은 정수 중 가장 큰 수를 말한다.
> ❷ ❶에서 대지는 기약분수를 말할 때, 분모가 모두 달라야 한다.

두 사람이 위의 규칙에 따라 아래 표와 같이 5회에 걸쳐 게임을 하였을 때, 물음에 답하시오.

구분	1회	2회	3회	4회	5회
대지	$\dfrac{1}{2}$	$-\dfrac{8}{3}$	$\dfrac{9}{5}$	㉮	$\dfrac{29}{7}$
구름	a	b	c	3	d

(1) 네 정수 a, b, c, d의 값을 각각 구하시오.

(2) ㉮에 들어갈 수로 알맞은 것은?

　① $\dfrac{7}{2}$　　② $\dfrac{14}{4}$　　③ $\dfrac{19}{6}$

　④ $\dfrac{25}{6}$　　⑤ $\dfrac{23}{8}$

정수의 절댓값과 대소 관계

(1) 절댓값
  ① 정의: 수직선 위에서 어떤 수 a를 나타내는 점과 원점 사이의 거리
  ② 표현: $|a|$로 표현
  $\quad\quad a \geq 0$이면 $|a|=a$, $a<0$이면 $|a|=-a$
  ③ $|a|<b$ (단, b는 양수) $\Longleftrightarrow$ $-b<a<b$
  $\quad |a|>b$ (단, b는 양수) $\Longleftrightarrow$ $a<-b$ 또는 $a>b$
(2) 정수의 대소 관계
  ① 음의 정수는 0보다 작고, 양의 정수는 0보다 크다.
  즉, (음의 정수)$<0<$(양의 정수)
  ② 양의 정수는 절댓값이 큰 수가 크다.
  ③ 음의 정수는 절댓값이 큰 수가 작다.

03 다음 중 옳지 <u>않은</u> 것을 모두 고르면? (정답 2개)

① 절댓값이 3인 정수는 $+3$뿐이다.
② $a>0$이면 $|-a|=a$이다.
③ 가장 작은 정수는 0이다.
④ 가장 작은 양의 정수는 1이다.
⑤ 절댓값이 가장 작은 정수는 0이다.

04 두 정수 A, B의 절댓값이 같고 A가 B보다 6만큼 클 때, A, B의 값을 각각 구하시오.

05 수직선 위의 두 정수 A, B를 나타내는 점에서 같은 거리에 있는 점에 대응하는 수는 3이고 $|A|=8$일 때, 가능한 B의 값을 모두 구하시오.

06 $a<0$일 때, $-|a|-2|a|+(-|-a|)$를 간단히 하시오.

07 서로 다른 두 정수 a, b에 대하여
$\quad a \triangle b = (a, b$ 중 절댓값이 큰 수$)$,
$\quad a \triangledown b = (a, b$ 중 절댓값이 작은 수$)$
라 할 때, $(-5)\triangledown\{(-7)\triangle(-3)\}$의 값을 구하시오.

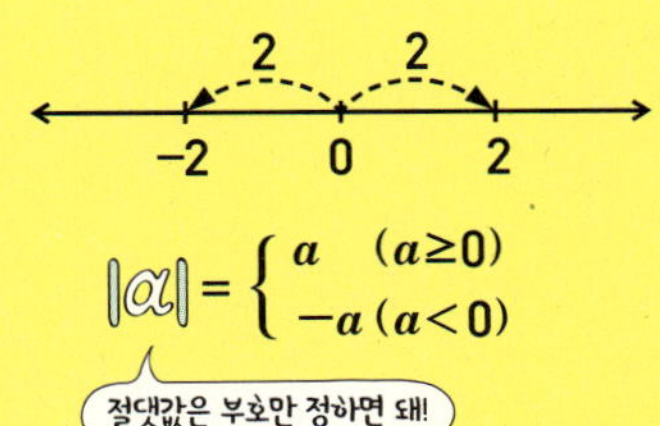

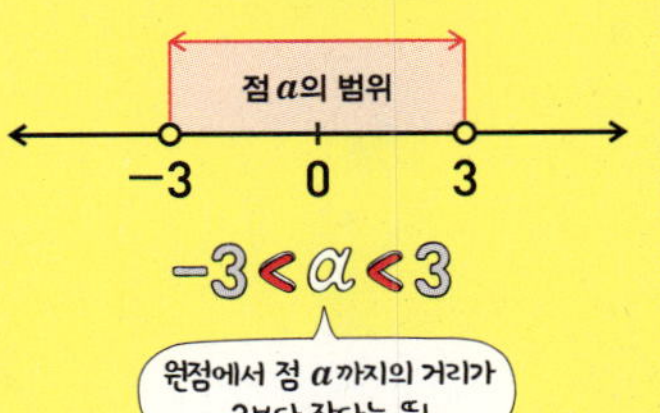

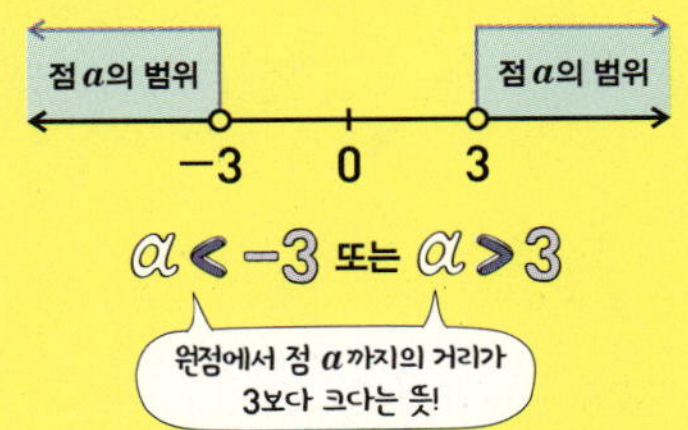

08 다음 수들에 대한 설명 중 옳지 <u>않은</u> 것을 모두 고르면? (정답 3개)

$$3.4, \quad -5, \quad \frac{3}{2}, \quad 0.04, \quad -\frac{2}{3}, \quad 0, \quad \frac{4}{7}$$

① 가장 큰 수는 3.4이다.

② 절댓값이 가장 작은 수는 0.04이다.

③ $\frac{1}{2}$보다 작은 수는 3개이다.

④ 음수 중 가장 큰 수는 -5이다.

⑤ 절댓값이 가장 큰 수와 절댓값이 가장 작은 수의 합은 -5이다.

09 (나)에 해당하는 수 중 최대인 수와 최소인 수를 **보기**에서 고르시오.

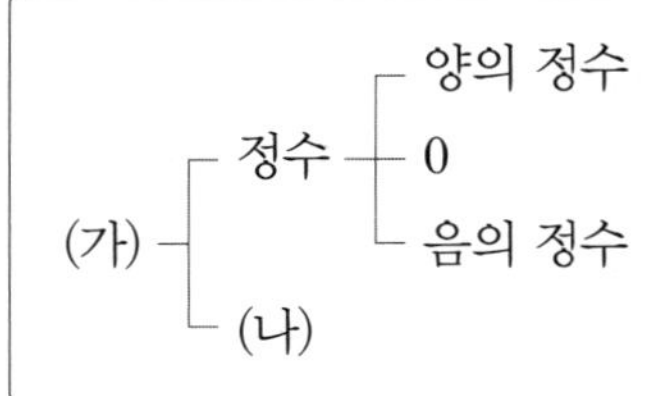

보기

$$-3, \quad -\frac{6}{2}, \quad +\frac{1}{5}, \quad -\frac{7}{5}, \quad 0, \quad \frac{8}{3}, \quad -9, \quad \frac{11}{4}, \quad -\frac{2}{7}$$

10 $-\frac{9}{7}$와 $\frac{1}{3}$ 사이에 있는 수 중에서 분모가 14이고 정수가 아닌 유리수의 개수를 구하시오.

11 $\frac{1}{3}$보다 크고 $\frac{1}{2}$보다 작거나 같은 유리수 중에서 분모가 12인 기약분수를 구하시오.

부등호의 사용

(1) $a>b$: 'a는 b보다 크다.' 또는 'a는 b 초과이다.'

(2) $a<b$: 'a는 b보다 작다.' 또는 'a는 b 미만이다.'

(3) $a\geq b$: 'a는 b보다 크거나 같다.' 또는 'a는 b 이상이다.'
또는 'a는 b보다 작지 않다.'

(4) $a\leq b$: 'a는 b보다 작거나 같다.' 또는 'a는 b 이하이다.'
또는 'a는 b보다 크지 않다.'

12 다음 중 두 수의 대소 관계로 옳은 것을 모두 고르면? (정답 2개)

① $-\dfrac{3}{2}<-\dfrac{4}{3}$ 　② $+0.1<-9$

③ $|-11|>\left|+\dfrac{23}{2}\right|$ 　④ $|-1|<0$

⑤ $\dfrac{11}{2}>\dfrac{13}{3}$

13 $|x|<\dfrac{5}{2}$인 정수 x에 대하여 각각의 절댓값의 총합을 구하시오.

14 $|a|=b$일 때, 다음 중 성립할 수 <u>없는</u> 것은?

① $a<0$ 　② $a>0$ 　③ $a=b$

④ $b<0$ 　⑤ $a<b$

15 다음은 서로 다른 세 정수 a, b, c에 대하여 네 사람이 나눈 대화이다. 이때 a, b, c의 대소 관계를 부등호를 사용하여 나타내시오.

> 낙천: c가 b보다 0에 더 가까워.
> 송이: c는 7보다 크더라.
> 영욱: a와 b는 모두 -3보다 크네.
> 길동: a와 -3의 절댓값이 같아.

문자로 주어진 수의 대소 관계

문자의 값의 범위가 주어진 경우: 문자 대신 문자의 값의 범위 안의 적당한 수를 대입하여 대소를 비교한다.

(예) $-1<a<0$일 때, $-a, \dfrac{1}{a}, -\dfrac{1}{a}, a^2$의 대소 비교

$a=-\dfrac{1}{2}$을 대입하여 대소를 비교한다.

$\Rightarrow -a=-\left(-\dfrac{1}{2}\right)=\dfrac{1}{2}$

$\Rightarrow \dfrac{1}{a}=1\div a=1\div\left(-\dfrac{1}{2}\right)=1\times(-2)=-2$

$\Rightarrow -\dfrac{1}{a}=2\left(\because \dfrac{1}{a}=-2\right)$

$\Rightarrow a^2=a\times a=\left(-\dfrac{1}{2}\right)\times\left(-\dfrac{1}{2}\right)=\dfrac{1}{4}$

$\therefore \dfrac{1}{a}<a^2<-a<-\dfrac{1}{a}$

16 $2<x<4$일 때, 다음 중 가장 큰 수는?

① x^2　　　② $2x$　　　③ x^3

④ $\dfrac{1}{x^3}$　　　⑤ $|x|$

17 $0<x<1$일 때, 다음 중 가장 작은 수는?

① $\dfrac{1}{x}$　　　② $|x|$　　　③ $-x$

④ x^2　　　⑤ $\dfrac{1}{x^2}$

18 $-\dfrac{1}{2}<a<\dfrac{1}{2}$일 때, 다음 중 가장 작은 수를 구하시오.

$$|a| \qquad a+1 \qquad -a-1 \qquad \dfrac{1}{1+a}$$

19 $0<a<\dfrac{1}{2}$일 때, 다음 중 가장 큰 수는?

① $\dfrac{1}{a+2}$　　　② $\dfrac{1}{a}$　　　③ $\dfrac{1}{3a}$

④ $-\dfrac{1}{a}$　　　⑤ $\dfrac{1}{a^2}$

2 STEP
실력 높이기

01 다음 설명 중 옳은 것을 모두 고르면? (정답 2개)

① 유리수는 양의 유리수와 음의 유리수로 나누어진다.

② 자연수 중 유리수가 아닌 수도 있다.

③ 0은 양의 정수도 음의 정수도 아니다.

④ 유리수는 분자가 정수이고 분모가 0이 아닌 정수인 분수로 나타낼 수 있는 수이다.

⑤ 두 정수 사이에는 적어도 1개 이상의 정수가 반드시 존재한다.

02 다음 설명 중 옳지 <u>않은</u> 것은?

① $a > 0$이면 $|-a| - |a| = -2a$

② 절댓값이 0인 수는 한 개 존재한다.

③ 절댓값이 3 이하인 정수는 7개이다.

④ 음수는 절댓값이 큰 수가 작다.

⑤ $2 < |x| \leq 3$인 정수 x는 2개이다.

03 정수 x가 수직선 위의 3을 나타내는 점에서 거리가 5인 점에 대응되고, $|x-7| \leq 3$일 때, x의 개수를 구하시오.

≡ 서술형

04 $|x| - |y| = 1$이고, $|y| = 2$를 만족하는 x, y에 대하여 $|x+y|$의 최댓값을 M, 최솟값을 m이라 할 때, $M+m$의 값을 구하시오.

05 $a \times b \times c < 0$, $a+b+c > 0$을 만족하는 정수 a, b, c 중 양수의 개수를 구하시오.

06 $a<0$, $b<0$이고 $|a|<|b|$일 때, 0, a, b의 대소 관계를 부등호를 사용하여 나타내시오.

07 $a<0$, $b>0$이고 $|a|=2|b|$일 때, $-a$, $-b$, $\dfrac{a+b}{2}$, $a-b$의 대소 관계를 부등호를 사용하여 나타내시오.

08 수직선 위의 서로 다른 네 점 A, B, C, D가 나타내는 수를 각각 a, b, c, d라 할 때, 다음 **조건**을 모두 만족시키는 a, b, c, d를 작은 수부터 차례대로 쓰시오.

> ┌ 조건 ┐
>
> (가) 점 B는 점 A보다 원점으로부터 2배만큼 더 멀리 떨어져 있다.
>
> (나) 점 C는 점 A와 점 B로부터 같은 거리만큼 떨어져 있다.
>
> (다) 점 A와 점 C는 원점을 기준으로 서로 같은 방향에 있다.
>
> (라) 네 점 중 한 점만 원점의 오른쪽에 있다.

09 $[a]$는 a보다 크지 않은 최대의 정수를 나타낸다. 예를 들어, $[5.1]=5$, $[-4]=-4$이다. $[-3.7]=x$, $[-2.5]=y$, $[7.1]=z$라 할 때, $|x|+y+|z|$의 값을 구하시오.

10 다음 두 **조건**을 모두 만족하는 음의 정수 x, y의 순서쌍 (x, y)를 모두 구하시오.

조건
(가) $x > y$
(나) $|x| + |y| = 5$

서술형

11 수직선 위의 두 점 X, Y에 대하여 선분 XY의 중점의 좌표를 X♥Y로 나타낸다. 이때 다음 **조건**을 모두 만족하는 두 점 A, B에 대하여 (A♥B)♥A가 나타내는 점 C의 좌표를 구하시오.

조건
두 점 A(a), B(b)에 대하여
(가) $2|a| = |b|$
(나) $a \times b < 0$이고, $a + b = 4$이다.

---

12 두 부등식 $2 < |x| \leq 7$, $-7 < x < 4$를 동시에 만족하는 정수 x 중 두 번째로 큰 수를 구하시오.

13 $-\dfrac{5}{3} \leq x < \dfrac{11}{6}$인 유리수 x 중 분모가 3인 분수의 개수를 구하시오.

14 $\dfrac{3}{7} < \dfrac{12}{n} < \dfrac{4}{3}$를 만족하는 자연수 n은 몇 개인지 구하시오.

15 $|x|<\dfrac{13}{5}$ 또는 $\dfrac{1}{3}<|x|\leq\dfrac{13}{3}$ 인 정수 x 중 공통이 아닌 정수의 개수를 구하시오.

16 다음 네 **조건**을 모두 만족하는 서로 다른 세 수 x, y, z의 대소 관계를 부등호를 사용하여 나타내시오.

> ┌ **조건** ┐
>
> (가) $2<|x|\leq3$, x는 정수
> (나) x, y는 모두 -3보다 크다.
> (다) 수직선 위에서 y, z는 x로부터 같은 거리에 있다.
> (라) z는 절댓값이 가장 작은 정수이다.

17 $a<0$, $b>0$, $|a|<|b|$ 일 때, 다음 중 옳은 것을 모두 고르면? (정답 3개)

① $-1<\dfrac{a}{b}<0$　　　② $0<\dfrac{a}{b}<1$

③ $0<-\dfrac{a}{b}<1$　　　④ $-a>b$

⑤ $a>-b$

18 네 정수 a, b, c, d가 아래의 **조건**을 모두 만족할 때, $ac-bd$의 부호를 구하시오.

> ┌ **조건** ┐
>
> (가) $a\times b\times c\times d<0$　　　(나) $a\times b>0$
> (다) $a+c=0$

19 다음 **조건**을 모두 만족시키는 정수 a, b의 순서쌍 $(a,\,b)$는 몇 개인지 구하시오.

> ┌ **조건** ┐
>
> (가) $\dfrac{8}{a}$ 과 $\dfrac{12}{a}$ 는 모두 정수이다.
> (나) $\dfrac{1}{2}\leq\dfrac{|b|}{a}<2$

3 STEP
최고 실력 완성하기

01 두 수 a, b에 대하여 $|b|=10|a|$이고 $a \times b < 0$이다. a가 수직선에서 4와의 거리가 11인 음수일 때, b의 값을 구하시오.

02 세 정수 a, b, c에 대하여 $a \times b \times c = -8$이고 $a < 0 < b < c$, $|a| = 4$일 때, $a+b+c$의 값을 구하시오.

03 자연수 m, n에 대하여 $m \times (n+5) = 60$이고 $m < n$일 때, 가능한 m, n의 순서쌍 (m, n)을 모두 구하시오.

04 수직선 위에 유리수 -2, a, b, -1, 0, c, d, 1이 순서대로 표시되어 있을 때, 네 유리수 $\dfrac{1}{a}$, $\dfrac{1}{b}$, $\dfrac{1}{c}$, $\dfrac{1}{d}$을 크기가 작은 순서대로 나열하시오.

05 세 유리수 a, b, c가 $ac = 1$, $a \times b \times c < 0$, $a+b+c > 0$을 만족한다. $|a| < 1$일 때, 세 유리수 a, b, c의 대소 관계를 구하시오.

06 $a \times b < 0$, $|a| > |b|$, $a < b$일 때, 다음 중 옳은 것은?

① $(a-b) \times (a+b) > 0$ ② $a \div b < a \times b$
③ $a^2 + b^2 < 0$ ④ $a^2 - b^2 < 0$
⑤ $a+b > 0$

07 다음 **조건**을 모두 만족하는 정수 a, b, c의 값을 각각 구하시오.

> **조건**
> (가) $a+b+c=-7$
> (나) $|b|=2$
> (다) $c<b<0<a$
> (라) $|a|=|b+5|$

08 $a>b$인 두 정수 a, b에 대하여 a와 b의 절댓값의 합이 2이다. 이때 두 정수 a, b의 순서쌍 (a, b)를 모두 구하시오.

09 정수 a, b, c가 다음 세 **조건**을 모두 만족할 때, a, b, c의 값을 각각 구하시오.

> **조건**
> (가) $|a|<|b|<|c|$
> (나) $a+b+c=-7$
> (다) $a\times b\times c=12$

연결개념

10 양의 유리수를 약분을 하지 않고 다음과 같은 순서로 배열하였다.

$$\left(\frac{1}{1}\right),\ \left(\frac{2}{1},\ \frac{1}{2}\right),\ \left(\frac{3}{1},\ \frac{2}{2},\ \frac{1}{3}\right),\ \cdots$$

이때 $\dfrac{5}{7}$는 몇 번째 수인지 구하시오.

$$\left(\text{단, }\frac{1}{3}\text{은 6번째 수이다.}\right)$$

초등 **규칙찾기**	고2 **수열**
어떤 수가 들어가야 할까?	순서를 정해서 수를 늘어놓은 것. 규칙이 뭘까?
2, 4, 6, □, 10	1, 0, 1, 0, 1, 0, 1, 0, ⋯
	1, 2, 4, 8, 16, 32, 64, ⋯
	1, 2, 3, 5, 8, 13, 21, ⋯

문제 해결 과정에서 확장된 수의 세계

□ 안에 알맞은 수를 생각해보자.

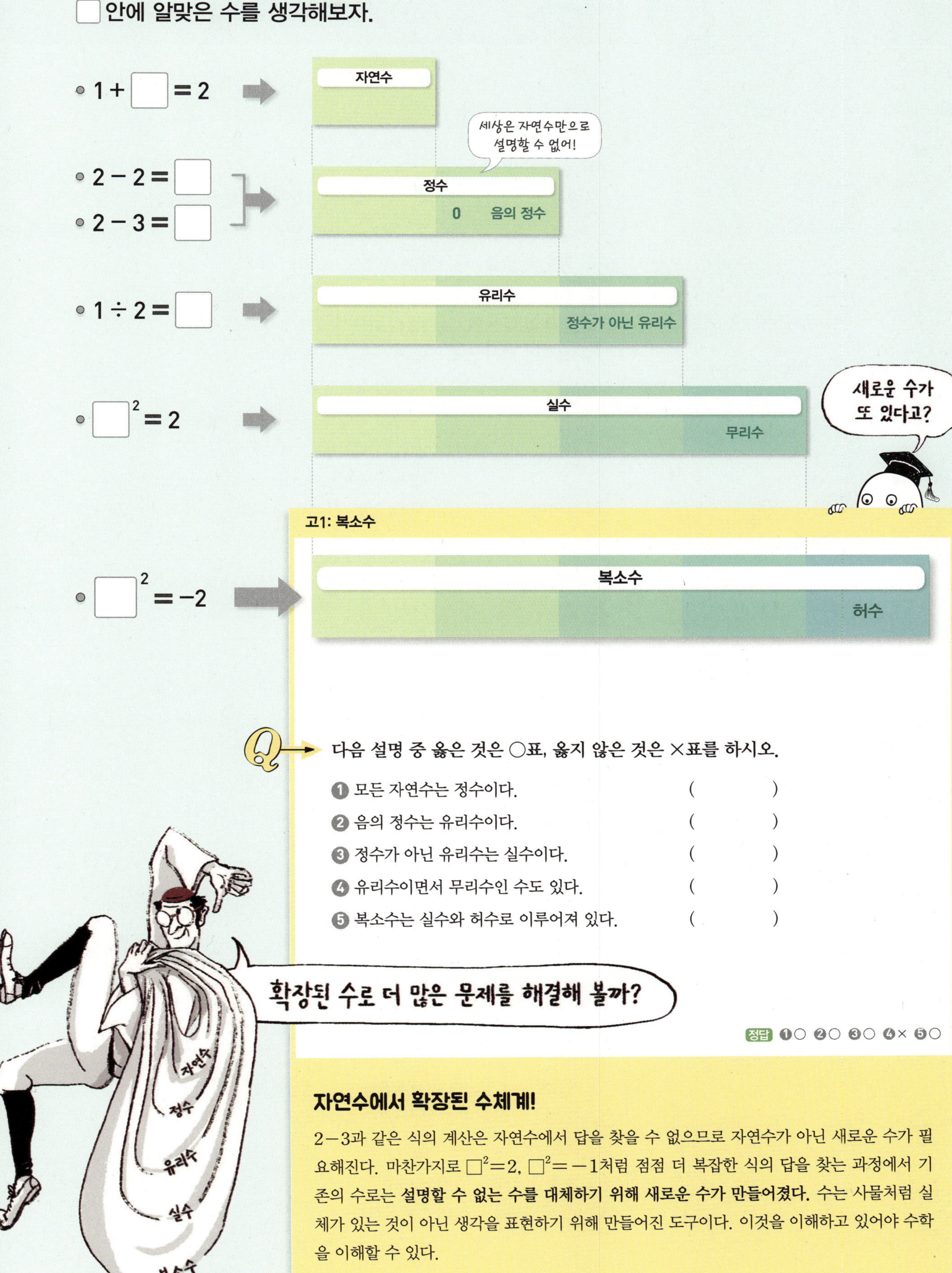

다음 설명 중 옳은 것은 ○표, 옳지 않은 것은 ×표를 하시오.

❶ 모든 자연수는 정수이다.   (   )

❷ 음의 정수는 유리수이다.   (   )

❸ 정수가 아닌 유리수는 실수이다.   (   )

❹ 유리수이면서 무리수인 수도 있다.   (   )

❺ 복소수는 실수와 허수로 이루어져 있다.   (   )

확장된 수로 더 많은 문제를 해결해 볼까?

정답 ❶○ ❷○ ❸○ ❹× ❺○

자연수에서 확장된 수체계!

2−3과 같은 식의 계산은 자연수에서 답을 찾을 수 없으므로 자연수가 아닌 새로운 수가 필요해진다. 마찬가지로 □²=2, □²=−1처럼 점점 더 복잡한 식의 답을 찾는 과정에서 기존의 수로는 **설명할 수 없는 수를 대체하기 위해 새로운 수가 만들어졌다.** 수는 사물처럼 실체가 있는 것이 아닌 생각을 표현하기 위해 만들어진 도구이다. 이것을 이해하고 있어야 수학을 이해할 수 있다.

3 정수와 유리수의 계산

❶ 정수와 유리수의 사칙연산

· 덧셈

· 뺄셈 : 부호를 바꾸고 더하면 결국 덧셈과 같다.

· 곱셈

양수를 곱할 때

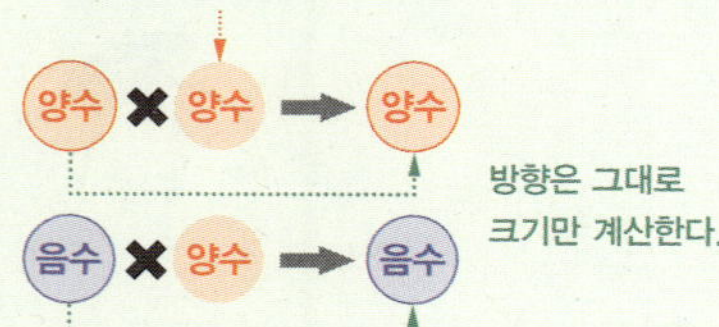

방향은 그대로 크기만 계산한다.

음수를 곱할 때

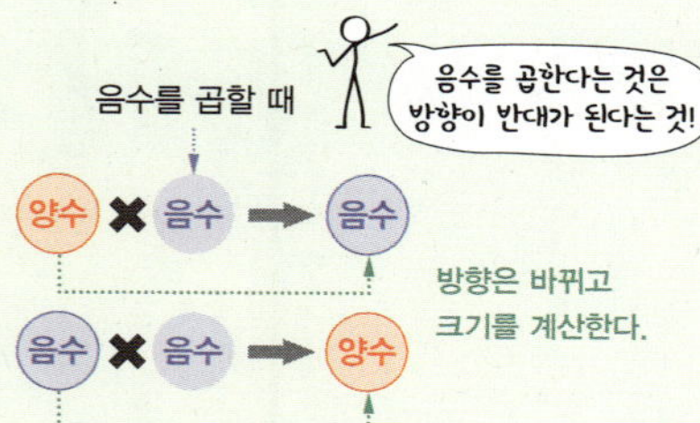

방향은 바뀌고 크기를 계산한다.

· 나눗셈 : 역수를 만들어 곱하면 결국 곱셈과 같다.

❷ 정수와 유리수의 계산 법칙

· 덧셈의 교환법칙
$a+b=b+a$

· 덧셈의 결합법칙
$(a+b)+c=a+(b+c)$

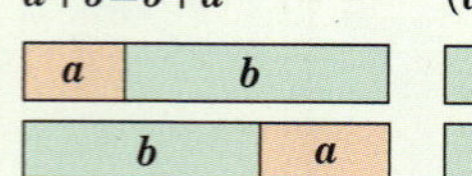

· 곱셈의 교환법칙
$a\times b=b\times a$

· 곱셈의 결합법칙
$(a\times b)\times c=a\times(b\times c)$

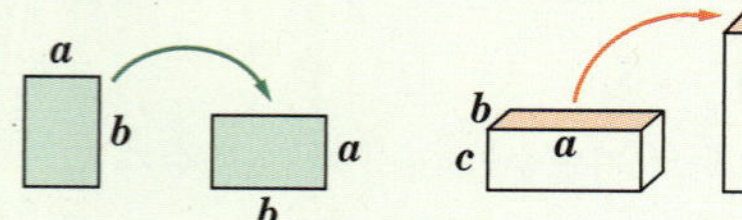

· 분배법칙 $a\times(b+c)=a\times b+a\times c$

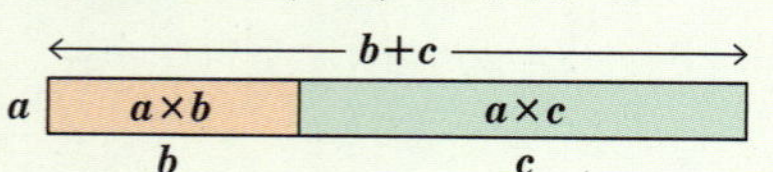

1 정수의 계산

(1) 정수의 덧셈

① 부호가 같은 두 정수의 덧셈: 두 수의 절댓값의 합에 공통인 부호를 붙인다.

② 부호가 다른 두 정수의 덧셈: 두 수의 절댓값의 차에 절댓값이 큰 수의 부호를 붙인다.

(2) 정수의 뺄셈: 빼는 수의 부호를 바꾸어 더한다.

(3) 정수의 곱셈: 각 수의 절댓값의 곱에 부호를 붙인다.

(4) 정수의 나눗셈: 절댓값의 나눗셈의 몫에 부호를 붙인다.

(5) 정수의 계산 법칙: 세 정수 a, b, c에 대하여

① 덧셈의 계산 법칙 ┌ 덧셈의 교환법칙: $a+b=b+a$

└ 덧셈의 결합법칙: $(a+b)+c=a+(b+c)$

② 곱셈의 계산 법칙 ┌ 곱셈의 교환법칙: $a\times b=b\times a$

└ 곱셈의 결합법칙: $(a\times b)\times c=a\times(b\times c)$

③ 분배법칙: $a\times(b+c)=a\times b+a\times c$, $(a+b)\times c=a\times c+b\times c$

2 유리수의 계산

(1) 유리수의 덧셈

① 부호가 같은 두 유리수의 덧셈: 두 수의 절댓값의 합에 공통인 부호를 붙인다.

② 부호가 다른 두 유리수의 덧셈: 두 수의 절댓값의 차에 절댓값이 큰 수의 부호를 붙인다.

(2) 유리수의 뺄셈: 빼는 수의 부호를 바꾸어 더한다.

(3) 유리수의 곱셈: 각 수의 절댓값의 곱에 부호를 붙인다.

(4) 유리수의 나눗셈

① 절댓값의 나눗셈의 몫에 부호를 붙인다.

② 역수를 이용한 나눗셈: 나누는 수의 역수를 곱해서 계산한다.

(5) 유리수의 계산 법칙: 유리수의 계산 법칙은 정수의 계산 법칙이 모두 적용된다.

3 사칙연산의 혼합 계산

① 거듭제곱이 있으면 거듭제곱을 먼저 계산한다.

② 괄호가 있으면 괄호 안을 먼저 계산한다.

: 소괄호 ( ) → 중괄호 { } → 대괄호 [ ]의 순서로 계산한다.

③ 곱셈, 나눗셈을 먼저 차례대로 계산한다.

④ 덧셈, 뺄셈을 차례대로 계산한다.

1 STEP

주제별 실력다지기

정수의 덧셈과 뺄셈

(1) 정수의 덧셈
 ① 부호가 같은 두 수의 덧셈
  두 수의 절댓값의 합에 두 수의 공통인 부호를 붙인다.
 ② 부호가 다른 두 수의 덧셈
  두 수의 절댓값의 차에 절댓값이 큰 수의 부호를 붙인다.
(2) 정수의 뺄셈
 뺄셈은 빼는 수의 부호를 바꾸어 더한다.

01 다음을 계산하시오.

$$(-7)-(-12)-(-19)+(+7)$$

02 다음을 계산하시오.

$$18-[13+\{(-4-3)-(4-7)+10\}]$$

03 $a=14-6-5,$
 $b=(-6$에 -4를 더한 후 -2를 뺀 수$)$
일 때, $a-b$의 값을 구하시오.

04 어떤 정수에 9를 더하면 양의 정수가 되고, 7을 더하면 음의 정수가 될 때, 어떤 정수를 구하시오.

05 다음 표는 학생 A, B, C, D, E 5명의 점수를 A의 점수를 기준으로 한 차를 구하여 나타낸 것이다. 가장 높은 점수와 가장 낮은 점수의 차는 몇 점인지 구하시오.

학생	A	B	C	D	E
점수 차(점)	0	+7	-10	+13	-15

정수의 덧셈, 뺄셈의 응용

(1) 덧셈의 계산 법칙 : 세 정수 a, b, c에 대하여
　① 덧셈의 교환법칙 : $a+b=b+a$
　② 덧셈의 결합법칙 : $(a+b)+c=a+(b+c)$
(2) '큰 수'와 '작은 수'
　① a보다 b만큼 큰 수 : $a+b$
　② a보다 b만큼 작은 수 : $a-b$

06 다음 계산 과정에서 덧셈에 대한 계산 법칙이 쓰인 곳의 번호를 모두 고르고, 그 단계에 해당하는 계산 법칙을 각각 쓰시오.

$$5-3+7-5$$
$$=(+5)+(-3)+(+7)+(-5) \quad ①$$
$$=(+5)+(-5)+(-3)+(+7) \quad ②$$
$$=\{(+5)+(-5)\}+\{(-3)+(+7)\} \quad ③$$
$$=(-3)+(+7) \quad ④$$
$$=4 \quad ⑤$$

07 -4보다 1만큼 큰 수를 A, -2보다 -5만큼 작은 수를 B라고 할 때, $A<x<B$인 정수 x의 개수를 구하시오.

08 -2보다 5만큼 큰 수를 A, 2보다 -8만큼 작은 수를 B라고 할 때, $A<|x|<B$를 만족하는 정수 x의 개수를 구하시오.

09 5개의 정수 A, B, C, D, E를 수직선 위에 나타냈을 때, 왼쪽에서 두 번째 점에 대응하는 수와 오른쪽에서 두 번째 점에 대응하는 수의 합을 구하시오.

A: -3보다 -1만큼 작은 수
B: 0의 절댓값
C: $|-2-3|$
D: 5보다 -3만큼 큰 수
E: $|-2|$보다 $|-1|$만큼 작은 수

10 두 수 a, b에 대하여 연산 $◎$을 $a◎b=a-b+3$으로 정의할 때, $A-B$의 값을 구하시오.

$$A=\{5◎(-9)\}◎(-1), \quad B=5◎\{(-9)◎(-1)\}$$

유리수의 덧셈, 뺄셈과 응용

(1) 유리수의 덧셈
   ① 부호가 같은 두 유리수의 덧셈: 두 수의 절댓값의 합에 공통인 부호를 붙인다.
   ② 부호가 다른 두 유리수의 덧셈: 두 수의 절댓값의 차에 절댓값이 큰 수의 부호를 붙인다.
(2) 덧셈의 계산 법칙: 세 유리수 a, b, c에 대하여
   ① 덧셈의 교환법칙: $a+b=b+a$
   ② 덧셈의 결합법칙: $(a+b)+c=a+(b+c)$
(3) 유리수의 뺄셈
   뺄셈은 빼는 수의 부호를 바꾸어 더한다.

11 다음 계산 과정에서 □ 안에 알맞은 수를 써넣고, (가), (나)에 이용된 계산 법칙을 각각 쓰시오.

$$\left(-\frac{7}{10}\right)+\left(-\frac{5}{8}\right)+\left(+\frac{3}{10}\right)$$
$$=\left(-\frac{7}{10}\right)+\left(\boxed{}\right)+\left(-\frac{5}{8}\right) \quad \text{(가)}$$
$$=\left\{\left(-\frac{7}{10}\right)+\left(\boxed{}\right)\right\}+\left(-\frac{5}{8}\right) \quad \text{(나)}$$
$$=\left(\boxed{}\right)+\left(-\frac{5}{8}\right)=\boxed{}$$

12 $a=-\dfrac{1}{3}-\dfrac{3}{4}-\left(-\dfrac{5}{6}\right)$, $b=\dfrac{2}{3}-\dfrac{3}{2}-\dfrac{1}{6}$일 때, $b-a$의 값을 구하시오.

13 어떤 유리수에서 $-\dfrac{1}{3}$을 빼야 할 것을 잘못하여 더했더니 그 결과가 $\dfrac{2}{5}$가 되었다. 바르게 계산한 값을 구하시오.

14 두 수 a, b에 대하여 $a*b=(a+b)+(a-b)$, $a◎b=(a+1)-(b+1)$일 때, $\left\{\dfrac{1}{2}*\left(-\dfrac{1}{3}\right)\right\}-\left\{\left(-\dfrac{1}{2}\right)◎\dfrac{1}{3}\right\}$을 계산하시오.

15 다음 (가)~(다)를 각각 만족하는 모든 정수와 유리수의 합을 구하시오.

> (가) $\dfrac{1}{3}$과 $\dfrac{3}{4}$ 사이의 분수 중 분모가 12인 기약분수
>
> (나) $-\dfrac{7}{4}$에 가장 가까운 정수
>
> (다) $-\dfrac{2}{3}$와 $\dfrac{1}{2}$에서 같은 거리에 있는 유리수

정수의 곱셈, 나눗셈과 응용

(1) 정수의 곱셈: 각 수의 절댓값의 곱에 부호를 붙인다.

(2) 곱셈의 계산 법칙: 세 정수 a, b, c에 대하여

   ① 곱셈의 교환법칙: $a \times b = b \times a$

   ② 곱셈의 결합법칙: $(a \times b) \times c = a \times (b \times c)$

(3) 정수의 나눗셈: 절댓값의 나눗셈의 몫에 부호를 붙인다.

(4) 부호 결정: 음수가 짝수 개이면 $+$, 홀수 개이면 $-$

   $(+) \times (+) = (+)$, $(-) \times (-) = (+)$,

   $(+) \times (-) = (-)$, $(-) \times (+) = (-)$

16 $(-1)^{100} \times (-1)^{99} \times (-1^{100})$의 값을 구하시오.

17 $n > 1$인 홀수일 때, 다음 식의 값을 구하시오.

$$(-1)^n \times (-1)^{n+2} \div (-1)^{n+3} \times (-1)^{n+1}$$

18 4개의 정수 -6, -4, -2, 1 중에서 세 개의 수를 뽑아 곱한 수 중 가장 큰 수를 a, 가장 작은 수를 b라 할 때, $b \div a$의 값을 구하시오.

19 다음 세 **조건**을 모두 만족하는 세 정수 a, b, c의 부호를 결정하시오.

조건	
(가) $a \times b = 0$	(나) $a \div c < 0$
(다) $a < c$	

20 A, B는 정수이고 $|A| = 2|B|$, $A \times B = 98$일 때, $A - B$의 값을 모두 구하시오.

유리수의 곱셈과 계산 법칙

(1) 유리수의 곱셈: 각 수의 절댓값의 곱에 부호를 붙인다.
(2) 곱셈의 교환법칙: $a \times b = b \times a$
(3) 곱셈의 결합법칙: $(a \times b) \times c = a \times (b \times c)$
(4) 분배법칙: $a \times (b+c) = (a \times b) + (a \times c)$

21
$$\left(1-\frac{1}{2}\right) \times \left(1+\frac{1}{2}\right) \times \left(1-\frac{1}{3}\right) \times \left(1+\frac{1}{3}\right)$$
$$\times \left(1-\frac{1}{4}\right) \times \left(1+\frac{1}{4}\right)$$

을 계산하시오.

22 다음을 계산하시오.

$$-\left(\frac{1}{2}\right)^3 - \{(-3) + (-2)^2 \times 3\} \times \left(-\frac{2}{3}\right)^3$$

23 세 유리수 a, b, c에 대하여 $a \times b = 7$, $(b+c) \times a = -8$일 때, $a \times c$의 값을 구하시오.

24 네 개의 유리수 $-\dfrac{7}{2}$, $\dfrac{1}{2}$, -3, $+2$ 중에서 세 개의 수를 뽑아 곱한 수 중 가장 큰 수를 a, 가장 작은 수를 b라 할 때, $a+b$의 값을 구하시오.

25 네 유리수 -3.2, -6, $\dfrac{1}{3}$, -0.9 중 서로 다른 세 수를 택하여 다음 빈칸에 하나씩 넣어 계산하려고 한다. 이때 계산 결과 중 가장 큰 수와 가장 작은 수를 각각 구하시오.

$$\square - \square \times \square$$

유리수의 나눗셈

(1) 역수: 두 수의 곱이 1이 될 때, 한 수를 다른 수의 역수라고 한다.

즉, a의 역수는 $\dfrac{1}{a}$ (단, $a \neq 0$)이다.

(2) 유리수의 나눗셈: 역수를 이용하여 나눗셈을 곱셈으로 고친 다음 계산한다.

$$a \div b = a \times \dfrac{1}{b} \ (\text{단},\ b \neq 0)$$

---

26 다음 중 옳은 말을 한 사람의 수를 a, 옳지 않은 말을 한 사람의 수를 b라고 할 때, $|a-b|$의 값을 구하시오.

> 송이: 0의 역수는 없어.
> 영욱: 부호가 다르고 절댓값이 같은 두 수의 합은 양수야.
> 종군: 임의의 수와 0과의 곱은 항상 0이야.
> 민선: 0을 양수 또는 음수로 나눌 수 없지.
> 희영: 어떤 수를 0으로 나눈 값은 항상 0이지.

27 -3의 역수를 x, 1.2의 역수를 y라고 할 때, $x \div y$의 값을 구하시오.

28 다음을 계산하시오.

$$\dfrac{11}{3} \div \left(-\dfrac{17}{6}\right) \div \left(2 - \dfrac{4}{3}\right) - \dfrac{15}{34}$$

29 $-\dfrac{3}{2}$의 역수를 a라 할 때, 다음 중 그 값이 가장 큰 것은?

① $-a$ ② a ③ a^2
④ $(-a)^3$ ⑤ $-a^2$

BASIC CONCEPT

사칙연산의 혼합 계산

(1) 거듭제곱이 있으면 거듭제곱을 먼저 계산한다.

(2) 괄호가 있으면 괄호 안을 먼저 계산한다.

　소괄호 ( ) → 중괄호 { } → 대괄호 [ ]의 순서로
계산한다.

(3) 곱셈, 나눗셈을 먼저 차례대로 계산한다.

(4) 덧셈, 뺄셈을 차례대로 계산한다.

30 다음 중 계산 결과가 자연수가 아닌 정수인 것은?

① $\left(-\dfrac{1}{2}\right)\times 0\div\left(-\dfrac{1}{3}\right)$　② $7\div 2+\left(-\dfrac{1}{2}\right)$

③ $-(-3)^2\div(-3)$　④ $|(-12)+(-2)\times 5|$

⑤ $5-3\div 5$

31 다음을 계산하시오.

$$6-(-27)\times\dfrac{1}{3}+(-30)\times\left\{\dfrac{2}{5}+\left(-\dfrac{4}{3}\right)\right\}$$

32 다음을 계산하시오.

$$-2^3\div\left\{(-2)^3+(-3)^2\times 2\right\}\times(-5+3)^2$$

33 다음을 계산하시오.

$$\left(-\dfrac{1}{2}\right)^4-\left(-\dfrac{5}{2}\right)^2\div\left\{\left(-\dfrac{3}{2}\right)^2\times\left(-\dfrac{1}{6}\right)^2+(-0.5)^3\right\}$$

34 $a=(-2)\times|(-3)+(-7)|$,
$b=\left|(-2)\times\dfrac{3}{4}+\dfrac{1}{2}\right|$ 일 때, $a\times b$의 값을 구하시오.

절댓값과 최댓값, 최솟값

$a \geq 0$, $b \geq 0$일 때,

(1) $|x|=a$, $|y|=b$일 때,

$x+y$의 $\begin{cases} \text{최댓값: } a+b \\ \text{최솟값: } -a-b \end{cases}$

(2) $|x|=a$, $|y|=b$일 때,

$x-y$의 $\begin{cases} \text{최댓값: } a-(-b), \text{즉 } a+b \\ \text{최솟값: } (-a)-b, \text{즉 } -a-b \end{cases}$

35 $|a|=5$, $|b|=12$일 때, $a+b$의 값 중 가장 작은 값을 구하시오.

36 $|x|=5$, $|y|=7$이고 $x-y$의 값 중 가장 큰 값을 M, 가장 작은 값을 m이라 할 때, $M-m$의 값을 구하시오.

37 정수 a, b의 범위가 $-3 \leq a < 3$, $-5 < b \leq 1$일 때, $|a+b|$의 최댓값 M과 최솟값 m을 각각 구하시오.

38 $|x|-|y|=11$, $|y|=5$일 때, $|y-x|$의 최댓값과 최솟값의 합을 구하시오.

39 a, b는 정수이고 $|a| \leq 3$, $|b| \leq 5$일 때, $a+b$의 최댓값과 최솟값의 차를 구하시오.

실력 높이기

01 $-\dfrac{4}{3}$보다 $-\dfrac{1}{2}$만큼 작은 수를 A, $|x|=\dfrac{3}{2}$인 x 중 작은 수를 B라 할 때, $A\times B$의 값을 구하시오.

02 네 수 $-\dfrac{1}{7}$, x, y, $1\dfrac{4}{7}$가 크기 순으로 나열되어 있고 네 수 사이의 간격이 일정할 때, $x+y$의 값을 구하시오.

≣ 서술형

03 n이 홀수일 때, 다음을 계산하시오.

$$(-1)^{n^2}+(-1)^{(n+1)^2}-(-1)^{2(n-1)}$$
$$+(-1)^{2n-1}+2\times(-1^{2n})$$

04 $a>0$일 때, $a^n+(-a)^n+(-a)^{n+1}-a^{n+1}$을 간단히 하시오. (단, $a\neq1$, n은 자연수이다.)

05 유리수 a, b에 대하여 연산 ◎을 $a◎b=\dfrac{a+b}{2}$로 정의할 때, $\left(\dfrac{1}{3}◎\dfrac{3}{2}\right)◎\left(-\dfrac{1}{5}\right)$의 값을 구하시오.

06 다음 **보기** 중 옳은 것을 모두 고르시오.

┌──────────── 보기 ────────────┐

ㄱ. 임의의 수와 0의 곱은 항상 0이다.

ㄴ. 같은 부호의 두 수의 곱은 절댓값의 곱에 양의 부호를 붙인다.

ㄷ. 서로 다른 부호의 두 수의 곱은 절댓값의 곱에 음의 부호를 붙인다.

ㄹ. 어떤 수를 0으로 나눈 값은 0이다.

ㅁ. (유리수)×(유리수)는 항상 유리수이다.

ㅂ. 모든 유리수 a의 역수는 $\dfrac{1}{a}$이다.

ㅅ. 나눗셈에 대한 교환법칙은 성립한다.

└──────────────────────────┘

≡ 서술형

07 두 정수 x, y에 대하여 $|x|<3$일 때, $y=x+|x|$를 만족하는 y는 모두 몇 개인지 구하시오.

08 다음 식을 계산하시오.

$$(110-3)+(108-5)+(106-7)$$
$$+\cdots+(4-109)+(2-111)$$

≡ 서술형

09 $<x>$는 x보다 작은 수 중 가장 큰 정수이고, $[y]$는 y보다 큰 수 중 가장 작은 정수이다. 예를 들어, $<2.3>=2$, $[2.3]=3$일 때, 다음을 계산하시오.

$$2\times<-2.1>-[-8.8]-3\times<2.2>+[-0.5]$$

10 두 정수 a, b에 대하여 $|a|=10$, $|b|=13$이고 $a-b$의 최댓값을 M, $|a+b|$의 최솟값을 N이라 할 때, $M+N$의 값을 구하시오.

11 두 정수 x, y에 대하여 다음 **조건**을 모두 만족시키는 x와 y의 순서쌍 (x, y)를 모두 구하시오.

조건

(가) $x > y$
(나) $x \times (y-3) = -18$
(다) $|x| < |y|$

---

12 다음 각각의 도형은 어떤 정수를 나타낸다. 다음 **보기**와 같은 일정한 규칙이 있을 때, $\triangle \, \pentagon$의 값을 구하시오.

보기

$\bigcirc \triangle = 6$, $\triangle \square = 12$, $\pentagon \hexagon = 20$, $\cdots$

$\dfrac{\square}{\bigcirc} = 2$, $\dfrac{\triangle}{\square} = 1\dfrac{1}{3}$, $\dfrac{\hexagon}{\triangle} = 2$, $\cdots$

---

13 $\dfrac{1}{n(n+1)} = \dfrac{1}{n} - \dfrac{1}{n+1}$ 임을 이용하여 다음을 계산하시오.

$$\dfrac{1}{1 \times 2} + \dfrac{1}{2 \times 3} + \dfrac{1}{3 \times 4} + \cdots + \dfrac{1}{49 \times 50}$$

---

14 네 개의 유리수 $\dfrac{1}{5}$, $-\dfrac{1}{3}$, $-\dfrac{5}{2}$, -2 중에서 세 개를 뽑아 곱한 수 중 가장 큰 수를 M, 가장 작은 수를 m이라 할 때, $M \times \dfrac{1}{m}$의 값을 구하시오.

15 다음 그림에서 삼각형의 각 변에 놓인 세 수를 곱한 결과가 모두 같을 때, $\dfrac{x}{y}$의 값을 구하시오.

(단, $x \times y \neq 0$)

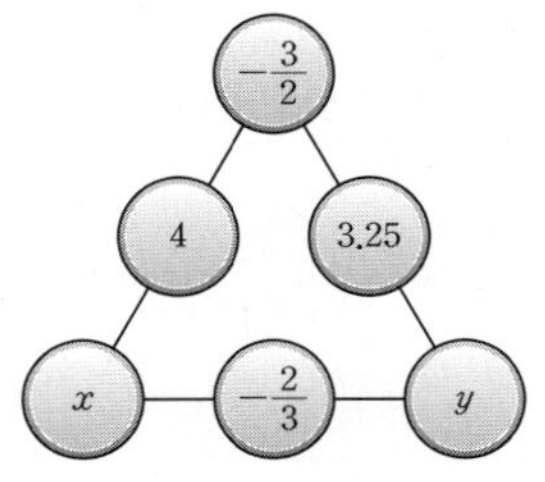

16 다음 식의 계산 순서를 나열하고, 계산 결과를 구하시오.

$$3 \div \left\{ \left(7 - 8 \div \frac{3}{4} \right) \times (-2) \right\} - (-2)$$

    ↑   ↑ ↑   ↑   ↑
    ㉠   ㉡ ㉢ ㉣   ㉤

17 다음을 계산하시오.

$$\frac{7}{3} \times \left(-\frac{2}{3} \right)^2 - \frac{8}{9} \div 2 + \frac{1}{3} \div (-1)^3 \times (-1^2)$$

18 $a = -2\dfrac{2}{3} \div \dfrac{4}{7} \div \left(-\dfrac{4}{3} \right)$,

$b = (-2)^3 \times \dfrac{3}{4} \div \left(-\dfrac{3}{2} \right)^2$일 때, $a+b$의 값을 구하시오.

19 7의 역수를 A, $-\dfrac{7}{3}$의 역수를 B,

$\left(-\dfrac{1}{3} \right)^2 \div \dfrac{5}{12} \times 5 = C$라 할 때, $A \div B + C$의 값을 구하시오.

3 STEP
최고 실력 완성하기

01 a는 -2보다 크지 않은 정수이고, b는 a의 역수와 절댓값은 같고 부호는 반대이다. 다음 중 가장 큰 수는?

① $\left|\dfrac{b}{a}\right|$　　② b^2　　③ a^2

④ b　　⑤ $|a|$

02 $\left(\dfrac{11}{5}\times\dfrac{1}{2}+\dfrac{7}{5}\div\dfrac{3}{2}\right)\times\boxed{}-\dfrac{38}{15}\div\dfrac{2}{3}=-\dfrac{16}{5}$

이 성립할 때, $\boxed{}$ 안에 알맞은 수를 구하시오.

03 다음 그림과 같은 수의 배열은 라이프니츠의 조화 삼각형이라고 부른다. 이 삼각형에서 두 번째 줄의 시작과 끝의 수는 $\dfrac{1}{2}$, 세 번째 줄의 시작과 끝의 수는 $\dfrac{1}{3}$, 네 번째 줄의 시작과 끝의 수는 $\dfrac{1}{4}$, …이다. 또한 모든 숫자는 자기 바로 밑에 있는 두 수의 합으로 표현된다. 즉, $\dfrac{1}{2}=\dfrac{1}{3}+\dfrac{1}{6}$임을 알 수 있다. 이때 세 수 A, B, C에 대하여 $A+B+C$의 값을 구하시오.

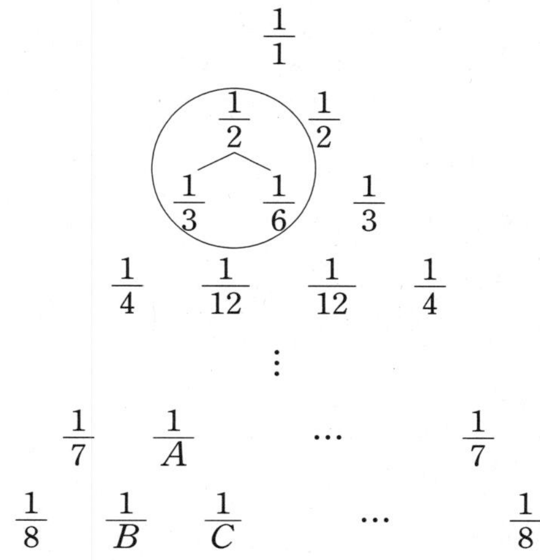

04 어떤 자연수 k에 대하여

$$k=(-3)+(-10)\div\frac{1}{2}\div\{(-2)^2\times(-1)^4\}+12$$

일 때, $0<x<k$를 만족하는 k의 약수 x의 값의 합을 구하시오.

05 세 유리수 $+\frac{2}{3}$, $+\frac{4}{5}$, -2를 다음 식의 □ 안에 한 번씩 넣어 계산했을 때, 나올 수 있는 수 중에서 가장 큰 값과 가장 작은 값의 합을 구하시오.

$$\boxed{\ □\div□-□\ }$$

06 세 수 a, b, c에 대하여 $a>0$, $bc<0$, $\dfrac{c}{a}>0$일 때, 다음 중 옳은 것은?

① $a+c<0$ ② $\dfrac{bc}{a}>0$ ③ $\dfrac{a}{b}<0$

④ $b-c>0$ ⑤ $a-b<0$

07 a, b, c는 모두 절댓값이 3 이하인 정수이고
$$a \times b = 0, \ a + c < 0, \ a \times c > 0, \ a - c > 0$$
일 때, a, b, c의 순서쌍 (a, b, c)를 모두 구하시오.

08 세 정수 x, y, z에 대하여 $x \times y \times z = 12$, $|x| \times |y| = 6$, $\dfrac{x}{y} > 0$, $x \geq y \geq z$일 때, x, y, z의 값을 각각 구하시오.

연결개념

09 $a \odot b = \dfrac{a+b}{ab}$일 때, 다음을 구하시오.
$$\left(\frac{2}{3} \odot \frac{3}{4} \right) \odot \frac{1}{2}$$

분수 안에 또 분수가?

중1 유리수

두 정수 a, b에 대하여
$$b \div a = \frac{b}{a} \ (\text{단, } a \neq 0)$$
꼴로 나타낼 수 있는 수

고1 번분수

분수식 안에 정수가 아닌 유리수가 들어가는 경우

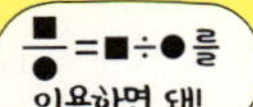

$$\frac{\dfrac{d}{c}}{\dfrac{b}{a}} = \frac{d}{c} \div \frac{b}{a} = \frac{d}{c} \times \frac{a}{b} = \frac{ad}{bc}$$

10 $\dfrac{83}{13}=a+\cfrac{1}{b+\cfrac{1}{c+\cfrac{1}{d+\cfrac{1}{2}}}}$ 일 때, $a+b+c-d$의

값을 구하시오. (단, a, b, c, d는 자연수)

11 $\dfrac{1}{n(n+1)}=\dfrac{1}{n}-\dfrac{1}{n+1}$ 임을 이용하여 다음을 계산하시오.

$$\frac{1}{2}+\frac{1}{6}+\frac{1}{12}+\frac{1}{20}+\frac{1}{30}$$

12 0이 아닌 세 유리수 x, y, z에 대하여 $x+y<0$, $x-z<0$, $z-y>0$, $x\times y\times z>0$일 때, 다음 수를 큰 것부터 차례대로 나열하시오.

$$-\frac{1}{x},\ -\frac{1}{x+y},\ -\frac{1}{z},\ \frac{1}{x-z},\ 0$$

유리수처럼 계산하는 유리식!

고1: 유리식의 계산

$+$

$$\frac{1}{5} + \frac{2}{5} = \frac{1+2}{5}$$

$$\frac{x}{x-1} + \frac{2}{x-1} = \frac{x+2}{x-1}$$

분모를 통분하여 분자끼리 계산한다.

$-$

$$\frac{3}{5} - \frac{4}{5} = \frac{3-4}{5}$$

$$\frac{3}{x+1} - \frac{4}{x+1} = \frac{3-4}{x+1}$$

분모를 통분하여 분자끼리 계산한다.

$\times$

$$\frac{2}{3} \times \frac{4}{5} = \frac{2 \times 4}{3 \times 5}$$

$$\frac{3}{2x} \times \frac{5}{x} = \frac{3 \times 5}{2x \times x}$$

분모는 분모끼리 분자는 분자끼리 곱한다.

$\div$

$$\frac{4}{5} \div \frac{3}{4} = \frac{4}{5} \times \frac{4}{3}$$

$$\frac{2}{x+1} \div \frac{5}{x} = \frac{2}{x+1} \times \frac{x}{5}$$

나누는 식의 분자와 분모를 바꾸어 곱한다.

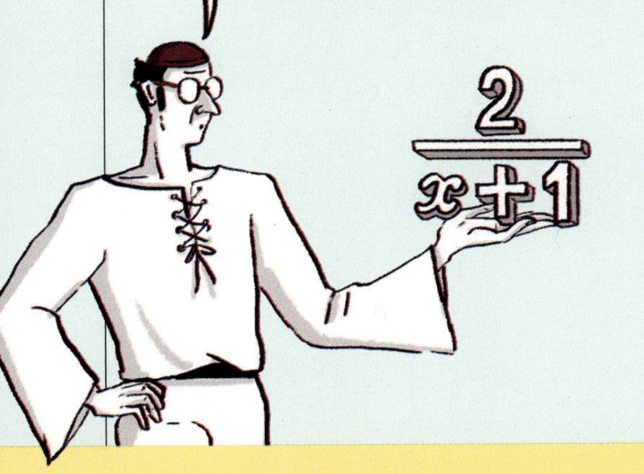

Q ▶ 다음 ☐ 안에 알맞은 수 또는 식을 써넣으시오.

❶ $\dfrac{-1}{x+1} + \dfrac{5}{x+1} = \dfrac{\boxed{} + \boxed{}}{x+1} = \dfrac{\boxed{}}{x+1}$

❷ $1 - \dfrac{1}{x} = \dfrac{\boxed{}}{x} - \dfrac{1}{x} = \dfrac{\boxed{}}{x}$

유리식의 논리도 유리수와 같아.

분자나 분모에 문자가 있으면 유리식이라고 한다. 유리식도 분자, 분모에 같은 수나 식을 곱해서 통분할 수 있고, 분자 또는 분모를 같은 수나 식으로 나누어 약분할 수 있다. 문자의 사용으로 수의 논리에서 식의 논리가 일반화되었던 것처럼 **유리수의 논리도 유리식의 논리로 일반화된다.**

정답 ❶ −1, 5, 4 ❷ x, $x-1$

단원 종합 문제

01 네 자리의 자연수 12□4에 1234를 더하면 3의 배수인 동시에 4의 배수가 된다. 다음 중 □ 안에 알맞은 수로 짝지어진 것은?

① 1, 7　　　② 2, 5　　　③ 3, 7
④ 4, 5　　　⑤ 5, 7

02 두 수 225와 450의 공약수 중 완전제곱수가 되는 수들의 합을 구하시오.

03 180에 가능한 한 작은 자연수를 곱하여 어떤 자연수의 제곱이 되게 하려고 한다. 이때 어떤 수를 곱해야 하는지 구하시오.

04 세 자연수 16, p, 24의 최대공약수가 8이고 최소공배수가 240일 때, 가장 작은 p의 값을 구하시오.

05 두 수 $\dfrac{70}{153}$, $\dfrac{28}{255}$의 어느 것으로 나누어도 그 몫이 모두 자연수가 되는 분수 중 가장 작은 수를 구하시오.

06 두 수 $2 \times 3^2 \times 5^3 \times 7^3$과 A의 최대공약수가 $3^2 \times 5^2 \times 7$이고 최소공배수가 $2 \times 3^3 \times 5^3 \times 7^3$일 때, 자연수 A를 소인수분해하여 나타내시오.

07 가로의 길이와 세로의 길이가 모두 자연수이고 넓이가 162인 직사각형을 만들려고 한다. 서로 포개어지는 직사각형은 같은 것으로 생각할 때, 이를 만족시키는 직사각형은 모두 몇 개 만들 수 있는지 구하시오.

08 귤 21개, 오렌지 38개, 감 56개를 가능한 한 많은 학생들에게 똑같이 나누어 주려고 하였더니 귤은 3개가 부족하고, 오렌지는 2개가 남고, 감은 4개가 부족하였다. 이때 학생 수를 구하시오.

09 다음 설명 중 옳지 <u>않은</u> 것은?

① 0은 양의 정수도 음의 정수도 아니다.
② 절댓값이 가장 작은 정수는 0이다.
③ 수직선에서 음의 정수는 항상 원점보다 왼쪽에 있다.
④ 유리수는 양의 유리수와 음의 유리수로 이루어져 있다.
⑤ 유리수는 분모와 분자를 정수로 나타낼 수 있다.
　단, 분모는 0이 아니다.

10 다음 수 중에서 절댓값이 가장 큰 수를 a, 절댓값이 가장 작은 수를 b라고 할 때, $a^2 + |b|$의 값을 구하시오.

$$-\frac{1}{2}, \ -\frac{1}{3}, \ \frac{4}{7}, \ \frac{11}{5}, \ -6, \ +3$$

11 두 수 A와 B는 절댓값이 같고 A는 B보다 5만큼 작을 때, A를 나타내는 점으로부터의 거리가 7.5인 점에 대응하는 수를 모두 구하시오.

12 3보다 -1만큼 큰 수를 a, -2보다 -7만큼 작은 수를 b라고 할 때, $a < |x| < b$인 정수 x의 개수를 구하시오.

13 다음 **조건**을 모두 만족시키는 서로 다른 세 수 x, y, z에 대하여 옳은 것을 모두 고르면? (정답 2개)

조건

(가) $|x| > |-3|$
(나) x와 y는 3보다 크다.
(다) y와 z의 절댓값이 같다.
(라) 수직선에서 x를 나타내는 점이 z를 나타내는 점보다 원점으로부터 더 멀리 떨어져 있다.

① $x > 3$ ② $y < -3$ ③ $z < -3$
④ $x < y$ ⑤ $x < z$

14 $-1 < a < 0$일 때, 다음 중 가장 큰 수는?

① $|a|$ ② $\dfrac{1}{a}$ ③ $-\dfrac{1}{a}$
④ a^2 ⑤ a^3

15 정수 a에 대하여 $\dfrac{a}{5}$의 절댓값이 1보다 작게 되는 a의 개수를 구하시오.

16 다음 수 중 가장 작은 수는?

① $(-3)^3$ ② $-(-1)^6$ ③ -3^2
④ $-(-2)^3$ ⑤ $\left(-\dfrac{1}{2}\right)^4$

17 $x < 0$, $y > 0$일 때, 다음 중 항상 양수인 것은?

① $x + y$ ② $x - y$ ③ $y - x$
④ $x \times y$ ⑤ $x \div y$

18 세 유리수 a, b, c에 대하여 $a \times b < 0$, $a \times c < 0$, $a > b$일 때, a, b, c의 부호를 결정하시오.

19 $|a|+|b|=|a+b|$일 때, 다음 중 옳지 <u>않은</u> 것을 모두 고르면? (정답 2개)

① $a=0,\ b=0$ ② $a<0,\ b<0$

③ $a>0,\ b>0$ ④ $a<0,\ b>0$

⑤ $\dfrac{a}{b}<0$

20 다음 중 옳은 것은?

① a가 0이 아닌 수일 때, $3a>a$이다.

② $ab<0$이고 $a>b$이면 $a<0,\ b>0$이다.

③ $ab>0$이고 $a+b<0$이면 $|a|+|b|=-a-b$이다.

④ $\dfrac{b}{a}=2$이고 $\dfrac{c}{b}=5$이면 $\dfrac{c}{a}=\dfrac{1}{10}$이다.

⑤ $|a|>|b|$이면 $a≥b$이다.

21 두 유리수 $a,\ b$에 대하여 연산 $\circ$를 $a\circ b=\dfrac{a-b}{2}$

라고 정의할 때, $(2\circ 6)\circ 4$의 값을 구하시오.

22 다음 식의 계산 순서를 차례로 나열하시오.

$$\frac{2}{3}+\frac{1}{4}\times\left\{\left(\frac{1}{2}+\frac{5}{7}\right)\div\frac{3}{5}\right\}$$
$$\uparrow\quad\uparrow\qquad\uparrow\qquad\uparrow$$
$$㉠\quad㉡\qquad㉢\qquad㉣$$

23 다음을 계산하시오.

$$(-1)^3\times(-2)^3+\left\{\left(\frac{1}{2}-\frac{5}{4}\right)+\left(\frac{1}{2}\right)^2\right\}+\left(-\frac{1}{2}\right)$$

24 다음을 계산하시오.

$$3^2\times(-2)^2\div\{(-4)\times(-2)-(-1)^3\}-(+3)$$

25 다음을 계산하시오.

$$\left(-\frac{1}{4}\right)\div\left(-\frac{1}{2}\right)-(-6)\times\left\{\frac{4}{3}+(-2)\right\}$$

26 $\dfrac{17}{5}=a+\dfrac{1}{b+\dfrac{1}{c}}$ 일 때, $a+b+c$의 값을 구하시오. (단, a, b, c는 자연수)

27 어떤 자연수를 4로 나누고 2를 더해야 할 것을 잘못하여 4를 곱하고 2를 뺐더니 26이 되었다. 바르게 계산한 값을 구하시오.

28 다음 수들의 배열은 어떤 규칙을 갖고 이루어져 있다. 이때 $(-a)^2\div\left(-\dfrac{1}{b}\right)$의 값을 구하시오.

$$\frac{1}{2},\ 1,\ 3,\ a,\ b,\ 360,\ 2520$$

29 승민이가 스터디카페를 3시간 이용한 이용 요금은 9000원인데 할인 쿠폰을 이용하여 할인을 받아 7740원을 지불하였다. 이때 승민이가 사용한 할인 쿠폰의 할인율은 몇 %인지 구하시오.

30 해피, 구름이, 대지 세 마리의 강아지가 운동이 끝난 후, 1300 ml의 물을 남김 없이 모두 나누어 마셨다. 해피와 구름이가 마신 물의 양의 비는 1 : 2, 구름이와 대지가 마신 물의 양의 비는 3 : 2일 때, 구름이가 마신 물의 양을 구하시오.

II 문자와 식

1 문자의 사용과 식의 계산

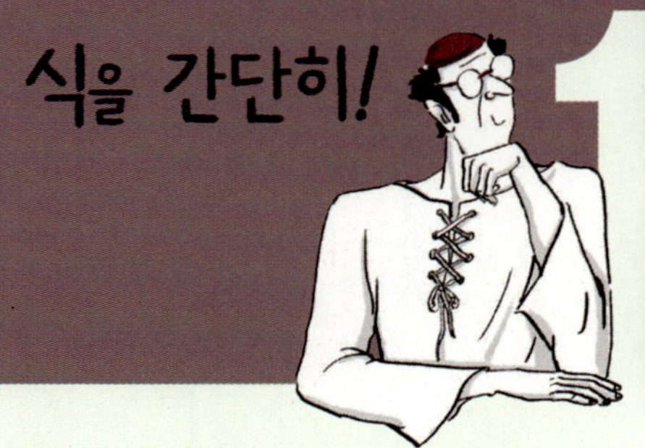

1 문자의 사용

(1) 문자를 사용한 식

① 문자식: 수량 사이의 관계를 문자를 사용하여 나타낸 식

② 문자식 세우기: 문제의 뜻에 따라 문자를 정하고 문자 사이의 규칙을 찾아 식을 세운다.

(2) 곱셈 기호의 생략

① 수는 문자 앞에 쓴다. 예 $a \times (-3) = -3a$

② 같은 문자의 곱은 거듭제곱으로 나타낸다. 예 $a \times a \times a = a^3$

③ 문자끼리의 곱은 알파벳 순서로 쓴다. 예 $a \times b \times b \times c = ab^2c$

④ 수 또는 문자는 괄호 앞에 쓴다. 예 $(a+b) \times (-3) = -3(a+b)$

⑤ 1이 곱해진 것은 생략한다. 예 $1 \times a = a$, $(-1) \times a = -a$

(3) 나눗셈 기호의 생략

나눗셈 기호 $\div$ 는 생략하고 분수의 꼴로 나타낸다. 예 $a \div b = a \times \dfrac{1}{b} = \dfrac{a}{b}$

(4) 식의 값

① 대입: 식에 들어 있는 문자를 어떤 수로 바꾸어 넣는 것

② 식의 값: 식의 문자에 어떤 수를 대입하여 식을 계산한 값

예 $a = 2$일 때, $2a = 2 \times 2 = 4$

문자식의 표현!

개수	가격(원)
1	500×1
2	500×2
3	500×3
⋮	⋮

2 일차식의 계산

(1) 다항식에 관한 여러 가지 용어

① 항: 수 또는 문자의 곱으로만 이루어진 식

② 상수항: 수만으로 이루어진 항

③ 단항식: 하나의 항으로 이루어진 식

④ 다항식: 하나 이상의 항의 합으로 이루어진 식

⑤ 계수: 문자를 포함한 항에서 문자에 곱해진 수

⑥ 차수: 항에 포함되어 있는 어떤 문자의 곱해진 개수

⑦ 일차식: 차수가 가장 큰 항의 차수가 1인 다항식

⑧ 동류항: 문자와 차수가 모두 같은 항

예 $2x + (-y) - 7$ → 항 : $2x, -y, -7$, 상수항 : -7, x의 계수 : 2, y의 계수 : -1

(2) 일차식의 계산

① 괄호가 있는 식은 우선 괄호를 풀고 동류항끼리 간단히 한다.

② $\dfrac{(일차식) \times (수)}{(일차식) \div (수)}$ 는 분배법칙을 이용하여 각 항에 수를 곱하거나 나눈다.

예 $(2x - 3) \div (-3) = (2x) \div (-3) + (-3) \div (-3) = -\dfrac{2x}{3} + 1$

문자식의 계산!

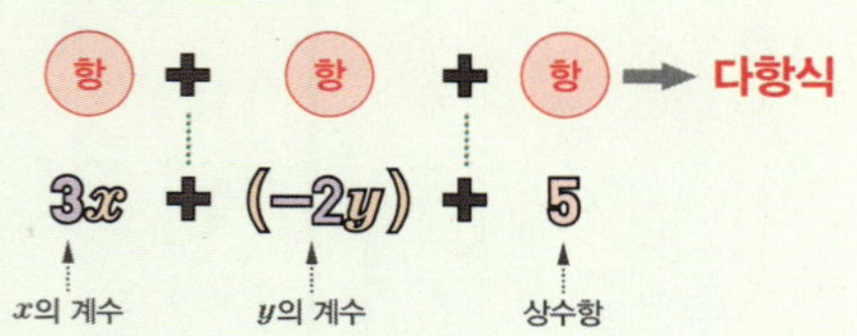

• (단항식)×(수)

$6x \times 2 = 6 \times 2 \times x$
수끼리 계산!
$= 12x$

• (단항식)÷(수)

역수
$6x \div 2 = 6x \times \dfrac{1}{2}$
$= 6 \times \dfrac{1}{2} \times x$
수끼리 계산!
$= 3x$

1 STEP

주제별 실력다지기

곱셈과 나눗셈 기호의 생략

(1) 곱셈 기호의 생략
  ① 수는 문자 앞에 쓴다.
  ② 같은 문자의 곱은 거듭제곱으로 나타낸다.
  ③ 문자끼리의 곱은 알파벳 순서로 쓴다.
  ④ 수 또는 문자는 괄호 앞에 쓴다.
  ⑤ 1이 곱해진 것은 생략한다.
  (예) $(-3) \times a \times a \times b \times c = -3a^2bc$
(2) 나눗셈 기호의 생략
  나눗셈 기호는 생략하고 분수의 꼴로 나타낸다.
  (예) $a \div b = a \times \dfrac{1}{b} = \dfrac{a}{b}$ (단, $b \neq 0$)

01 다음 **보기** 중 곱셈과 나눗셈 기호를 생략하여 나타낸 식으로 옳은 것을 모두 고르시오.

┌ 보기 ┐

ㄱ. $3a \div (-7) = -\dfrac{3a}{7}$

ㄴ. $3 \times x \div (-2) \times y = -\dfrac{3x}{2y}$

ㄷ. $(a+b) \div 2 \times h = \dfrac{(a+b)h}{2}$

ㄹ. $2x \div \dfrac{3}{4}y = \dfrac{8}{3}xy$

ㅁ. $a \div a \div a \div a = \dfrac{1}{a^4}$

ㅂ. $a \times (-0.1) = -0.a$

ㅅ. $(a+b) \div 3 + 2 \times (-x) = \dfrac{a+b}{3} - 2x$

02 다음 중 $a \div (b \div c)$와 결과가 같은 식은?

① $a \div (b \times c)$ ② $a \div b \div c$

③ $a \times b \div c$ ④ $a \times (b \times c)$

⑤ $a \div b \times c$

03 다음 중 옳지 <u>않은</u> 것은?

① $x \div 3 - (-1) \times y \div \dfrac{1}{2} = \dfrac{x}{3} + 2y$

② $x \div (-1) - 3 \times y = -x - 3y$

③ $x \times (-y) + (-2)^2 \times z = -xy - 4z$

④ $x \times x \times (-2) - y \div (-3) = -2x^2 + \dfrac{y}{3}$

⑤ $a - b \times c \div 3 = a - \dfrac{bc}{3}$

04 카카오 함유량이 70 %인 초콜렛 x g과 카카오 함유량이 y %인 초콜렛 200 g을 녹인 후 합하여 초콜렛을 만들었다. 이때 만들어진 초콜렛에 함유된 카카오의 양을 문자 x, y를 사용하여 나타내시오.

05 다음 **보기** 중 문자를 사용하여 나타낸 식으로 옳지 <u>않은</u> 것을 모두 고르시오.

> ┌ **보기** ┐
>
> ㄱ. 정가가 a원인 피자를 3할 할인하여 b개 사고 7000원을 냈을 때의 거스름돈 → $\dfrac{7}{10}ab$원
>
> ㄴ. 정가가 a원인 책을 30 % 할인해서 x권 구입했을 때의 값 → $\dfrac{7}{10}ax$원
>
> ㄷ. 십의 자리의 숫자가 a, 소수 첫째 자리의 숫자가 b인 수 → $10a+b+0.1$
>
> ㄹ. 4개에 n원인 과자 5개의 값 → $20n$원
>
> ㅁ. 시속 a km로 t시간 동안 달린 거리 → at km
>
> ㅂ. 5명이 x원씩 모아 y원짜리 물건을 사고 남은 돈 → $(5x-y)$원

06 오른쪽 그림과 같이 가로의 길이, 세로의 길이, 높이가 각각 a cm, b cm, c cm인 직육면체의 겉넓이를 식으로 나타내시오.

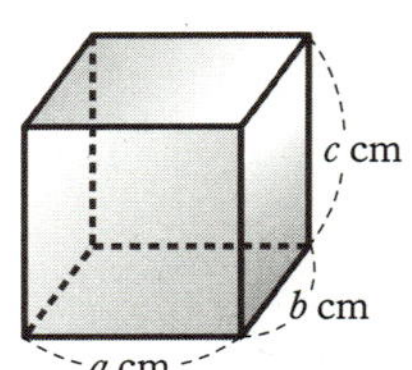

07 백의 자리의 숫자가 x, 십의 자리의 숫자가 y, 일의 자리의 숫자가 7인 세 자리의 자연수를 5로 나누었을 때의 몫을 x, y를 사용하여 나타내시오.

식의 값

(1) 대입: 식에 들어 있는 문자를 어떤 수로 바꾸어 넣는 것

(2) 식의 값: 식의 문자에 어떤 수를 대입하여 식을 계산한 값

08 $a=7$, $b=-3$일 때, $-2a^2-3b$의 값을 구하시오.

09 $x=-1$, $y=3$, $z=-3$일 때, $\dfrac{y}{x}-\dfrac{xy-z}{z}$의 값을 구하시오.

10 $x=-1$일 때, $-x$와 값이 같은 식은?

① x^3 ② $-x^2$ ③ $(-x)^2$

④ $-(-x)^3$ ⑤ $-(-x)^2$

11 $a=\dfrac{3}{2}$, $b=-\dfrac{5}{2}$일 때, $\dfrac{2}{a}+\dfrac{25}{b}$의 값을 구하시오.

12 $a=\dfrac{1}{2}$, $b=-\dfrac{1}{3}$일 때, $\dfrac{-3a^2-b^2}{a+b}$의 값을 구하시오.

13 $X=\dfrac{1}{3}$, $Y=\dfrac{1}{2}$, $Z=-\dfrac{1}{6}$일 때, $\dfrac{2Z}{X}-\dfrac{1}{Y}-\dfrac{X}{Z}$의 값을 구하시오.

다항식의 이해

(1) 항: 수 또는 문자의 곱으로만 이루어진 식
(2) 상수항: 수만으로 이루어진 항
(3) 단항식: 하나의 항으로 이루어진 식
(4) 다항식: 하나 이상의 항의 합으로 이루어진 식
(5) 계수: 문자를 포함한 항에서 문자에 곱해진 수
(6) 차수: 항에 포함되어 있는 어떤 문자의 곱해진 개수
(7) 일차식: 차수가 가장 큰 항의 차수가 1인 다항식
(8) 동류항: 문자와 차수가 모두 같은 항

14 다음 **보기** 중 $-\dfrac{x^2}{3}+\dfrac{7}{2}x-8$에 대한 설명으로 옳은 것을 모두 고르시오.

┌──── 보기 ────┐

ㄱ. 항은 3개이다.

ㄴ. x^2의 계수는 3이다.

ㄷ. x의 계수는 $\dfrac{7}{2}$이다.

ㄹ. 상수항은 -8이다.

ㅁ. 일차식이다.

ㅂ. 항은 $\dfrac{1}{3}x^2$, $\dfrac{7}{2}x$, 8이다.

ㅅ. 단항식이다.

15 다음에서 동류항을 모두 고르고, 그 계수의 합을 구하시오.

$$3x \qquad 5x^2 \qquad \frac{7}{x} \qquad -x^2y \qquad \frac{x}{3} \qquad -\frac{5}{2}x$$

16 다음 중 옳은 말을 한 사람은 모두 몇 명인지 구하시오.

희영: a^2b^3은 단항식이다.
낙천: $a^2b-3a+7$은 a에 대한 이차식이다.
송이: xy^2과 x^2y는 동류항이다.
민선: $0 \times x^2+4x-3$은 x에 대한 일차식이다.
길동: x^2+x^3은 x에 대한 5차식이다.
종군: $2x-3y-7$에서 x의 계수와 y의 계수의 합은 -1이다.

중1 다항식

$$x^2+2x+3$$

2차항 1차항 상수항

x에 대한 2차식

고1 다항식

$$x^2y$$

x가 기준이면 y가 기준이면

x^2y x^2y

x에 대한 2차항 y에 대한 1차항

17 다항식 $-(2ax^2-3x)+ax+2+6x^2+bx-3$ 을 간단히 하였을 때, 주어진 다항식이 x에 대한 일차식이 되기 위한 상수 a, b의 조건을 구하시오.

18 x^2의 계수가 1, x의 계수가 a, 상수항이 c인 x에 대한 이차식이 $x^b+(c-2)x-(b+1)$일 때, 이를 만족하는 세 상수 a, b, c의 곱 abc의 값을 구하시오.

19 다음 x, y, z에 대한 식 중 차수가 가장 높은 것은?

① x^3yz
② x^5+x^3+x
③ $x^2y+2x-\dfrac{7}{3}$
④ $x^2y^2z^3$
⑤ $-x^4+7x^2-\dfrac{9}{2}$

20 다음 그림과 같이 한 변의 길이가 $1\,\mathrm{cm}$인 정사각형 모양의 종이를 꼭짓점이 정사각형의 중심에 놓이도록 x장을 포개어 놓는다. x장이 포개진 도형의 넓이를 x에 대한 식으로 나타낼 때, x의 계수와 상수항의 합을 구하시오.

21 다음 그림과 같은 직사각형에서 어두운 부분의 넓이를 x에 대한 식으로 나타낼 때, x^2의 계수와 x의 계수의 합을 구하시오.

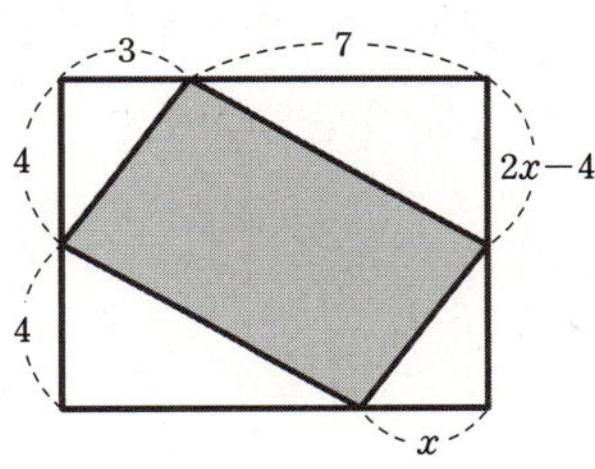

일차식의 계산

(1) 분배법칙을 이용한 계산

(일차식)×(수) 또는 (일차식)÷(수)를 전개할 때는 분배법칙을 이용하여 각 항에 수를 곱하거나 나눈다.

예 $(ax+b)\times c=acx+bc$

$(ax+b)\div c=\dfrac{a}{c}x+\dfrac{b}{c}$

(2) 복잡한 일차식의 계산

괄호를 ( ) ⟶ { } ⟶ [ ] 순서로 풀고 동류항끼리 간단히 한다.

22 다음 식을 간단히 하시오.

(1) $(7x-4y)\div\dfrac{2}{3}-(2x-4y)\div\dfrac{4}{5}$

(2) $(6a-3)-\left\{\dfrac{1}{2}(6a-3)+2(3a-4)\right\}$

(3) $-3x-\{7-(3x-4)\}+9x-8$

(4) $-3[7x-2\{y-3(5x+2)\}-7(y-6)]+9$

23 다음 식을 간단히 했을 때, a의 계수와 b의 계수의 차를 구하시오.

$$5(a-2b+1)-3[4-5\{3b-2(a-b-3)\}]$$

24 $A=3x-1$, $B=-2x-7$일 때, $3(A-B)-5(A+B)$를 x에 대한 식으로 나타내시오.

25 $x=3a-6$, $y=2a-8$, $z=4a-16$일 때, 다음을 a에 대한 식으로 나타내시오.

$$12\left(\dfrac{x-y}{3}-\dfrac{y-z}{2}-\dfrac{z-x}{4}\right)$$

중1 분배법칙

$2(x+1)=2x+2$

$(2x-3)x=2x^2-3x$

중3 전개

$(x-1)(2x+5)=(x-1)\times 2x+(x-1)\times 5$

$(x-1)\times 2x+(x-1)\times 5$

$=2x^2-2x+5x-5$

$=2x^2+3x-5$

일차식의 응용

어떤 식을 구할 때

(ⅰ) 새로운 문자로 어떤 식을 표현하거나

(ⅱ) 어떤 식을 □로 표현한 후

주어진 조건대로 식을 세워 어떤 식만 등호의 왼쪽에 남게 한다.

26 어떤 식에서 $2x-3$을 빼어야 할 것을 잘못하여 더했더니 $-3x+8$이 되었다. 바르게 계산한 식을 구하시오.

27 어떤 식에서 $-2x-7$을 빼어야 할 것을 잘못하여 더했더니 $-3x-11$이 되었다. 어떤 식을 A라 하고, 바르게 계산한 식을 B라고 할 때, $A-2B$를 x에 대한 식으로 나타내시오.

28 어떤 식에서 $\dfrac{x}{2}-3$을 빼어야 할 것을 잘못하여 $\dfrac{x-3}{2}$을 빼었더니 $4x-3$이 되었다. 바르게 계산한 식의 x의 계수와 상수항의 곱을 구하시오.

29 $\dfrac{3}{2}x-2(y-1)$에 어떤 식을 더해야 할 것을 잘못하여 빼었더니 $-\left(x+\dfrac{2}{3}y\right)+2$가 되었다. 바르게 계산한 식을 구하시오.

실력 높이기

01 다음 중 곱셈과 나눗셈 기호를 생략하여 나타낸 식으로 옳은 것은?

① $x \div (y \div z) = \dfrac{x}{yz}$ 　② $x \div y \times z = \dfrac{x}{yz}$

③ $(x \div y) \div z = \dfrac{xz}{y}$ 　④ $x \div y \times z \div w = \dfrac{x}{yzw}$

⑤ $x \div (y \div z) \div w = \dfrac{xz}{yw}$

02 다음 중 곱셈과 나눗셈 기호를 생략하여 나타낸 식으로 옳은 것을 모두 고르면? (정답 2개)

① $x \times y - (x - y) \div \dfrac{1}{3} = xy - 3(x - y)$

② $a \times a \times b \times \dfrac{1}{3} - (x \div y) \div z = \dfrac{1}{3}a^2 b - \dfrac{x}{yz}$

③ $x \div (y \div z) - (-3) \div (x + y) = \dfrac{x}{yz} + \dfrac{3}{x+y}$

④ $(a + b) \div c - a \times a \times b \div (-3) = \dfrac{a+b}{c} - \dfrac{a^2 b}{3}$

⑤ $(-0.1) \times a \times b \div 1\dfrac{2}{3} = \dfrac{0.ab}{5}$

03 다음 **보기** 중 문자를 사용하여 나타낸 식으로 옳은 것을 모두 고르시오.

보기
ㄱ. x와 y의 평균 → $\dfrac{x+y}{2}$

ㄴ. a kg b g → $(1000a + b)$ kg

ㄷ. x %의 소금물 300 g에 녹아 있는 소금의 양
　　 → $3x$ g

ㄹ. 정가가 a원인 물건을 25 % 할인하여 살 때의 금액
　　 → $\dfrac{3}{4}a$원

ㅁ. 1000원의 a할 b푼 → $(10a + b)$원

ㅂ. x km의 거리를 시속 3 km로 걸어갈 때 걸리는
　　 시간 → $\dfrac{3}{x}$시간

ㅅ. 8 kg의 a % → $0.8a$ kg

04 오른쪽 그림과 같은 직사각형 ABCD에서 삼각형 PQD의 넓이를 a, b에 대한 식으로 나타내시오.

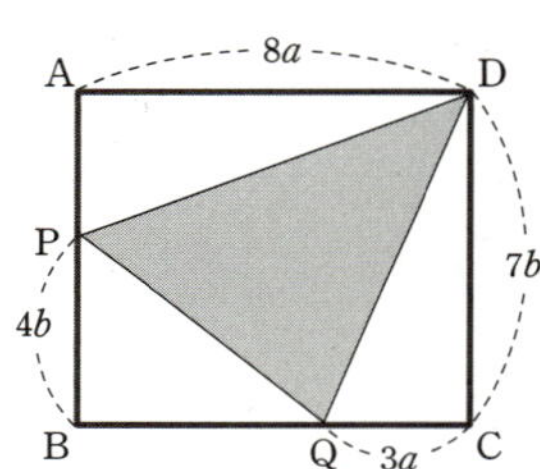

05 남학생이 a명, 여학생이 b명인 어느 학급에서 영어 시험을 본 결과 남학생의 평균이 x점, 여학생의 평균이 y점이라고 한다. 반 전체의 평균을 M점이라고 할 때, M을 a, b, x, y를 사용하여 나타내시오.

06 5명의 학생들이 매월 1000원씩 x달 동안 돈을 모아 불우이웃돕기를 하려고 한다. 모아진 금액 중 $a\,\%$는 고아원에 보내고, 나머지를 복지 단체에 보내기로 하였다. 복지 단체에 보낼 금액을 x와 a에 대한 식으로 나타내시오.

07 어느 반 학생 30명이 수학 시험을 치른 결과 a명의 학생이 12문제를 맞혔고, 나머지 학생은 모두 9문제를 맞혔다고 한다. 이 반 전체 학생의 맞힌 문제 수의 평균을 a를 사용한 식으로 나타내시오.

08 $a=-\dfrac{1}{2}$, $b=\dfrac{1}{3}$, $c=\dfrac{1}{4}$일 때, $\dfrac{a}{b^2}+\dfrac{b}{c^2}$의 값을 구하시오.

09 $a=\dfrac{2}{3}$, $b=-\dfrac{3}{4}$, $c=\dfrac{1}{5}$일 때, $\dfrac{2}{a}-\dfrac{3}{b}+\dfrac{1}{c}+\dfrac{1}{abc}$의 값을 구하시오.

10 $\dfrac{2x-1}{3}-\dfrac{3x+1}{2}=\square(x+1)$일 때, $\square$ 안에 알맞은 수를 구하시오.

11 $\dfrac{-x+y}{2}-\dfrac{2y-3x-3}{3}+\dfrac{2x-5}{6}=ax+by+c$

일 때, $a+\dfrac{c}{b}$의 값을 구하시오. (단, a, b, c는 상수)

12 $\dfrac{1}{x}+\dfrac{1}{y}=\dfrac{4}{3}$일 때, 다음 식의 값을 구하시오.

$$\dfrac{x(2-3y)+2y}{xy-(2x+2y)}$$

13 다음 그림과 같이 흰색과 검은색의 바둑돌이 한 줄씩 늘어날 때마다 흰색 바둑돌은 1개씩, 검은색 바둑돌은 2개씩 증가한다. n번째 줄의 흰색 바둑돌과 검은색 바둑돌의 개수의 합을 n에 대한 식으로 나타낼 때, 일차항의 계수와 상수항의 차를 구하시오.

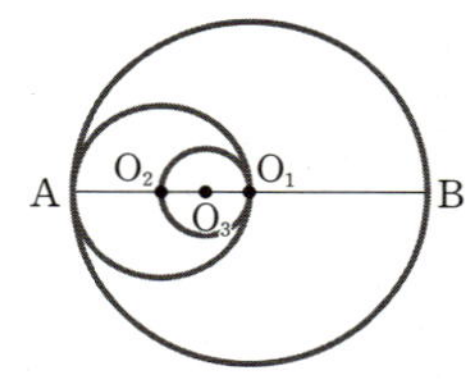

14 오른쪽 그림과 같이 O_1, O_2, O_3는 각각 세 원의 중심이고 각 원의 중심은 모두 $\overline{AB}$ 위에 있다. 세 원 O_1, O_2, O_3의 넓이를 각각 S_1, S_2, S_3라고 할 때, $S_1 : S_2 : S_3$를 가장 간단한 자연수의 비로 나타내시오. (단, 원주율은 π로 계산한다.)

15 오른쪽 그림과 같은 모양의 직사각형 구조에는 다음과 같은 규칙성이 있다.

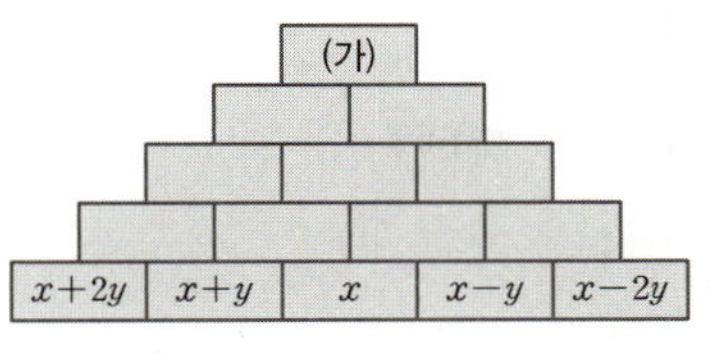

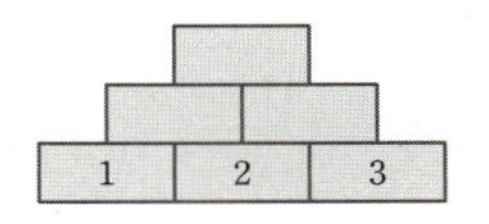

$\Rightarrow$
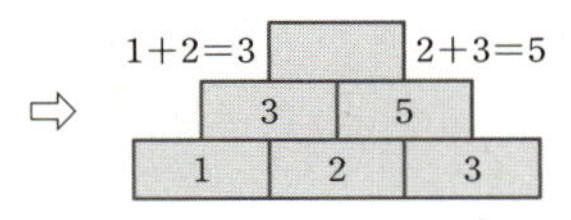

이때 (가)에 들어갈 식을 구하시오.

16 다음 그림과 같이 한 변의 길이가 10 cm인 정사각형 모양의 색종이 20장을 이어 붙여서 직사각형 모양의 띠를 만들었다. 두 색종이는 a cm의 일정한 폭으로 겹치게 붙였다고 할 때, 완성된 띠의 둘레의 길이를 a를 사용한 식으로 나타내시오. (단, $0 < a < 5$)

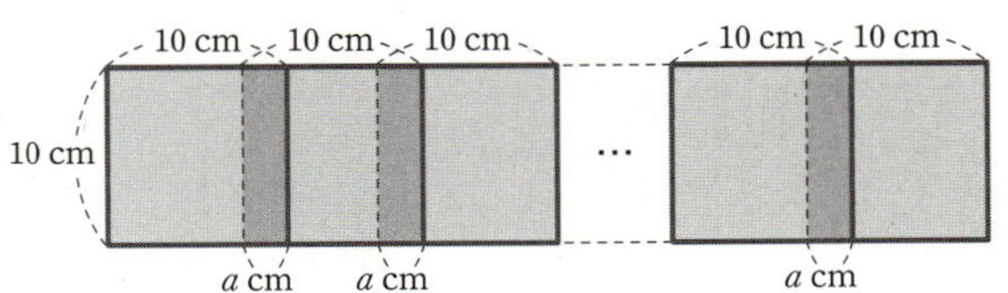

17 다음 식을 간단히 할 때, x에 대한 일차식이 되도록 하는 상수 a의 값을 구하고, 그때의 일차식을 구하시오.

$$2a^2x^2 - 3x + 2 - 2x^2 + ax + 4x - 3$$

18 $a(x-3) - (bx+7)$을 간단히 한 식에서 x의 계수가 -3이고 상수항이 2일 때, 상수 a, b에 대하여 $ab - b^2$의 값을 구하시오.

19 $A = 2x+3$, $B = 3x-9$, $C = -x-4$일 때, 다음 식을 x에 대한 식으로 나타내시오.

$$\frac{1}{3}(A-B) - \frac{1}{4}(2B-C-A)$$

20 다음 식을 간단히 하였을 때, x의 계수와 y의 계수의 합을 구하시오.

$$-7x+4y-[9y-\{-3y+4x-(-x+3y)\}-4x]-7x$$

21 세 유리수 a, b, c에 대하여

$[a,\ b,\ c]=\dfrac{a}{b}+\dfrac{b}{c}+\dfrac{a}{c}$ (단, $b\neq0$, $c\neq0$)라고 정의할

때, $[x^2,\ 2x,\ x]=\left[-\dfrac{1}{2},\ \dfrac{1}{3},\ \dfrac{1}{6}\right]$을 만족하는 x의 값

을 구하시오. (단, $x\neq0$)

22 $2x+3y+7$에 어떤 다항식을 더해야 할 것을 잘못하여 빼었더니 $-x+5y-1$이 되었다. 바르게 계산한 식을 구하시오.

23 어떤 식 A에 $3x-1$을 더했더니 $2x-5$가 되었고, 어떤 식 B에서 $3x-5$를 빼었더니 $x+2$가 되었다. 또, $3x-7$에서 어떤 식 C를 빼었더니 $7x-8$이 되었다. 이때 $A+B+C$를 x에 대한 식으로 나타내시오.

3 STEP
최고 실력 완성하기

01 오른쪽 그림과 같이 가로의 길이가 x cm, 세로의 길이가 y cm인 직사각형 ABCD가 있다. 가로의 길이는 5 cm 줄이고, 세로의 길이는 4 cm 늘려서 만든 새로운 직사각형 AEFG의 넓이와 직사각형 ABCD의 넓이의 합을 S cm²라고 할 때, S를 x, y에 대한 식으로 나타내시오.

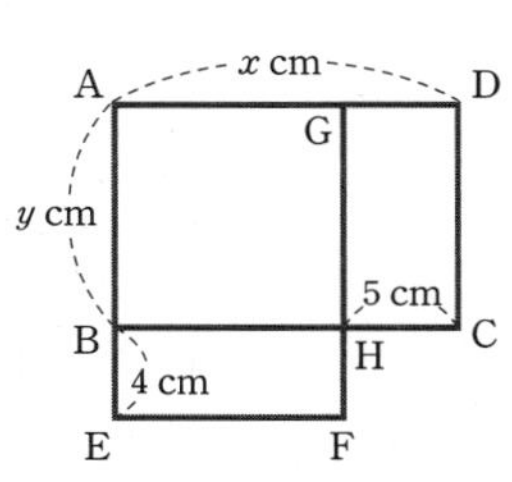

02 오른쪽 그림과 같이 가로, 세로의 길이가 각각 x m, y m인 직사각형 모양의 땅의 둘레를 따라 땅의 안쪽으로 너비가 2 m, 3 m인 길을 만들고 나머지 땅은 밭을 만들었다. 길의 넓이를 A m², 밭의 둘레의 길이를 B m라 할 때, $A+B$를 x, y에 대한 식으로 나타내시오.

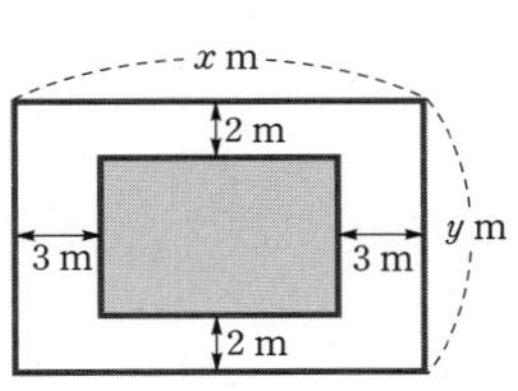

03 우리 반 학생 a명의 중간고사 수학 점수의 평균은 b점이었다. 그런데 한 학생이 전학을 와서 뒤늦게 시험을 본 결과 수학 점수를 75점 받아 전체 수학 점수의 평균이 c점 올랐다. 이때 a를 b, c에 대한 식으로 나타내시오.

04 $\dfrac{1}{a}+\dfrac{1}{b}=3$일 때, $\dfrac{a+3ab+b}{2ab}$의 값을 구하시오.

(단, $ab \neq 0$)

05 $x : y = 3 : 7$일 때, $\dfrac{2x^2+y^2}{3x^2-xy}$의 값을 구하시오.

06 $a=\dfrac{1}{3}$, $b=-\dfrac{3}{2}$, $c=\dfrac{1}{4}$일 때, $\dfrac{a-b}{a+c}-ab+\dfrac{c}{b}$
의 값을 구하시오.

07 $a=\dfrac{x-y}{3}$, $b=\dfrac{x-3y}{2}$일 때,
$3a-2b-\{3(a+b)-5a\}$를 x, y에 대한 식으로 나타
내시오.

08 $x-\dfrac{1}{y}=1$, $-1-\dfrac{1}{z}=y$일 때, xyz의 값을 구하
시오. (단, $y\neq0$, $z\neq0$)

09 두 식 A, B가 다음과 같을 때, A에서 $12B$를 빼
었더니 3이 되었다. 이를 만족하는 a, b의 값을 구하시
오. (단, a, b는 모두 3 미만의 자연수이다.)

$$A=-3(2a-3b)+7(a-b)$$
$$B=\dfrac{1}{2}(4a-7)+\dfrac{4}{3}(2a-3b)+\dfrac{7}{4}b+3.5$$

10 두 자리의 자연수 a에 대하여
$N(a)=(a$의 각 자리의 숫자의 곱)이라 하자. 즉,
$N(23)=2\times3=6$, $N(72)=7\times2=14$이다. 이때
$N(x)N(y)N(z)=10$을 만족하는 서로 다른 세 수
x, y, z에 대하여 $x+y+z$의 최댓값과 최솟값의 차를
구하시오.

11 A비커에는 a %의 소금물 300 g, B비커에는 b %의 소금물 100 g이 들어 있다. A비커의 소금물 100 g을 B비커에 넣어 잘 섞은 후, 다시 B비커의 소금물 50 g을 A비커에 넣었다. 이때 A비커의 소금물의 농도를 a, b에 대한 식으로 나타내시오.

12 우리나라 세금 중에는 모든 상거래에 붙는 간접세로 부가가치세라는 것이 있다. 한 백화점에서 어떤 상품의 할인 가격을 정하기 위해 직원들이 회의를 했다. 소비자에게 더 유리한 방법을 제시한 사람을 구하시오.

> 김과장: 상품 가격에 부가가치세 10 %를 붙인 뒤 여기에서 20 %를 할인해 줍시다.
> 박과장: 아닙니다. 상품 가격을 20 % 할인한 뒤, 여기에 부가가치세 10 %를 붙이는 게 더 좋습니다.

[13~14]

> 은정: 현정아! 내가 네 생일 맞춰볼 테니까, 맞으면 네가 나한테 라면 사고 틀리면 내가 너한테 스파게티 살게. 어때?
> 현정: 그래, 언니. 그런데 어떻게 맞출 건데?
> 은정: 일단 네가 '태어난 달'에 5를 곱하고 12를 더해 봐! 그리고 그 값에 20을 곱해!
> 현정: 오케이~
> 은정: 거기에 네가 '태어난 날'의 숫자를 더해 봐!
> 현정: 응, 했어.
> 은정: 그 수에서 300을 빼면~, 얼마야?
> 현정: (가)
> 은정: (혼잣말로 (가)에 60을 더했더니 (나)가 된 것을 생각하여) 네 생일, 11월 6일 맞지?
> 현정: 잉? 어떻게 알았지?

13 '태어난 달'을 x, '태어난 날'을 y라고 하여 (가)와 (나)를 x, y를 사용하여 간단히 나타내시오.

14 문제 **13**의 식에 현정이 생일 11월 6일에 해당하는 $x=11$, $y=6$을 대입하여 (가), (나)에 알맞은 수를 구하시오.

수를 대신하는 문자, 식을 대신하는 문자!

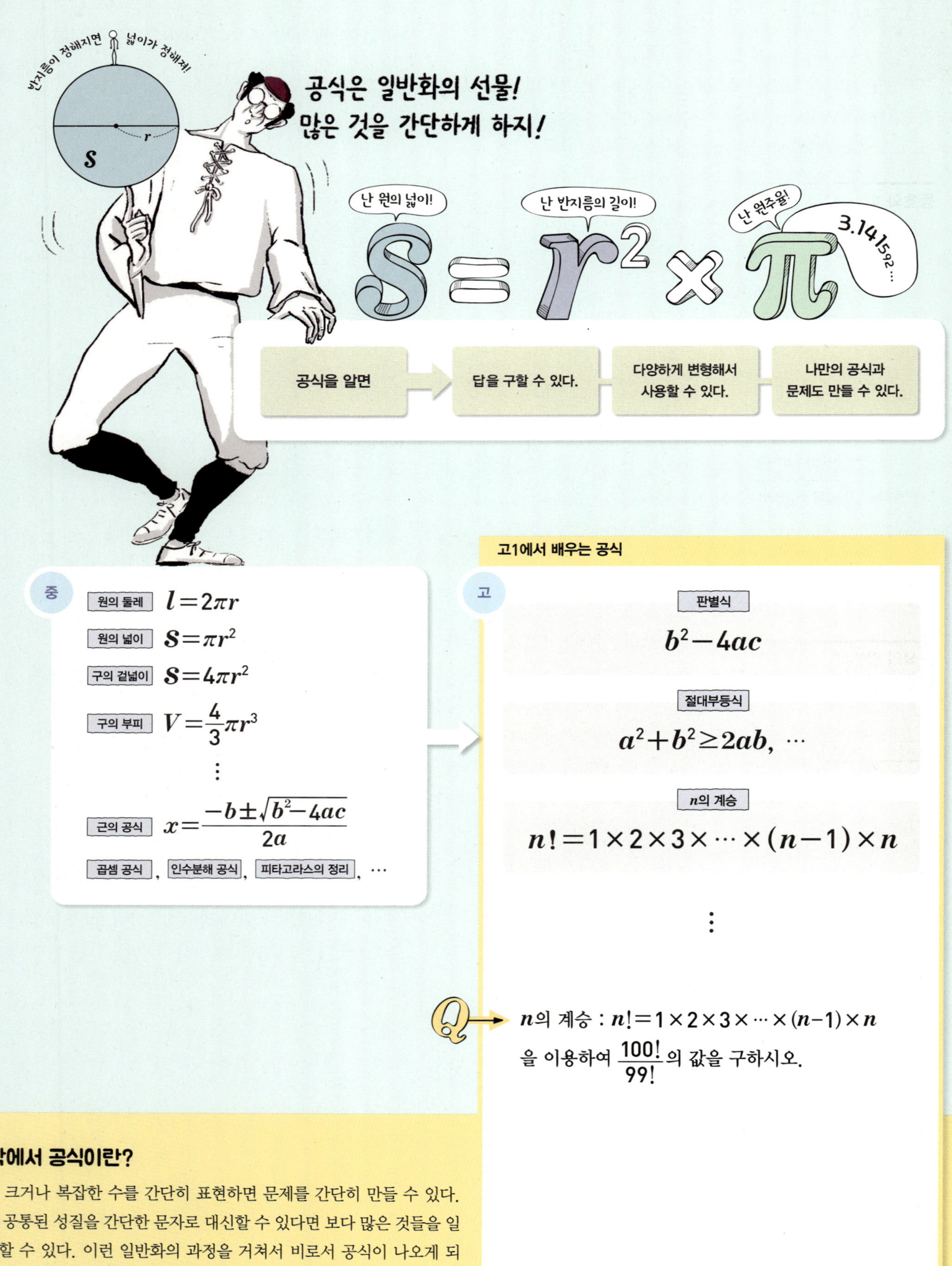

수학에서 공식이란?

아주 크거나 복잡한 수를 간단히 표현하면 문제를 간단히 만들 수 있다.
또한 공통된 성질을 간단한 문자로 대신할 수 있다면 보다 많은 것들을 일
반화할 수 있다. 이런 일반화의 과정을 거쳐서 비로서 공식이 나오게 되
며 이는 생각보다 많은 것을 간단하게 만든다. **식의 일반화!** 문자의 사용
은 바로 그 출발점이며 본격적인 대수의 세계로 첫발을 내딛는 시작이다.

2 일차방정식

1 방정식과 항등식

(1) **등식**: 등호(=)를 사용하여 두 수 또는 두 식이 서로 같음을 나타낸 식

(2) **방정식**: 미지수의 값에 따라 참이 되기도 하고 거짓이 되기도 하는 등식
- 예) $x+8=7$에서 $x=-1$일 때 참인 등식이고, x가 -1 이외의 수일 때에는 등호가 성립하지 않으므로 거짓인 등식이다.

(3) **항등식**: 미지수에 어떤 값을 대입해도 항상 참이 되는 등식
- 예) $2x+7=7+2x$에서 x에 어떤 수를 대입하여도 등호는 항상 성립한다.

(4) **방정식의 풀이**
① 미지수: 방정식에 들어 있는 문자(x, y 등)
② 근(또는 해): 방정식을 참이 되게 하는 미지수의 값
③ 방정식을 푼다: 방정식의 해를 구하는 것, 즉 등호를 성립시키는 미지수의 값을 구하는 것

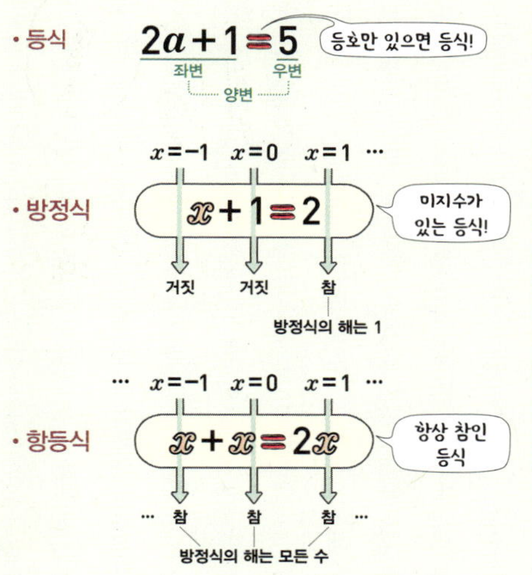

2 등식의 성질

(1) **등식의 성질**
① 등식의 양변에 같은 수를 더하여도 등식은 성립한다.
② 등식의 양변에서 같은 수를 빼어도 등식은 성립한다.
③ 등식의 양변에 같은 수를 곱하여도 등식은 성립한다.
④ 등식의 양변을 0이 아닌 같은 수로 나누어도 등식은 성립한다.

→ $a=b$일 때, $a+c=b+c$, $a-c=b-c$, $ac=bc$, $\dfrac{a}{c}=\dfrac{b}{c}$ (단, $c\neq0$)

(2) **이항**: 등식의 성질을 이용하여 등식의 한 변에 있는 항의 부호를 바꾸어 다른 변으로 옮기는 것 예) $2a-3=4$에서 $2a=4+3$ (이항)

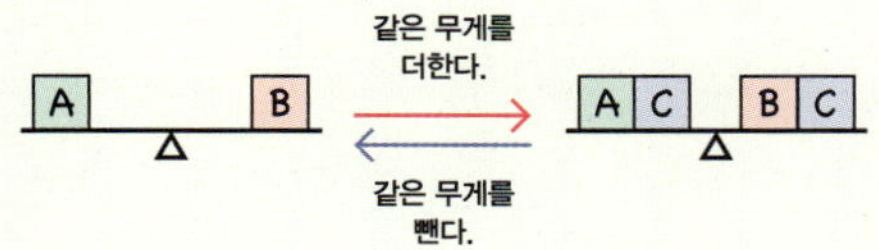

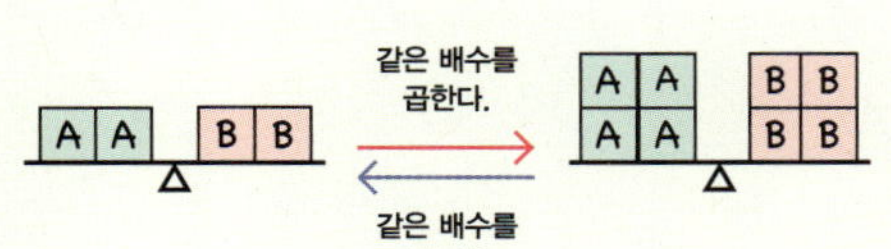

3 일차방정식의 풀이

(1) **일차방정식의 풀이**
① $ax+b=0(a\neq0)$의 꼴로 정리될 수 있는 식을 x에 대한 일차방정식이라 한다.
② $ax+b=0(a\neq0)$일 때, $ax=-b$ 꼴로 정리하여 x의 값을 구한다. 이때 x의 값은 $x=-\dfrac{b}{a}$이다.
③ 계수에 분수나 소수가 있으면 등식의 양변에 알맞은 수를 곱하여 계수를 정수로 고친다.

(2) **해가 특별한 경우**
① $0\times x=0$ → 해는 모든 수(항등식)
② $0\times x=(0$이 아닌 수$)$ → 해는 없다.

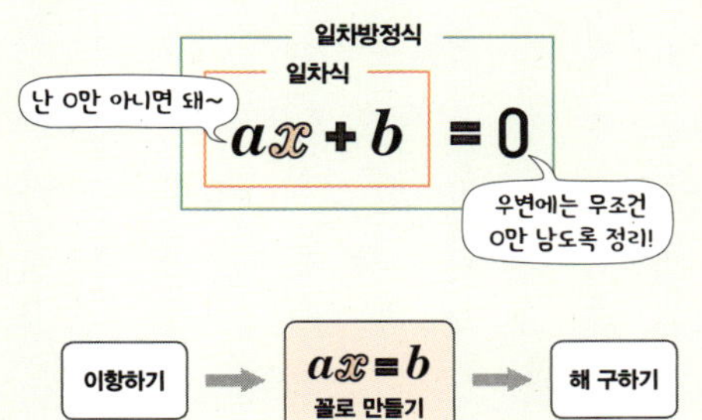

방정식과 항등식

(1) 등식: 등호($=$)를 사용하여 두 수 또는 두 식이 서로 같음을 나타낸 식

(2) 방정식: 미지수의 값에 따라 참이 되기도 하고, 거짓이 되기도 하는 등식

　예) $x+8=0$은 $x=-8$일 때만 참이 되므로 해는 $x=-80$이다.

(3) 항등식: 미지수에 어떤 값을 대입해도 항상 참이 되는 등식

　예) $x-2x=x-2x$는 x의 값에 관계없이 항상 참이다.

---

01 다음 **보기** 중 방정식과 항등식을 각각 구하시오.

> **보기**
>
> ㄱ. $2(x+3)=6$
> ㄴ. $3-x=x$
> ㄷ. $x+2x-2=3x+2$
> ㄹ. $-2(x+3)+2x=-6$
> ㅁ. $3x+5=(x+2)+(2x+3)$
> ㅂ. $\frac{1}{2}x+2=\frac{1}{3}x-7$
> ㅅ. $3x+5=2x-5$
> ㅇ. $3x=0$
> ㅈ. $3x>2(x+1)-1$
> ㅊ. $\frac{1}{2}x(x-7)>x-8$
> ㅋ. $(x+1)x=x^2+x$
> ㅌ. $3y=y-4$

02 등식 $4x-a(x-1)=\frac{1}{2}b-2x$가 x에 대한 항등식일 때, 두 상수 a, b의 합 $a+b$의 값을 구하시오.

03 x에 대한 방정식 $(2k+3)x-3a=bk+3$이 k의 값에 관계없이 항상 $x=2$를 해로 가질 때, 두 상수 a, b의 합 $a+b$의 값을 구하시오.

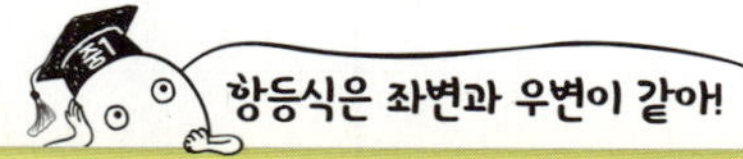

등식의 성질

BASIC CONCEPT

(1) 등식의 성질 ($a=b$일 때)
　① 등식의 양변에 같은 수를 더하여도 등식은 성립한다.
　　($a+c=b+c$)
　② 등식의 양변에서 같은 수를 빼어도 등식은 성립한다.
　　($a-c=b-c$)
　③ 등식의 양변에 같은 수를 곱하여도 등식은 성립한다.
　　($ac=bc$)
　④ 등식의 양변을 0이 아닌 같은 수로 나누어도 등식은
　　성립한다. $\left(\dfrac{a}{c}=\dfrac{b}{c}\ (\text{단},\ c\neq0)\right)$

(2) 이항 : 등식의 성질을 이용하여 등식의 한 변에 있는 항의
　부호를 바꾸어 다른 변으로 옮기는 것

---

04 다음 중 옳지 <u>않은</u> 것은?

① $a+c=b+c$이면 $a=b$

② $a-c=b-c$이면 $a=b$

③ $ac=bc$이면 $a=b$

④ $\dfrac{a}{c}=\dfrac{b}{c}$이면 $a=b$ (단, $c\neq0$)

⑤ $\dfrac{a}{c}=\dfrac{b}{c}$이면 $ac=bc$ (단, $c\neq0$)

---

05 다음 **보기** 중 옳은 것만을 골라 ㄱ, ㄴ, ㄷ, …의 순서대로 그 옆의 글자를 차례로 나열할 때, 나타나는 문장을 쓰시오.

┌─── **보기** ───┐

ㄱ. $a=2b$이면 $a+1=2(b+1)$ ➡ 김

ㄴ. $\dfrac{x}{2}=\dfrac{y}{3}$이면 $2x=3y$ ➡ 박

ㄷ. $a+b=c$이면 $2a+b=a+c$ ➡ 최

ㄹ. $ac=bc$이면 $a=b$ ➡ 이

ㅁ. $a-c=b-c$이면 $a+c=b+c$ ➡ 상

ㅂ. $a+b=x+y$이면 $a-x=y-b$ ➡ 위

ㅅ. $3a=2b$이면 $\dfrac{a}{3}-\dfrac{b}{2}=0$ ➡ 중

ㅇ. $x=y$이면 $x-y=0$ ➡ 만

ㅈ. $a=b$이면 $\dfrac{a}{b}=1$ ➡ 점

ㅊ. $\dfrac{a}{5}=\dfrac{b}{5}$이면 $3a=3b$ ➡ 세

└──────────┘

---

06 방정식 $\dfrac{1}{2}x-7=3$의 해를 구하기 위해 다음과 같은 등식의 성질 두 가지를 순서대로 이용하여 $\square x=\triangle$의 꼴로 만들었다. 이때 m, n의 값을 각각 구하시오.

$a=b$이면 $a-m=b-m$
$a=b$이면 $a\times n=b\times n$

일차방정식의 풀이 ❶

(1) $ax+b=0$ $(a\neq0)$의 꼴로 정리될 수 있는 식을 x에 대한 일차방정식이라 한다.

(2) $ax+b=0$ $(a\neq0)$일 때, $ax=-b$의 꼴로 정리한 후 x의 값을 구한다.

07 $kx+7=3x-5$가 x에 대한 일차방정식이 되기 위한 상수 k의 조건을 구하시오.

08 x에 대한 일차방정식 $(2a-1)x^2+(b-2)x+1=0$의 해는 $x=1$이다. 이때 y의 계수가 a이고, 상수항이 b인 y에 대한 일차방정식의 해를 구하시오. (단, a, b는 상수)

09 다음 x에 대한 일차방정식을 푸시오.

(1) $\dfrac{x+1}{2}-\dfrac{2x-1}{6}=1$

(2) $0.15x-0.07=0.03x+0.17$

(3) $3:4=(x-7):(x-3)$

(4) $3\{5x-(1-x)\}+2x-4=13$

10 x에 대한 일차방정식 $5x-\left(x-\dfrac{1-2x}{3}\right)=\dfrac{x-3}{2}$의 해를 구하시오.

일차방정식의 풀이 ❷

(1) 일차방정식의 해가 a일 때, a를 포함한 식의 값 구하기
   → 일차방정식의 해를 구하여 a로 놓은 다음 a를 포함한 식에 a의 값을 대입한다.
(2) x에 대한 일차방정식(다른 문자 포함)의 해가 k일 때, x 이외의 문자의 값 구하기
   → k를 x에 대입한 후 문자의 값을 구한다.

11 일차방정식 $3x-2=4$의 해를 $x=a$라 할 때, 방정식 $3a-7x+8=8x-1$의 해를 구하시오.

12 일차방정식 $0.1(x-2)=0.2x-0.8$의 해를 $x=a$라 할 때, $|a-3|-|12-2a|$의 값을 구하시오.

13 일차방정식 $x-7=-4$의 해가 일차방정식 $2(x-a)=a+8$을 만족할 때, 상수 a의 값을 구하시오.

14 일차방정식 $7-x=a-3(x-1)$의 해가 일차방정식 $1.3x-\dfrac{21}{5}=1$을 만족할 때, 상수 a의 값을 구하시오.

15 x에 대한 방정식 $\dfrac{2x-3}{4}+a=\dfrac{x+2a}{3}$의 해가 $x=2$일 때, 상수 a의 값을 구하시오.

16 x에 대한 방정식 $\dfrac{x-4}{6}=\dfrac{2x+a}{4}-1$의 해가 $x=-\dfrac{1}{2}$일 때, a^2의 값을 구하시오. (단, a는 상수)

일차방정식의 풀이 ❸

(1) 두 방정식의 해가 같은 경우 : 두 방정식 중 하나의 방정식을 풀어 해를 구한 후, 그 해를 나머지 방정식에 대입하면 성립한다.

(2) 치환을 이용하여 풀기 : 공통인 부분을 다른 문자로 치환하여 방정식을 푼다.

   ⑩ $a+b-2(a+b+7)=4$에서 $a+b$의 값을 구할 때,

   $a+b$를 X로 치환하여 푼다.

   즉, $X-2(X+7)=4$, $X-2X-14=4$,

   $-X=18$, $X=-18$

   ∴ $a+b=-18$

17 x에 대한 두 일차방정식 $\dfrac{3x-1}{4}=1$, $6k+x=3k+1$의 해는 절댓값이 같고 부호는 서로 반대이다. 이때 상수 k의 값을 구하시오.

18 다음의 x에 대한 세 방정식의 해가 모두 같을 때, 두 상수 a, b의 합 $a+b$의 값을 구하시오.

> (가) $\dfrac{1}{2}(x-3)=3x+\dfrac{7}{2}$
>
> (나) $x+bx=2(x+8)$
>
> (다) $x-a=-8$

19 오른쪽과 같은 x에 대한 두 방정식 ㉠, ㉡에서 ㉡의 해가 ㉠의 해의 3배일 때, $-12m+4n$의 값을 구하시오. (단, m, n은 상수)

> ㉠ $4-5x=-6$
>
> ㉡ $mx-2n-8=0$

20 $a+3b-5(2a+6b-3)=24$일 때, $a+3b$의 값을 구하시오.

21 $x+y-4=3(x+y-2)$일 때, $-x-y$의 값을 구하시오.

일차방정식의 풀이 ❹

(1) 연산 기호의 사용
→ 연산 기호의 약속대로 방정식을 세워서 일차방정식의 해를 구한다.

(2) 미지수 a를 포함하고 있는 x에 대한 일차방정식의 해가 조건(자연수, 음의 정수)으로 주어질 때, a의 값 구하기
→ 주어진 일차방정식을 푼 다음 주어진 조건에 맞는 a의 값을 구한다.

22 a와 b의 평균을 연산 ◎으로 약속하면 $a◎b=\dfrac{a+b}{2}$이다. $(7x-4)◎(3x-8)=4$일 때, x의 값을 구하시오.

23 $a△b=ab+a+b$라고 약속할 때, $(2△x)△3=-1$을 만족하는 x의 값을 구하시오.

24 두 수 a, b에 대하여 $a*b=a+b-2$라고 약속할 때, x에 대한 다음 두 방정식의 해가 같다. 이때 상수 a의 값을 구하시오.

> (가) $5x*8=5$　　　(나) $ax*a=-x*1$

25 x에 대한 방정식 $x-\dfrac{1}{3}(x+2a)=-6$의 해가 음의 정수일 때, 이를 만족하는 자연수 a의 개수를 구하시오.

26 x에 대한 방정식 $x-4=\dfrac{1}{5}(x-2a)$의 해와 a의 값이 모두 자연수일 때, 이를 만족하는 상수 a의 값을 모두 구하시오.

해가 특별한 경우

(1) 해가 무수히 많은 경우(해는 모든 수): $0 \times x = 0$의 꼴 (항등식)

(2) 해가 없는 경우: $0 \times x = (0$이 아닌 수$)$의 꼴

(3) $ax = b$에서

  ① 해가 모든 수일 조건: $a = 0$, $b = 0$

  ② 해가 없을 조건: $a = 0$, $b \neq 0$

  ③ 해가 한 개일 조건: $a \neq 0$

27 x에 대한 방정식 $5(x-1) = ax + b$의 해가 모든 수일 때, 두 상수 a, b의 합 $a + b$의 값을 구하시오.

28 x에 대한 방정식 $x - \dfrac{2x - a}{a} = 3x + 1$이 한 개의 해를 갖기 위한 상수 a의 조건을 구하시오.

29 x에 대한 방정식 $(3a - 4)x + b + 8 = ax + 3b$의 해는 두 개 이상이고, x에 대한 방정식 $6(x - a) = c(2x + b)$의 해는 존재하지 않는다. 이때 상수 a, b, c에 대하여 $a - b + c$의 값을 구하시오.

30 x에 대한 방정식 $2x + b = ax + 1$의 해가 존재하지 않을 때, 방정식 $3x + a = -a(x + 1) - 1$의 해를 구하시오. (단, a, b는 상수)

2 STEP

실력 높이기

01 다음 중 옳은 것은?

① $-2a=3b$이면 $-\dfrac{a}{2}=\dfrac{b}{3}$이다.

② $ax=b$이면 $x=\dfrac{b}{a}$이다.

③ $x=-2y$이면 $x+1=-2(y+1)$이다.

④ $\dfrac{x}{y}=3$이면 $3x=y$이다.

⑤ $x=y$이면 $2x=x+y$이다.

02 방정식 $3x-7=11$을 푸는 과정에서 등식의 성질 '$a=b$이면 $a-c=b-c$이다.'를 이용하여 $\square x=\triangle$의 꼴로 바꿨다. 이때 c의 값을 구하시오.

03 두 방정식 $x+\dfrac{2x-3}{2}=\dfrac{x+3}{3}+\dfrac{5}{6}$와 $0.7x-3=0.4x-9$의 해를 각각 a, b라 할 때, $a-b$의 값을 구하시오.

≡ 서술형

04 두 방정식 $0.2(x-1)=0.5(2x+5)-0.3$, $2x+1=ax+13$의 해가 같을 때, 상수 a의 값을 구하시오.

05 방정식 $1+\dfrac{3}{x}+\dfrac{5}{2x}-\dfrac{5}{3x}=\dfrac{5}{6}$ 를 푸시오.

(단, $x\neq 0$)

06 $\dfrac{3}{x-y}-4=\dfrac{2}{x-y}$ 일 때, $y-x$의 값을 구하시오.

(단, $x\neq y$)

07 방정식 $x-\dfrac{1}{3}(x+4a)=-6$의 해가 음의 정수일 때, 이를 만족하는 자연수 a의 값을 모두 구하시오.

08 x에 대한 방정식 $2(9-3x)=a$의 해가 자연수일 때, 자연수 a의 값을 모두 구하시오.

09 방정식 $0.2x-0.4=2(3-0.3x)$의 해의 역수가 방정식 $ax-7=3x+3$의 해일 때, 상수 a의 값을 구하시오.

10 〖서술형〗

$a+4b=2(a-b)$일 때, $\dfrac{3a+2b}{a-b}$의 값이 x에 대한 방정식 $\dfrac{x+21}{5}-ax=\dfrac{x-a}{3}$의 해와 같다. 이때 $-a^2+a-1$의 값을 구하시오. (단, $ab\neq0$, $a\neq b$)

11 $(2a+b):(a-b)=2:3$일 때, x에 대한 일차방정식 $\dfrac{x}{a}=-\dfrac{4}{b}$를 푸시오. (단, $a\neq0$, $b\neq0$)

12 방정식

$$\dfrac{1}{2}x-\dfrac{1}{3}\left\{x-\dfrac{1}{2}x+\dfrac{1}{10}\left(\dfrac{1}{3}x-\dfrac{1}{12}x\right)\right\}=13$$

을 푸시오.

13 〖서술형〗

x에 대한 방정식 $ax+7=4x+7$의 해가 모든 수일 때, 일차방정식 $x-\dfrac{1}{a}(x-1)=\dfrac{1}{2}a$의 해를 구하시오.

14 x에 대한 방정식 $(a+3)x=b-1$의 해가 2개 이상이기 위한 두 상수 a, b의 값을 각각 구하시오.

15 일차방정식 $x:(1-2x)=2:(a-4)$의 해가 일차방정식 $\dfrac{x+1}{3}-\dfrac{x-1}{2}=\dfrac{b}{6}$를 만족할 때, 두 상수 a, b에 대하여 $5a-ab$의 값을 구하시오.

16 x에 대한 두 방정식 $5:(x-7)=2:(x-1)$, $x-\dfrac{a-x}{x}=9$의 해가 서로 같을 때, 상수 a의 값을 구하시오.

17 $3-\{x-(2-x)\}-x=4x$를 간단히 하여 $ax=b$의 꼴로 정리하였을 때, 두 상수 a, b에 대하여 $\left(\dfrac{b}{a}\right)^{3}$의 값을 구하시오. (단, $a>0$, a와 b는 서로소)

18 방정식 $3(x-k)-1=5-2k$의 해를 $x=a_k$라고 할 때, $|a_0-a_1-a_2|$의 값을 구하시오.

19 두 일차방정식 $3-2x=1$, $5a-7x=2$의 해는 절댓값이 같고 부호가 반대이다. 이때 상수 a의 값을 구하시오.

21 약분해서 $\dfrac{4}{3}$가 되는 어떤 분수의 분자에 5를 더하고, 분모에서 2를 뺀 후 기약분수로 나타내면 $\dfrac{3}{2}$이다. 약분하기 전의 어떤 분수를 구하시오.

서술형

20 $0 \le x < 5$일 때, $2|x|+|x-5|=8$을 만족하는 x의 값을 구하시오.

서술형

22 x에 대한 방정식 $\dfrac{2}{3}x+a=-x+b$를 나연이는 a를 0으로 잘못 보고 풀어서 $x=18$이 나왔고, 다희는 b를 0으로 잘못 보고 풀어서 $x=-6$이 나왔다. 처음 방정식을 바르게 풀었을 때의 해를 구하시오.

23 두 수 a, b에 대하여 $a \circ b = ab - a - b$라고 약속할 때, $x \circ 4 - \{3 \circ (x+2)\} = 4$를 만족하는 x의 값을 구하시오.

24 두 수 a, b에 대하여 $a \odot b = a + b - ab$라 약속할 때, $\{(x-3) \odot 7\} \odot 2 = 1$을 만족하는 x의 값을 구하시오.

25 $[a, b] = -ax + b$일 때, $[2, -3] - 5[-1, 2] = [3, 2]$를 만족하는 x의 값을 구하시오.

26 x에 대한 방정식 $a(x-2) = b-4$의 해가 모든 수일 조건과 해가 없을 조건을 각각 구하시오.

3 STEP
최고 실력 완성하기

01 x에 대한 방정식 $a(x-2)=0$을 푸시오.

02 $\begin{vmatrix} a & b \\ c & d \end{vmatrix}=ad-bc$라고 약속할 때,

$\begin{vmatrix} -3 & 7 \\ x & x+1 \end{vmatrix}=\begin{vmatrix} 5x-1 & 3 \\ x-2 & -1 \end{vmatrix}$을 만족하는 x의 값을 구하시오.

03 방정식 $|x-1|=2x-3$을 푸시오.

04 $\dfrac{x}{3}=\dfrac{y}{4}=\dfrac{z}{5}$이고 $(2x-y+z)A=x+2y+2z$ 일 때, 상수 A의 값을 구하시오.

$$(\text{단, } x\neq 0,\ y\neq 0,\ z\neq 0)$$

05 서로 다른 두 수 a, b에 대하여 $\langle a,\ b \rangle = (a,\ b$ 중 작은 수$)$라고 약속할 때, $\dfrac{\langle 9,\ 12 \rangle}{\langle 2x-1,\ 2x-7 \rangle} = 3$을 만족하는 x의 값을 구하시오.

06 상수 a, b, c에 대하여 $3a+2b+c=20$일 때, 방정식 $\dfrac{x}{3a}+\dfrac{x}{2b}+\dfrac{x}{c}-6=\dfrac{4b+2c}{3a}+\dfrac{6a+2c}{2b}+\dfrac{6a+4b}{c}$ 의 해를 구하시오. $\left(\text{단, } \dfrac{1}{3a}+\dfrac{1}{2b}+\dfrac{1}{c}\neq 0,\ abc\neq 0\right)$

07 비례식 $0.2(x+1) : a = 0.1(x-2) : 4$를 만족하는 x가 존재하지 않을 때, 상수 a의 값을 구하시오.

08 두 일차방정식 $3x+1=x+a$, $2(x-1)-3=-2x-13$의 해가 같지 않을 때, 다음 중 상수 a의 값이 될 수 없는 것은?

① 2   ② 1   ③ -1
④ -2 ⑤ -3

09 방정식 $\dfrac{1}{1-\dfrac{1}{1+\dfrac{1}{x}}}=3$을 푸시오.

10 방정식 $\dfrac{2}{1-\dfrac{x}{x-1}}=\dfrac{1}{-1+\dfrac{x}{x+1}}$을 푸시오.

11 두 수 a, b에 대하여 연산 $\triangle$을 $a\triangle b=\dfrac{a+b}{2}$라고 약속할 때, $-3\{-1\triangle(1\triangle x)\}=x-4$를 만족하는 x의 값을 구하시오.

[12~13]

> 형사가 조심스럽게 가방을 연다. 폭탄이다! 이때 악당에게서 전화가 온다. "당신 옆에 있는 3 L, 5 L 들이 물통을 사용하여 4 L의 물을 2분 안에 정확히 맞춰 저울에 올려라. 아니면 폭탄은 폭발한다." 이것은 〈다이하드 3〉란 영화의 한 대화 내용이다. 여기서 주인공인 맥클레인 형사는 잠시 궁리를 한 뒤 거침없이 동료와 함께 물을 주고 받으며 순식간에 4 L의 물을 만들어 저울 위에 올리고 결국 폭탄은 안터진다. 이때 이 형사가 4 L의 물을 만드는 과정을 나타내면 **보기**와 같다.

보기

① 5 L 들이 물통에 물을 가득 채운다.

② 5 L 들이의 물을 3 L 들이에 옮겨 부으면 5 L 들이에는 2 L가 남고, 3 L 들이 물통은 가득 찬다.

③ 3 L 들이 물통의 물을 비운다. 그러면 5 L 들이 물통에만 2 L가 남는다.

④ 5 L 들이에 남아있는 2 L의 물을 3 L 들이에 옮겨 붓는다. 그러면 5 L 들이 물통은 비고, 3 L 들이 물통에만 2 L가 차있게 된다.

⑤ 5 L 들이에 물을 가득 채운다. 그러면 5 L 들이 물통은 가득 차고, 3 L 들이에는 2 L의 물이 남는다.

⑥ 5 L 들이의 물을 3 L 들이에 옮겨 붓는다. 하지만 3 L 들이 물통에는 1 L만 옮겨질 수 있으므로 결국 5 L 들이 물통에는 4 L의 물만 남게 된다.

---

12 4 L의 물을 만들기 위해 **보기**에서 꼭 알아야 하는 것은 5 L 들이 물통으로 물을 2번 가득 떴고, 이를 3 L 들이 물통이 꽉 차도록 2번 부었다는 것이다. 또, 이것을 식으로 표현하기 위해 물통에 물을 가득 뜨는 과정을 양수, 물통이 가득 차도록 붓는 과정을 음수라고 하면 **보기**가 나타내는 식은 $5 \times 2 - 3 \times 2 = 4$로 표현된다. 이때 5 L 들이 물통으로 물을 x번 가득 뜨고, 이를 3 L 들이 물통에 y번 꽉 차도록 부어서 4 L의 물을 만드는 과정을 식으로 쓰고, 이 식을 사용하여 **보기**를 수학으로 해결할 수 있는 원리를 간단히 설명하시오.

13 윗글을 다르게 표현하면 식 $3 \times 3 - 5 \times 1 = 4$로도 나타난다. 다음 물음에 답하시오.

(1) 어떤 물통으로 몇 번 물을 가득 떴고, 꽉 차도록 부은 것인지를 말하시오.

(2) (1)의 식의 과정을 **보기**와 같이 글로 나타내시오.

방정식 $ax=b$의 풀이

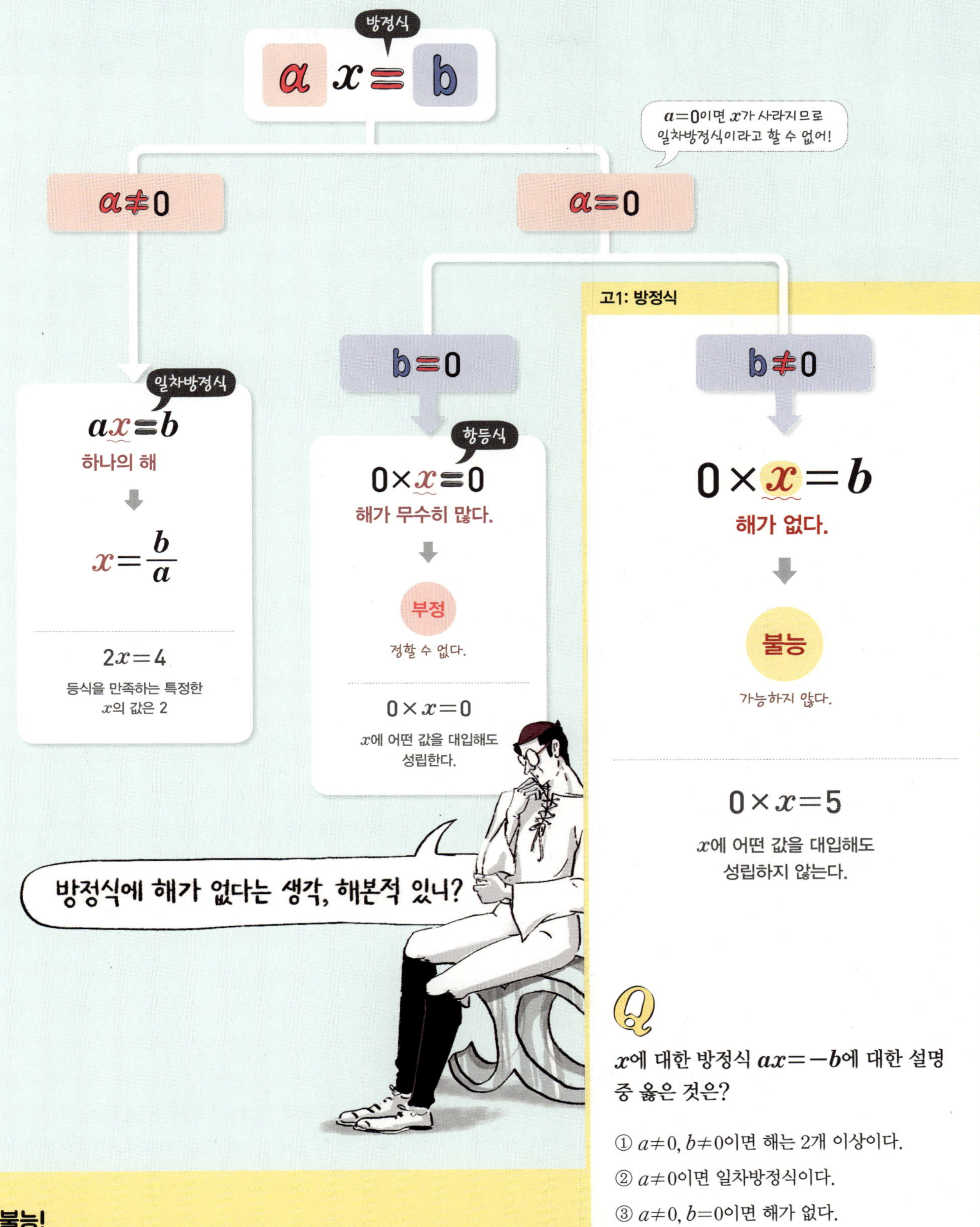

Q

x에 대한 방정식 $ax=-b$에 대한 설명
중 옳은 것은?

① $a\neq0$, $b\neq0$이면 해는 2개 이상이다.
② $a\neq0$이면 일차방정식이다.
③ $a\neq0$, $b=0$이면 해가 없다.
④ $a=0$, $b\neq0$이면 해가 무수히 많다.
⑤ $a=0$, $b=0$이면 해가 없다.

정답 ②

부정과 불능!

$ax=b$에서 $a\neq0$이라는 조건이 붙으면 일차방정식이고, 일차방정식은 단 하나의 해를
갖는다. 만약 $a=0$이라면 $0\times x=b$가 되어 좌변에서 x가 사라진다. x가 사라지므로
이런 등식은 실제로는 일차방정식이라고 할 수 없다. 부정과 불능은 '가상의 일차방정식'
을 놓고 이야기하는 것이다. 이때 **부정(不定)은 해가 많아서 '정할 수 없음'**을 의미한다.
즉 미지수에 어떤 x의 값을 대입하더라도 항상 성립하는 항등식이 부정에 속한다.
불능(不能)은 해가 없어서 '해를 정하는 것이 불가능함'을 의미한다.

3 일차방정식의 활용

1 일차방정식의 활용 문제 풀이 방법

(1) 문제의 뜻을 파악하고, 구하는 수를 x라 한다.

(2) 문제의 뜻에 따라 방정식을 세운다.

(3) 방정식을 푼다.

(4) 구한 해가 문제의 뜻에 맞는지 확인해 본다.

2 자주 다루어지는 활용 문제 공식

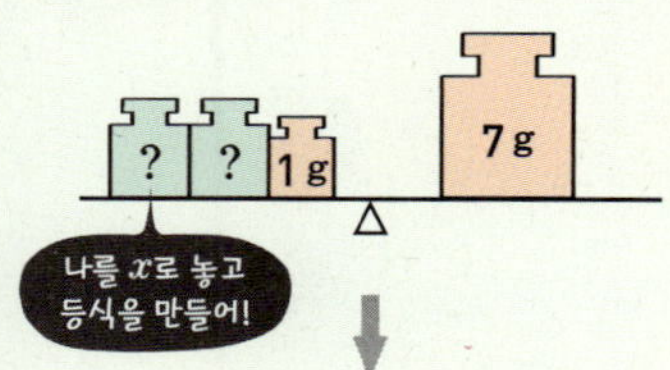

(1) 시간, 거리, 속력에 관한 문제

① (거리) = (속력) × (시간)

② (속력) = $\dfrac{(거리)}{(시간)}$

③ (시간) = $\dfrac{(거리)}{(속력)}$

시간, 거리, 속력 문제는 단위의 통일에 주의한다.

(2) 농도에 관한 문제

① (소금물의 농도) = $\dfrac{(소금의 양)}{(소금물의 양)} \times 100(\%)$

② (소금의 양) = $\dfrac{(소금물의 농도)}{100} \times (소금물의 양)$

(3) 전체를 1로 두는 일의 배분 문제

전체 일의 양을 1로 두고 단위 시간 동안 한 일의 양을 구하여 방정식을 세운다.

(예) 어떤 일을 마치는 데 A는 12일, B는 8일이 걸린다.

→ A는 하루에 전체의 $\dfrac{1}{12}$만큼, B는 하루에 전체의 $\dfrac{1}{8}$만큼의 일을 한다.

(4) 원가, 정가에 관한 문제

원가 a원에 이율 $b\,\%$를 붙여서 정가를 정하면

$$(정가) = a + a \times \dfrac{b}{100} = a\left(1 + \dfrac{b}{100}\right)(원)$$

(5) 배분하는 문제

① 의자 x개에 a명씩 앉으면 b명이 남는다. → 사람 수 : $ax + b$

② x개의 의자 중 비어 있지 않은 의자에는 a명씩 앉아 있고 빈 의자는 b개이다.

→ 사람 수 : $a(x - b)$

(6) 시계 문제

① 원리적 접근

시침은 1분에 $\dfrac{1}{2}°$씩, 분침은 1분에 $6°$씩 움직인다. 60분 동안 시침은 $30°$만큼, 분침은 $360°$만큼 움직인다.

② 공식 적용

x시 y분일 때, 시침과 분침이 이루는 각의 크기는 $\left| 30x - \dfrac{11}{2}y \right|°$이다.

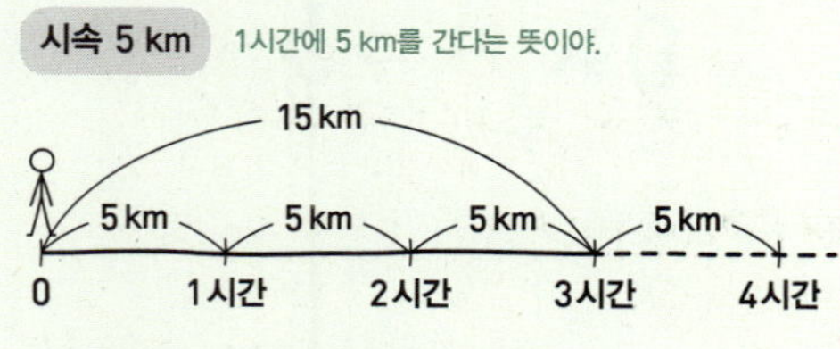

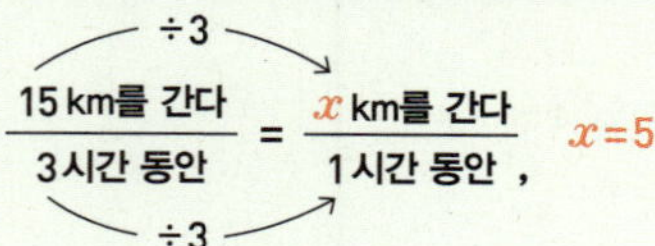

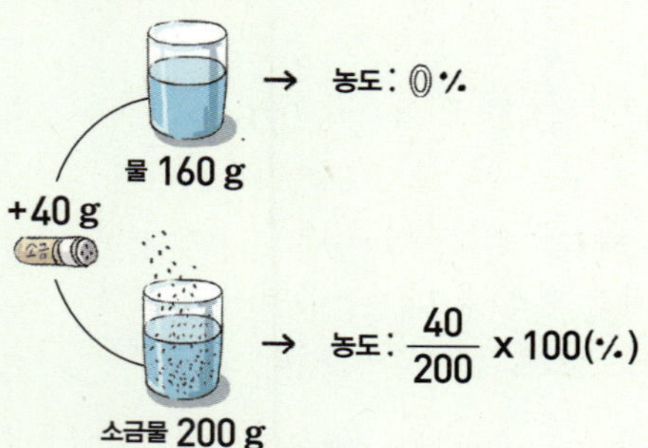

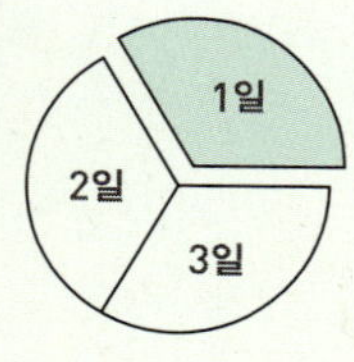

1 STEP
주제별 실력다지기

BASIC CONCEPT

일차방정식의 활용 문제 풀이 방법

(1) 문제의 뜻을 파악하고 구하는 수를 x라 한다.
(2) 문제의 뜻에 따라 방정식을 세운다.
(3) 방정식을 푼다.
(4) 구한 해가 문제의 뜻에 맞는지 확인해 본다.

01 아들에게 나이를 물어 보았더니 아버지의 나이의 절반보다 10세 적다고 하고, 아버지에게 나이를 물어 보았더니 아들의 나이의 3배보다 8세 많다고 한다. 아들의 나이를 구하시오.

02 길이가 각각 30 cm, 25 cm인 양초 A, B가 있다. 불을 붙인 후 10분마다 양초 A는 0.1 cm씩, 양초 B는 0.3 cm씩 짧아진다고 한다. 양초 A의 길이가 양초 B의 길이의 2배가 되는 것은 두 양초 A, B에 동시에 불을 붙이고 몇 분 후인지 구하시오.

03 어느 학교의 입학 시험에서 입학 지원자의 남녀 비율이 7 : 6, 합격자의 남녀 비율이 5 : 4, 불합격자의 남녀 비율이 1 : 1이고, 지원자 중 불합격한 여학생은 20명이다. 이때 입학 지원자 수를 구하시오.

04 A 상자와 B 상자에 흰 바둑돌과 검은 바둑돌이 섞여 있다. A, B 상자 속의 바둑돌의 개수의 비는 8 : 9이고, A, B 상자의 흰 바둑돌과 검은 바둑돌의 개수의 비는 각각 7 : 3, 2 : 7이다. 두 상자의 바둑돌을 모두 모아 보면 흰 바둑돌보다 검은 바둑돌이 18개 더 많을 때, A 상자의 바둑돌의 개수를 구하시오.

시간, 거리, 속력에 관한 문제

시간, 거리, 속력 사이의 관계는 다음과 같다.

(1) (거리)=(속력)×(시간)

(2) (속력)=$\dfrac{(거리)}{(시간)}$

(3) (시간)=$\dfrac{(거리)}{(속력)}$

05 A 지점에서 8 km 떨어진 C 지점까지 가는 데 처음에는 매분 80 m의 속력으로 걷다가 도중의 B 지점에서부터는 매분 100 m의 속력으로 달려서 1시간 30분 만에 C 지점에 도착하였다. A 지점에서 B 지점까지 가는 데 걸린 시간을 구하시오.

06 집에서 학교까지 가는 데 시속 12 km로 자전거를 타고 가면 시속 4 km로 걸어서 가는 것보다 20분 빨리 도착한다. 집과 학교 사이의 거리를 구하시오.

07 집에서 역까지 자동차로 가는 데 매시 30 km의 속력으로 가면 기차가 떠나기 10분 전에 도착하고, 매시 15 km의 속력으로 가면 기차가 떠난 지 20분 후에 도착한다. 집과 역 사이의 거리를 구하시오.

08 형이 집을 출발한 지 30분 후에 동생이 형을 뒤따라 출발하였다. 형은 시속 5 km로 걷고 동생은 시속 10 km로 자전거를 타고 갔다면 동생이 출발한 지 몇 분 후에 형과 만나는지 구하시오.

09 유진이가 300 m를 걷는 동안 선영이는 200 m를 걷는다. 유진이와 선영이가 1000 m 떨어진 지점에서 서로 마주보고 걸었더니 10분 만에 만났다. 유진이가 1분 동안 걸은 거리를 구하시오.

10 희영이의 걷는 속력은 매분 65 m이고 나연이는 희영이보다 빠르다. 학교 운동장을 희영이와 나연이가 한 바퀴 도는 데 같은 지점에서 서로 반대 방향으로 동시에 출발하면 출발한 지 6분 만에 서로 만나고, 같은 방향으로 출발하면 30분 만에 만난다고 한다. 나연이의 속력을 구하시오.

11 길이가 200 m인 터널을 완전히 지나는 데 10초가 걸리는 여객 열차가 있다. 이 열차가 길이가 100 m이고 초속 20 m로 달리는 화물 열차와 서로 반대 방향으로 달려서 완전히 지나치는 데 5초가 걸린다고 한다. 이 여객 열차의 길이를 구하시오.

12 일정한 속력으로 달리는 기차가 길이가 540 m인 철교를 완전히 통과하는 데 30초가 걸리고, 길이가 400 m인 터널을 통과할 때는 20초 동안 기차가 보이지 않았다. 이 기차의 길이를 구하시오.

13 A, B 두 사람이 2 km 떨어진 거리에서 A는 분속 30 m, B는 분속 20 m로 마주보며 걸어가고 있다. 이때 강아지 한 마리가 분속 200 m로 A와 같이 출발하여 B쪽으로 뛰어가다가 B를 만나면 다시 A쪽으로 뛰어가기를 계속한다. A와 B가 서로 만날 때까지 강아지가 뛰어간 거리는 몇 km인지 구하시오.

농도에 관한 문제

소금물에서 소금물의 양과 그 안에 녹아 있는 소금의 양, 소금물의 농도 사이의 관계는 다음과 같다.

(1) (소금물의 농도) $= \dfrac{(\text{소금의 양})}{(\text{소금물의 양})} \times 100 \ (\%)$

(2) (소금의 양) $= \dfrac{(\text{소금물의 농도})}{100} \times (\text{소금물의 양})$

14 4 %의 소금물 300 g이 있다. 여기에 몇 g의 소금을 더 넣으면 10 %의 소금물이 되는지 구하시오.

15 6 %의 소금물 200 g이 있다. 이 소금물을 가열시켜 7 %의 소금물이 되게 하려면 증발되어 날아가는 물의 양이 얼마가 되어야 하는지 구하시오.

16 5 %의 소금물 300 g에 4 %의 소금물을 섞은 뒤, 여기에 소금 50 g을 더 넣었더니 10 %의 소금물이 되었다. 이때 섞은 4 %의 소금물의 양을 구하시오.

17 4 %의 소금물 400 g에서 소금물을 떠내고, 떠낸 만큼 물을 부은 후 10 %의 소금물을 섞어 5 %의 소금물 520 g을 만들었다. 이때 처음에 떠낸 4 %의 소금물의 양을 구하시오.

18 농도를 모르는 어떤 소금물에 5 %의 소금물을 처음 양의 3배만큼 넣어서 섞었더니 6 %의 소금물이 되었다. 이때 처음에 있던 소금물의 농도를 구하시오.

BASIC CONCEPT

전체를 1로 두는 일의 배분 문제

전체를 1로 두었을 때 단위 시간 동안 한 일의 양을 구한 후 식을 세워 푼다.

⑩ A는 12일 걸려 일을 마치고, B는 8일 걸려 일을 마친다.

→ 전체 일의 양을 1이라 하면 A는 하루에 $\frac{1}{12}$, B는 하루에 $\frac{1}{8}$만큼의 일을 한다.

19 어떤 일을 하는 데 A는 30일, B는 24일이 걸린다. 먼저 A가 12일 동안 일을 한 다음 나머지 일을 A와 B가 함께 일하여 완전히 마치려고 할 때, 둘이서 함께 일을 하는 날은 며칠인지 구하시오.

20 어떤 일을 하는 데 A 혼자 하면 12일, B 혼자 하면 16일이 걸린다고 한다. A가 혼자 9일 일한 후 나머지 일을 B가 혼자 하여 완성하였다고 할 때, B가 일한 날은 며칠인지 구하시오.

21 어떤 수조에 물을 가득 채우는 데 은정이는 1시간, 현정이는 3시간이 걸리고, 가득 찬 물을 나연이가 퍼내는 데는 2시간이 걸린다고 한다. 은정이와 현정이는 계속 물을 채우고, 나연이는 물을 퍼낸다고 할 때, 이 수조에 물을 가득 채우는 데 몇 시간 몇 분이 걸리는지 구하시오.

22 어떤 물통에 물을 가득 채우는 데 A 호스로는 3시간, B 호스로는 4시간이 걸리며, 가득 찬 물을 C 호스로 빼는 데는 6시간이 걸린다고 한다. A 호스, B 호스로 물을 넣는 동시에 C 호스로 물을 뺀다면 이 물통에 물을 가득 채우는 데 몇 시간 몇 분이 걸리는지 구하시오.

원가, 정가에 관한 문제

BASIC CONCEPT

원가 a원에 이율 b %를 붙여서 정가를 정하면

(이익)=(원가)×(이율)

$\Longrightarrow$ (정가)=(원가)+(이익)$=a+a\times\dfrac{b}{100}=a\left(1+\dfrac{b}{100}\right)$(원)

23 원가가 1000원인 물건이 있다. 이 물건을 정가의 20 %를 할인해서 팔아도 원가의 5 %의 이익이 남게 하기 위해서는 원가에 몇 %의 이익을 붙여서 정가를 정해야 하는지 구하시오.

24 어떤 물건의 원가에 3할의 이익을 붙여 정가를 매긴다. 이것을 700원 할인하여 팔면 원가의 10 %의 이익을 얻는다. 300개 팔았을 때의 이익금을 구하시오.

25 원가가 2000원인 어떤 제품이 있다. 이 제품을 정가의 20 %를 할인해서 팔았더니 원가에 비하여 8 %의 이익이 남았다. 이 제품의 정가를 a원, 정가의 20 %를 할인하여 100개 팔았을 때의 이익금을 b원이라 할 때, $10a+b$의 값을 구하시오.

26 어떤 상점에서 상품의 정가를 원가의 x %의 이익을 얻도록 정했더니 팔리지 않아서 다시 정가의 25 %를 할인하여 팔았더니 상품 하나당 원가의 30 %의 이익을 얻었다. 이때 x의 값을 구하시오.

BASIC CONCEPT

배분하는 문제

여러 개의 물건을 여러 사람에게 배분하는 문제는 주로 의자에 사람을 앉히는 상황으로 출제된다.

(1) 의자 x개에 a명씩 앉으면 b명이 남는다.
$$\Longrightarrow 사람 수 : ax+b$$

(2) x개의 의자 중 비어 있지 않은 의자에는 a명씩 앉아 있고 빈 의자는 b개이다.
$$\Longrightarrow 사람 수 : a(x-b)$$

27 학생들에게 연필을 나누어 주는데 한 사람에게 4자루씩 나누어 주면 5자루가 남고, 5자루씩 나누어 주면 4자루가 모자란다. 이때 학생 수를 구하시오.

28 어느 모임에서 한 테이블에 4명씩 앉으면 5명이 남고, 한 테이블에 5명씩 앉으면 사람이 앉은 테이블에는 모두 5명씩 앉게 되고 아무도 앉지 않은 빈 테이블이 6개가 생긴다. 이때 이 모임에 참석한 사람 수를 구하시오.

29 긴 의자를 늘어놓은 강당에서 학생회의를 하게 되었다. 긴 의자 하나에 학생을 4명씩 앉히면 학생 12명이 남는다. 또, 긴 의자 하나에 학생을 5명씩 앉히면 아무도 앉지 않는 빈 의자가 24개 생기고 5명이 채워지지 않은 의자 하나에는 1명만 앉게 된다. 학생이 모두 x명, 의자가 모두 y개일 때, $x-y$의 값을 구하시오.

BASIC CONCEPT

시계 문제

x시 y분일 때

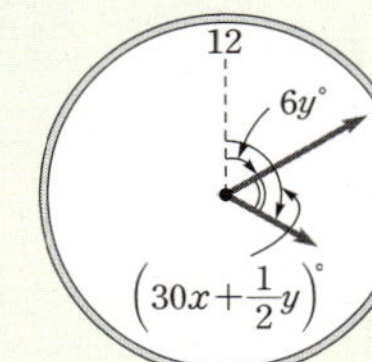

(1) 시침: 12시를 가리키는 곳에서부터 $30°\times x+\dfrac{1}{2}°\times y$만큼 움직인다.

(2) 분침: 0분을 가리키는 곳에서부터 $6°\times y$만큼 움직인다.

따라서 시침과 분침이 이루는 각의 크기는

$$\left|30x+\frac{1}{2}y-6y\right|° = \left|30x-\frac{11}{2}y\right|°$$ 이다.

[참고] 시침은 1분에 $\dfrac{1}{2}°$씩, 분침은 1분에 $6°$씩 움직인다.

30 1시와 2시 사이에 시계의 시침과 분침이 반대 방향으로 일직선이 되는 시각을 구하시오.

31 5시와 6시 사이에 시계의 시침과 분침이 $60°$를 이루는 시각을 모두 구하시오.

실력 높이기

01 아버지가 두 아들에게 용돈을 나누어 주는데 먼저 큰 아들에게 전체 용돈에서 20000원을 주고, 남은 금액의 $\frac{1}{4}$을 더 주었다. 나머지는 모두 작은 아들에게 주었더니 큰 아들이 받은 용돈은 작은 아들이 받은 용돈의 2배가 되었다. 이때 큰 아들이 받은 용돈은 얼마인지 구하시오.

서술형

02 일의 자리의 숫자가 3인 두 자리의 정수가 있다. 이 수의 십의 자리의 숫자와 일의 자리의 숫자를 서로 바꾸어 놓은 수는 처음 수보다 9만큼 크다. 이때 처음 수를 구하시오.

03 어느 입사 시험에서 지원자의 남녀의 비는 3 : 2, 합격자의 남녀의 비는 5 : 2, 불합격자의 남녀의 비는 1 : 1, 합격자는 140명이었다. 불합격한 여자가 a명, 전체 지원자가 b명일 때, $a+b$의 값을 구하시오.

서술형

04 합격률이 30 %인 시험에서 합격자의 평균은 최저 합격 점수보다 15점이 높고, 불합격자의 평균은 최저 합격 점수보다 25점이 낮다. 전체 평균이 60점일 때, 최저 합격 점수를 구하시오.

05 다음 그림과 같이 어느 달의 달력에서 윗 줄의 수 두 개와 아랫 줄의 수 두 개를 택하여 네 수를 직사각형의 형태로 묶을 때, 네 수의 합이 80이 되도록 만들려고 한다. 이때 묶인 날짜에 해당하는 요일을 모두 구하시오.

일	월	화	수	목	금	토
			1	2	3	4
5	6	7	8	9	10	11
12	13	14	15	16	17	18
			...			

06 작년에 최상위 학교의 전체 학생은 남녀를 합하여 1800명이었다. 올해는 작년에 비해 남학생 수는 8 % 증가하고, 여학생 수는 5 % 감소하여 전체 학생은 14명 늘었다. 이 학교의 올해의 여학생 수를 구하시오.

07 윤정이는 자전거를 타고 A 지점을 출발하여 시속 8 km로 평지를 달린 후 시속 4 km로 오르막길을 달려 B 지점에 도착하는 데 1시간 30분이 걸렸다. 돌아갈 때는 B 지점에서 시속 12 km로 내리막길을 달린 후 시속 9 km로 평지를 달려 A 지점에 도착하는 데 55분이 걸렸다. A 지점에서 B 지점까지의 거리를 구하시오.

08 물의 흐름이 시속 3 km인 강에서 배를 타고 강을 거슬러 6 km 올라가는 데 40분이 걸렸다. 이때 배의 속력을 구하시오.

09 길이가 140 m인 터널을 완전히 지나는 데 8초 걸리는 꿈나라 열차와 160 m의 터널을 완전히 지나는 데 16초 걸리는 별나라 열차가 있다. 꿈나라 열차와 별나라 열차가 서로 반대 방향으로 달려서 만나는 순간부터 완전히 지나치는 데 4초가 걸린다. 별나라 열차의 길이가 80 m일 때, 꿈나라 열차의 길이를 구하시오.

10 어떤 기차가 길이가 200 m인 철교를 완전히 건너는 데 12초 걸리고, 같은 속력으로 길이가 340 m인 터널을 통과할 때는 기차가 15초 동안 보이지 않았다. 이때 기차의 길이를 구하시오.

11 10 %의 설탕물 300 g에서 한 컵의 설탕물을 퍼내고 퍼낸 양 만큼 물을 부은 다음, 여기에 6 %의 설탕물을 넣었더니 8 %의 설탕물 400 g이 되었다. 이때 처음에 컵으로 퍼낸 설탕물의 양을 구하시오.

12 A 그릇에는 12 %의 소금물 300 g, B 그릇에는 8 %의 소금물 200 g이 들어 있다. A, B 두 그릇에서 같은 양의 소금물을 퍼내어 서로 바꾸어 넣었더니 두 그릇 안의 소금물의 농도가 같아졌다. 이때 옮겨 담은 소금물의 양을 구하시오.

13 A 그릇에는 12 %의 소금물 600 g, B 그릇에는 6 %의 소금물 600 g이 들어 있다. A 그릇에서 200 g을 퍼서 B 그릇에 담고 잘 섞은 뒤, B 그릇에서 100 g을 퍼서 A 그릇으로 옮겼다. 결과적으로 A 그릇의 소금물의 농도를 a %, B 그릇의 소금물의 농도를 b %라 할 때, $a+b$의 값을 구하시오.

서술형

14 10 %의 설탕물 200 g에서 한 컵의 설탕물을 퍼내고 그 만큼의 물을 부은 다음, 다시 5 %의 설탕물을 넣었더니 7 %의 설탕물 320 g이 되었다. 이때 컵으로 퍼낸 설탕물의 양을 구하시오.

15 어떤 일을 완성하려면 A 혼자 해서는 12일이 걸리고 B 혼자 해서는 20일이 걸린다. 이 일을 A 혼자서 4일 간 하고 난 후 A와 B가 협력하여 완성하였다고 할 때, A가 일한 날은 며칠인지 구하시오.

서술형

16 어떤 일을 혼자하면 다희는 10일, 은성이는 15일, 나연이는 30일이 걸린다. 20일 만에 일을 마치려고 은성이가 혼자서 일을 하다가 중단하고 나연이가 이어서 일을 완성하였다. 이때 다희가 나연이를 도와 3일 동안 함께 일을 하였기 때문에 예정보다 2일 빨리 일을 마쳤다. 은성이는 며칠 동안 일을 하였는지 구하시오.

17 어떤 수영장의 물을 모두 퍼낼 때, 양수기 A를 사용하면 8시간이 걸리고 양수기 B를 사용하면 5시간이 걸린다. 오후 1시부터 양수기 B를 사용하여 물을 퍼내기 시작하고 도중에 양수기 A를 함께 사용하여 오후 5시까지 물을 모두 퍼냈다고 할 때, 양수기 A를 사용하기 시작한 시각을 구하시오.

18 어떤 상품을 정가대로 판매하면 1개에 300원의 이익을 얻는다. 이 상품을 정가의 15 %를 할인하여 12개 판매한 이익금은 정가에서 200원씩 할인하여 18개를 판매한 이익금과 같다고 할 때, 이 상품의 정가를 구하시오.

19 어떤 제품의 원가에 3할의 이익을 붙여서 정가를 정하였다가 정가에서 500원을 할인하여 팔았더니 원가에 대해서 1할의 이익을 얻었다. 이 제품의 정가를 구하시오.

20 어느 바자회의 간식 코너에서는 커피 한 잔에 120원, 케이크 한 조각에 100원씩 받기로 하면서 두 가지를 동시에 사는 사람에게는 합계 금액의 1할을 할인해 주기로 하였다. 바자회 첫 날 간식 코너에서의 구매자는 120명이었고, 총 매출은 15904원이었다. 커피를 구매한 사람은 86명이고, 한 사람이 같은 상품을 한꺼번에 2개 이상은 구입하지 않았다고 할 때, 케이크를 구입한 사람의 수를 구하시오.

21 어느 모임에서 사탕을 한 사람에게 3개씩 나누어 주면 37개가 남고, 5개씩 나누어 주면 마지막 한 사람은 2개만 받는다. 사탕이 모두 a개, 모임에 참석한 사람이 모두 b명일 때, $a+b$의 값을 구하시오.

22 음악실의 긴 의자에 학생들을 앉힐 때, 의자 하나에 학생을 6명씩 앉히면 20명이 앉지 못한다. 한편, 7명씩 앉히면 빈 의자가 9개 생기고 7명이 채워지지 않은 한 의자에는 5명이 앉게 된다고 한다. 학생이 x명, 의자가 y개일 때, $x+y$의 값을 구하시오.

23 어느 유치원에서 한 반에 18명씩 아이들을 배정하면 교실이 1개 부족해 18명의 아이들이 반 배정을 받지 못하여 몇 개의 반에는 19명씩 배정하였다. 18명인 반의 수와 19명인 반의 수의 비가 4 : 3이면 전원이 남는 교실 없이 배정될 수 있을 때, 아이들의 수를 구하시오.

24 4시와 5시 사이에 시계의 시침과 분침이 이루는 각의 크기가 90°가 되는 시각들의 차는 몇 분인지 구하시오.

최고 실력 완성하기

01 크기가 같은 두 개의 물통에 구멍이 나 있는데 한 물통은 4시간, 다른 물통은 6시간 만에 물이 다 새어 버린다. 똑같은 시각에 물이 가득 차 있던 두 개의 물통에서 물이 새어 오후 5시 정각에 한 물통의 물이 다른 물통의 물의 2배가 되었다고 할 때, 물통에 물이 가득 차 있던 시각을 구하시오. (단, 물은 일정하게 새어 나온다.)

02 갑, 을 두 사람의 이번 달 수입의 합은 90만 원인데 갑은 수입의 15 %를 쓰고, 을은 수입의 30 %를 썼다. 두 사람이 같은 액수의 돈을 썼다고 할 때, 갑의 수입은 얼마인지 구하시오.

03 어떤 남자는 그의 부인보다 현재 4세 많다. 6년 전, 그는 살아온 인생의 꼭 절반 동안 결혼 생활을 해 왔음을 알았다. 또, 지금으로부터 13년 후가 되면 부인이 그녀 생애의 $\frac{2}{3}$만큼 결혼 생활을 하는 것이다. 이들 부부가 결혼 30주년일 때의 남자의 나이를 구하시오.

04 25개의 문제가 출제된 어느 시험에서 한 문제를 맞히면 4점을 얻고 틀리면 2점이 감점된다. 수경이와 민선이가 25개의 문제를 모두 풀어 수경이는 70점, 민선이는 40점을 얻었다고 할 때, 두 사람이 동시에 맞힌 문제는 최대 몇 문제인지 구하시오.

05 다음 그림은 달력의 일부분이다. 그림과 같이 4개의 수를 직사각형으로 묶을 때, 직사각형 안의 수의 합이 100이 되도록 하는 4개의 수를 모두 구하시오.

일	월	화	수	목	금	토
	1	2	3	4	5	6
7	8	9	10	11	12	13
14	15	16	17	18	19	20
		...				

06 A, B 두 개의 용기에 서로 다른 농도의 소금물이 각각 500 g씩 들어 있다. A의 소금물 100 g을 B에 옮겨 잘 섞은 뒤, B의 소금물 100 g을 다시 A에 옮겼다. 이때 나중에 만들어진 A, B의 농도의 차와 처음 A, B의 농도의 차의 비를 가장 간단한 자연수의 비로 나타내시오.

07 9시와 10시 사이의 시간을 가리키는 시계가 있다. 지금으로부터 정확히 6분 후에 시침과 분침이 서로 반대 방향으로 일직선이 된다고 할 때, 지금 시각을 구하시오.

08 선이, 정미 두 사람이 가위바위보를 하여 이긴 사람은 계단을 두 칸 올라가고, 진 사람은 한 칸 내려가기로 했다. 여러 번 가위바위보를 한 후 선이는 처음보다 13칸 위에, 정미는 4칸 위에 있었다. 선이가 이긴 횟수를 구하시오. (단, 비긴 경우는 없다.)

09 오전 7시, 어떤 주차장에 몇 대의 차가 주차되어 있고 매분마다 일정한 비율로 차가 들어온다. 9분마다 평균 7대의 차가 나가면 오전 8시 12분에 주차장의 차가 모두 나가고, 4분마다 평균 2대의 차가 나가면 오전 9시 32분에 주차장의 차가 모두 나간다. 이때 처음 주차되어 있던 차는 몇 대인지 구하시오.

10 학교에서 야영장까지 학생 한 조와 선생님 한 조가 출발하였다. 선생님들은 승용차로, 학생들은 걸어서 학교에서 동시에 출발하였다. 도중에 선생님들이 학교에서 x km 떨어진 P 지점에서 내려서 야영장 입구까지 걸어가고, 한 분만 승용차를 타고 학교에서 y km 떨어진 Q 지점까지 되돌아와 학생들을 태우고 야영장까지 왔다. 학생들과 선생님들은 야영장에 동시에 도착하였다. 학교에서 야영장까지의 거리는 20 km, 승용차의 속력은 시속 40 km, 걷는 속력은 학생과 선생님들 모두 시속 4 km라 할 때, P 지점, Q 지점은 학교에서 몇 km 떨어진 곳인지 각각 구하시오.

11 다음 글을 읽고, 사망할 당시 디오판토스의 나이를 구하시오.

3세기 후반 알렉산드리아에서 활약했던 그리스의 수학자로, 대수학의 아버지라고 불리며 방정식과 부정방정식의 해법을 처음으로 고안해냈던 디오판토스의 묘비에는 다음과 같은 비문이 적혀 있다고 한다.

"지나가는 나그네여. 이 묘비 밑에는 수학자 디오판토스가 잠들어 있다오. 내가 디오판토스의 재주를 빌어 그의 일생을 말하여 드리리다. 디오판토스는 일생의 6분의 1을 어린아이로 살았고, 그 뒤 일생의 12분의 1이 지나 수염이 났고, 또 그 뒤 일생의 7분의 1을 홀로 살다가 마침내 결혼을 하였다오. 결혼한 지 5년 뒤에 디오판토스는 아들을 낳았소. 그의 아들은 아버지 일생의 2분의 1만큼밖에 살지 못했다오. 그 슬픔을 견디며 4년을 더 산 뒤에 디오판토스도 죽었다오."

12 사탕이 들어 있는 세 상자 A, B, C가 있다. A상자에서 사탕의 $\frac{1}{3}$을 꺼내어 B상자에 넣은 후, B상자에서 사탕의 $\frac{3}{7}$을 꺼내어 C상자에 넣었더니 모든 상자에 들어 있는 사탕의 개수가 40으로 같아졌다. 다음 **보기** 중 옳은 것을 모두 고르시오.

보기
ㄱ. 처음 A상자에 들어 있던 사탕의 개수는 50이다.
ㄴ. 처음 B상자에 들어 있던 사탕의 개수는 50이다.
ㄷ. 처음 C상자에 들어 있던 사탕의 개수는 10이다.
ㄹ. A상자에서 꺼내어 B상자에 넣은 사탕의 개수는 10이다.
ㅁ. B상자에서 꺼내어 C상자에 넣은 사탕의 개수는 30이다.

단원 종합 문제

II 문자와 식

01 다음 중 일차방정식이 <u>아닌</u> 것을 모두 고르면?

(정답 2개)

① $\dfrac{1}{3}(6x-3)=\dfrac{1}{2}(4x-2)+1$

② $2x-4=4-3(x-1)$

③ $-x+7=7$

④ $x(x+1)-3=x^2-7$

⑤ $\dfrac{1}{2}x(x-4)=-2x-8$

02 $x=-1$일 때, $-(-x)^2$의 값과 같은 것은?

① $\dfrac{1}{x}$ ② $-\dfrac{1}{x}$ ③ x^2

④ $-x^3$ ⑤ $(-x)^3$

03 $\dfrac{x-y}{x+y}=2$일 때, $\dfrac{x+y}{3x-y}$의 값을 구하시오.

04 정가가 a원인 노트와 b원인 필통을 사는데 노트는 25 % 할인된 가격에, 필통은 30 % 할인된 가격에 샀다. 15000원을 냈을 때의 거스름돈을 a, b에 대한 식으로 나타내시오.

05 오른쪽 그림과 같이 직사각형 모양의 땅에 가로, 세로로 일정한 폭 x로 길을 내었다. 이 길의 넓이를 x를 사용하여 나타내시오.

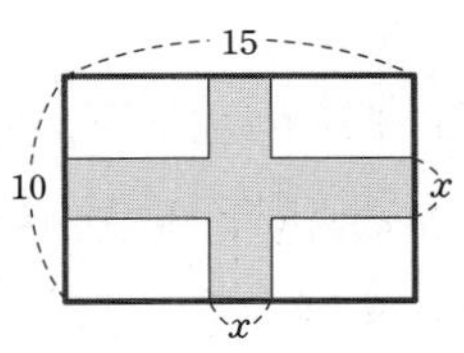

06 $A=-2x-1$, $B=3x-7$, $C=-x+4$일 때, $2(A-B)-3(B-C)$를 x에 대한 식으로 나타내면 $ax+b$의 꼴이 된다. 이때 $a-b$의 값을 구하시오.

(단, a, b는 상수)

07 $\dfrac{-3x-5}{7}-(x-1)$을 간단히 한 식에서 x의 계수를 a, 상수항을 b라 할 때, $-a^2-3b^2$의 값을 구하시오.

08 $16\left(\dfrac{1}{2}x-\dfrac{1}{4}y\right)-14\left(\dfrac{1}{2}x-\dfrac{3}{7}y-1\right)=ax+by+c$ 일 때, $a+b+c$의 값을 구하시오. (단, a, b, c는 상수)

09 어떤 식 A에서 $3a-2$를 빼야 할 것을 잘못하여 더했더니 $-7a-8$이 되었다. 바르게 계산한 식을 B라 할 때, $-A+B$를 a에 대한 식으로 나타내시오.

10 다음 등식의 성질 중 옳지 <u>않은</u> 것은?

① $3x=4y$이면 $\dfrac{x}{4}=\dfrac{y}{3}$이다.

② $x=y$, $a=b$이면 $x-a=y-b$이다.

③ $a-5=b-3$이면 $a+7=b+9$이다.

④ $a-b=x-y$이면 $a+y=b-x$이다.

⑤ $7-x=3-y$이면 $14-2x=6-2y$이다.

11 x에 대한 다음 두 방정식의 해가 서로 같을 때, a의 값을 구하시오. (단, a는 상수)

(가) $\dfrac{5x-3}{4}-x=-1+\dfrac{x}{3}$

(나) $9x=-a+7$

12 두 수 a, b에 대하여 연산 $\triangle$를 $a\,\triangle\,b=ab-a$로 정의할 때, 방정식 $|(x\,\triangle\,2)+(5\,\triangle\,x)|=1$을 만족하는 x의 값을 모두 구하시오.

13 두 수 a, b에 대하여 $\mathrm{M}(a, b)$는 a, b 중 작지 않은 수를 나타낼 때, 방정식 $\mathrm{M}(x-2,\ 5)+2x=40$을 만족하는 x의 값을 구하시오.

14 두 일차방정식 $10-x=-3(x+2)$, $\dfrac{1}{4}a-\dfrac{1}{4}x=7$의 해가 같을 때, 상수 a의 값을 구하시오.

15 x에 대한 방정식 $\dfrac{x}{3}+\dfrac{x-\square}{2}=\dfrac{5x}{6}$의 해가 무수히 많을 때, $\square$ 안에 알맞은 수를 구하시오.

16 x에 대한 방정식 $(a-2)x=b$를 푸시오.

17 $a:b:c=1:2:3$일 때,
$$\frac{a^2+b^2+c^2}{ab+bc+ca}=k,\quad \frac{a+b+c}{a-b-c}=l$$
이다. 이때 $11kx-2=20l$을 만족하는 x의 값을 구하시오.

18 민선이는 A 지점을 출발한 후 시속 $3\,\mathrm{km}$로 걷고 있다. 3시간 후에 희영이도 A 지점을 출발하여 시속 $4\,\mathrm{km}$로 민선이를 뒤따르고 있다. 이때 희영이는 출발한 지 몇 시간만에 민선이를 만나는지 구하시오.

19 어떤 상품은 정가의 $20\,\%$를 할인해서 팔더라도 원가의 $50\,\%$의 이익을 얻는다. 이 상품의 정가는 원가에 몇 $\%$의 이익을 붙인 것인지 구하시오.

20 오른쪽 그림은 사다리꼴 모양의 땅을 $\dfrac{1}{1000}$의 축척으로 그린 축도이다. 선분 EF를 선분 CD에 평행하게 그어 사각형 ㉮와 ㉯의 넓이가 같아질 때, 선분 BF의 실제 길이는 몇 m인지 구하시오.

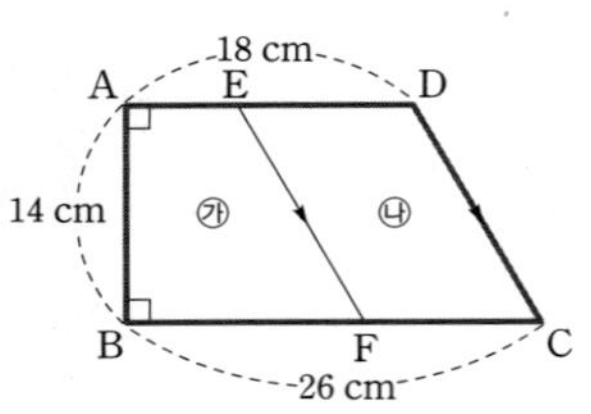

21 8 %의 소금물 200 g에서 몇 g을 퍼낸 후, 26 %의 소금물을 섞었더니 20 %의 소금물 300 g이 되었다. 처음에 퍼낸 8 %의 소금물의 양을 구하시오.

22 길이가 700 m인 터널을 완전히 통과하는 데 1분, 길이가 1600 m인 다리를 완전히 건너는 데 2분이 걸리는 기차 A가 있다. 기차 B와 기차 A가 900 m 떨어진 지점에서 마주보고 동시에 달려오기 시작하여 기차의 앞부분이 스치는 순간까지 20초가 걸렸을 때, 기차 B의 속력을 구하시오. (단, 기차 A, B의 속력은 일정하다.)

23 어느 학교 강당에서 1학년 학생들이 특강을 들으려고 한다. 강당에는 6인용 긴 의자가 놓여 있는데 학생들이 한 의자에 6명씩 빈 자리 없이 앉으면 의자가 3개 남고, 몇 개의 의자에는 6명씩 앉고 몇 개의 의자에는 5명씩 앉으면 남는 의자 없이 모든 학생이 앉을 수 있다고 한다. 6명씩 앉는 의자의 개수와 5명씩 앉는 의자의 개수의 비가 8 : 9일 때, 1학년 학생 수를 구하시오.

24 아연과 구리의 비가 3 : 1인 합금 A와 아연과 구리의 비가 5 : 2인 합금 B를 합하여 아연과 구리의 비가 8 : 3인 1100 g짜리 합금 C를 만들 때, 합금 A를 몇 g 사용하는지 구하시오.

25 나연이가 도서관에 도착하니 오후 4시와 오후 5시 사이에 시계의 시침과 분침이 겹쳐 있었다. 공부를 끝내고 도서관을 나올 때 보니 오후 9시와 오후 10시 사이에 시계의 시침과 분침이 겹쳐 있었다. 이때 나연이가 도서관에서 공부한 시간을 구하시오.

좌표평면과 그래프

1 좌표평면과 그래프

2 정비례와 반비례

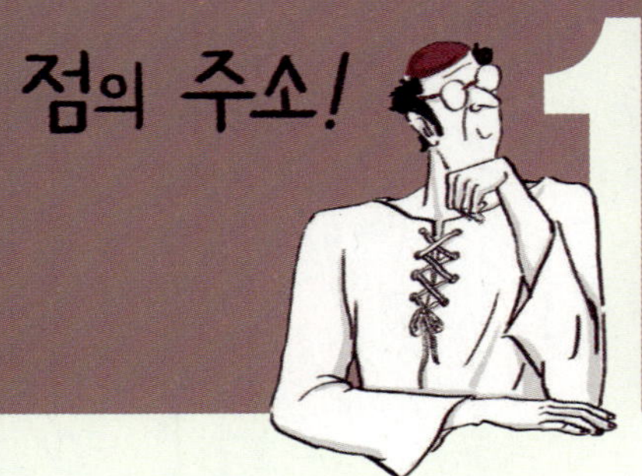

1 좌표평면과 그래프

1 수직선 위의 점의 좌표

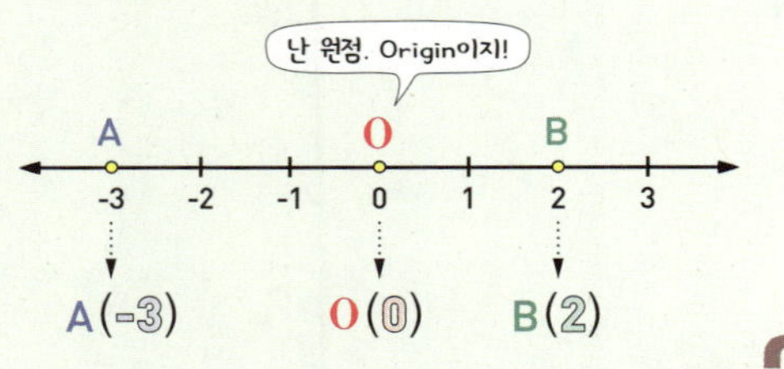

수직선 위의 한 점에 대응하는 수를 그 점의 좌표라 하고, 좌표가 a인 점 P를 기호로 $\text{P}(a)$와 같이 나타낸다.

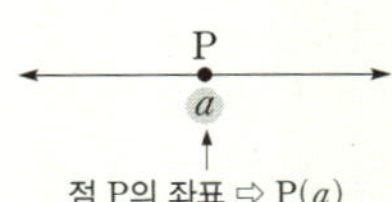

2 순서쌍

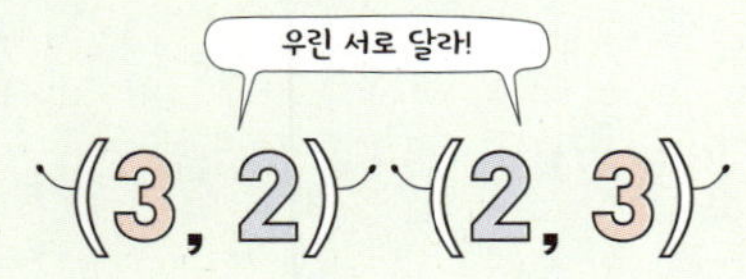

순서를 생각하여 두 수를 한 쌍으로 짝지어 나타낸 기호

예 $x=0,\ 1,\ y=2,\ 3$일 때, 순서쌍 $(x,\ y)$로 나타내면 $(0,\ 2),\ (0,\ 3),\ (1,\ 2),\ (1,\ 3)$과 같다.

3 좌표평면

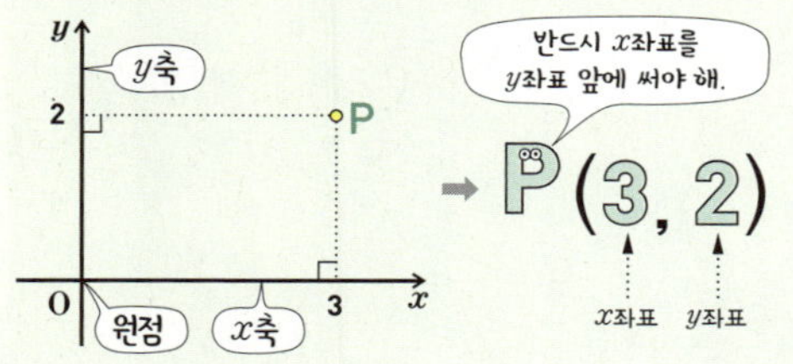

(1) **좌표축**: 두 직선이 점 O에서 수직으로 만날 때, 가로의 수직선을 x축, 세로의 수직선을 y축이라고 한다.

(2) **원점**: x축과 y축의 교점이고 $\text{O}(0,\ 0)$으로 쓴다.

(3) **좌표평면**: 모든 점의 위치를 좌표로 나타낼 수 있는 평면

(4) **사분면**: 좌표축에 의하여 나누어진 네 부분을 제1사분면, 제2사분면, 제3사분면, 제4사분면이라고 한다. (단, 원점과 좌표축은 사분면에 포함되지 않는다.)

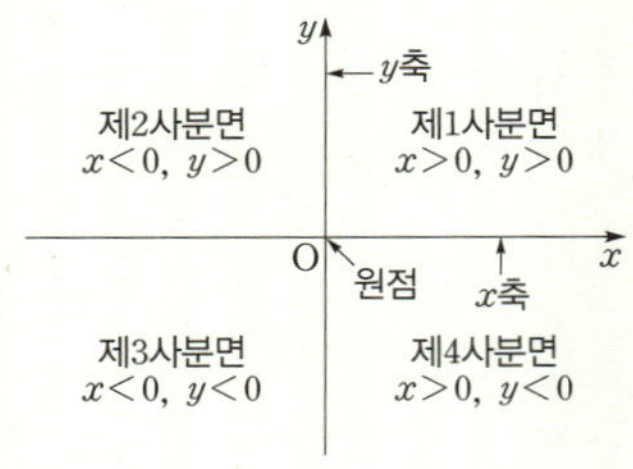

4 그래프

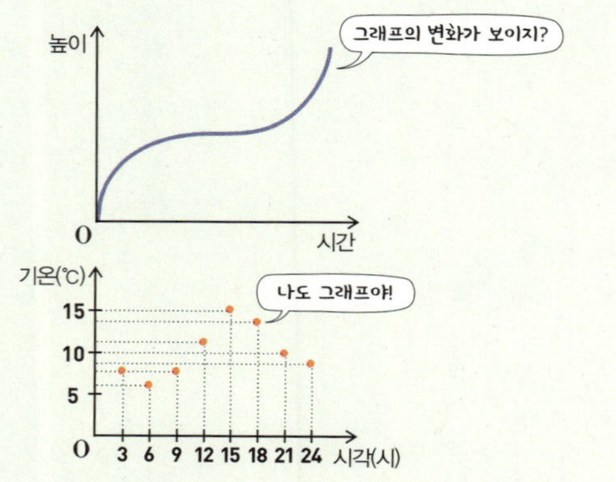

(1) **변수**: $x,\ y$와 같이 여러 가지로 변하는 값을 나타내는 문자

(2) **그래프**: 서로 관계있는 두 변수 $x,\ y$의 순서쌍 $(x,\ y)$가 나타내는 그림을 좌표평면 위에 나타낸 것

(3) **그래프의 해석**: 두 변수 사이의 관계를 좌표평면 위에 그래프로 나타내면 두 변수의 변화 관계를 알 수 있다. ⇨ x와 y 사이의 관계를 나타낸 그래프에서 x축과 y축이 나타내는 것을 확인하고, x의 값에 따른 y의 값의 변화를 파악하여 그래프를 해석한다.

① 오른쪽 위로 향하는 그래프는 x의 값이 증가할 때, y의 값도 증가하는 관계

② 오른쪽 아래로 향하는 그래프는 x의 값이 증가할 때, y의 값은 감소하는 관계

1 STEP

주제별 실력다지기

수직선 위의 점의 좌표

수직선 위의 한 점에 대응하는 수를 그 점의 좌표라고 하고, 점 P의 좌표가 a일 때, $P(a)$로 나타낸다.

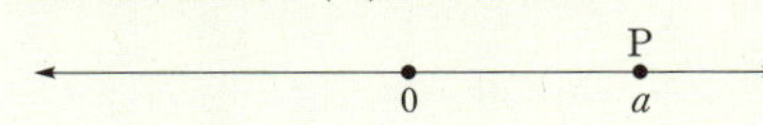

01 다음 **보기**의 설명을 바탕으로 수학 학원의 위치를 점 A라고 할 때, 점 A의 좌표를 기호로 나타내시오.

┌─────── 보기 ───────┐

ㄱ. 우리 집을 점 $O(0)$라 하였을 때, 모든 장소는 동서로 뻗은 직선 도로를 따라 위치한다.

ㄴ. 우리 집을 기준으로 서쪽은 음수, 동쪽은 양수에 대응된다.

ㄷ. 제과점은 우리 집에서 서쪽으로 150 m 떨어져 있다.

ㄹ. 치킨집은 제과점에서 동쪽으로 250 m 떨어져 있다.

ㅁ. 우리 집과 치킨집의 정중앙에 수학 학원이 있다.

└─────────────────────┘

02 다음과 같은 수직선 위에 두 점 $P(a)$, $Q(b)$가 있다. 이때 점 $A(a-b)$가 위치할 수 있는 곳은?

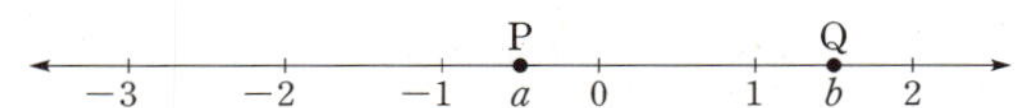

① $-3 < a-b < -1$ ② $-2 < a-b < 0$

③ $-1 < a-b < 1$ ④ $0 < a-b < 1$

⑤ $1 < a-b < 3$

03 두 점 P, Q가 수직선 위에 있다. 점 P와 점 Q의 좌표를 더했더니 3이고, 점 P의 좌표에서 점 Q의 좌표를 빼었더니 -1이 되었다. 이때 두 점 P, Q의 좌표를 순서대로 구하시오.

좌표와 좌표평면

좌표와 좌표평면

(1) 좌표: 좌표평면 위의 한 점 P에서 x축, y축에 각각 수선을 내려 x축, y축과의 교점에 대응하는 수를 각각 a, b라고 할 때, 순서쌍 (a, b)를 점 P의 좌표라고 하며 $\mathrm{P}(a, b)$로 나타낸다.

(2) 좌표평면: 모든 점의 위치를 좌표로 나타낼 수 있는 평면

(3) 사분면: 좌표축에 의하여 나누어진 네 부분을 순서대로 제1사분면, 제2사분면, 제3사분면, 제4사분면이라고 한다.

제2사분면 $(-, +)$ — 제1사분면 $(+, +)$
원점 O
제3사분면 $(-, -)$ — 제4사분면 $(+, -)$
y축, x축

(단, 좌표축은 어느 사분면에도 속하지 않는다.)

[참고]

순서쌍: 순서를 생각하여 두 수를 짝지어 나타낸 기호

좌표축: 두 직선이 점 O에서 수직으로 만날 때, 가로의 수직선을 x축, 세로의 수직선을 y축이라 한다.

원점: x축과 y축의 교점으로 $\mathrm{O}(0, 0)$으로 쓰며, O는 Origin(근원, 기원)의 첫 글자에서 따온 것이다.

---

04 두 변수 x, y에 대하여 $x=1$, 2, 3이고 $y=3$, 6, 9일 때, $y=(x$의 배수$)$가 되는 순서쌍 (x, y)를 오른쪽 좌표평면 위에 나타내시오.

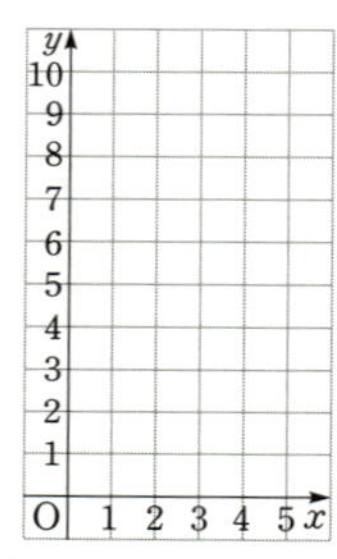

---

05 두 정수 a, b에 대하여 $1<|a|<4$, $|b|=2$일 때, 순서쌍 (a, b)의 개수를 구하시오.

---

06 정사면체 모양의 주사위에는 숫자가 1부터 4까지 차례로 써있고, 정육면체 모양의 주사위에는 숫자가 1부터 6까지 차례로 써있다. 이 두 주사위를 던져 정사면체의 주사위에서 나온 수를 a, 정육면체의 주사위에서 나온 수를 b라고 할 때, $a \geq b$를 만족하는 순서쌍 (a, b)의 개수를 구하시오.

07 두 변수 x, y가 각각 10 이하의 자연수일 때, $x-y=3$이 되도록 하는 순서쌍 (x, y)를 모두 구하시오.

08 점 $A(a, 4-a)$가 x축 위의 점이고, 점 $B(b+1, b)$가 y축 위의 점일 때, 점 (a, b)가 속하는 사분면을 구하시오.

09 점 $(b-a, ab)$가 제3사분면 위의 점일 때, 점 $(-b^2, a-3b)$가 속하는 사분면을 구하시오.

10 $a>0$, $b<0$일 때, 점 $(a+b, ab)$가 속할 수 있는 사분면을 모두 구하시오.

대칭인 점의 좌표

좌표평면 위의 한 점 (x, y)에 대하여

(1) x축에 대하여 대칭인 점의 좌표 $\Longrightarrow y$ 대신 $-y$를 대입

 예 $(x, y) \xrightarrow{x\text{축 대칭}} (x, -y)$

(2) y축에 대하여 대칭인 점의 좌표 $\Longrightarrow x$ 대신 $-x$를 대입

 예 $(x, y) \xrightarrow{y\text{축 대칭}} (-x, y)$

(3) 원점에 대하여 대칭인 점의 좌표 $\Longrightarrow x$ 대신 $-x$, y 대신 $-y$를 대입

 예 $(x, y) \xrightarrow{\text{원점 대칭}} (-x, -y)$

11 점 A$(-1, 2)$와 원점에 대하여 대칭인 점을 B, 점 B와 y축에 대하여 대칭인 점을 C라고 할 때, 점 C의 좌표를 구하시오.

12 점 (a, b)와 x축에 대하여 대칭인 점의 좌표가 $(-3, 2)$이다. 점 (b, a)와 원점에 대하여 대칭인 점의 좌표를 구하시오.

13 좌표평면 위의 두 점 P$(4x+2, 5-3y)$, Q$(-x, 2y+1)$이 원점에 대하여 대칭일 때, $\dfrac{y}{x}$의 값을 구하시오.

14 두 점 P$(3a, b)$, Q$(a, b-8)$이 모두 y축 위에 있고, 서로 x축에 대하여 대칭이다. 이때 점 R$(a+4, b-3)$은 제몇 사분면 위의 점인지 구하시오.

그래프와 그 해석

(1) 서로 함께 변하는 두 변수 x, y의 순서쌍 (x, y)를 좌표로 하는 점 전체를 좌표평면 위에 나타낸 것을 그래프라고 한다.
순서쌍 $(-1, 1)$, $(0, 3)$, $(1, 4)$, $(2, 2)$를 좌표평면에 나타낸 그래프는 위 그림과 같다.

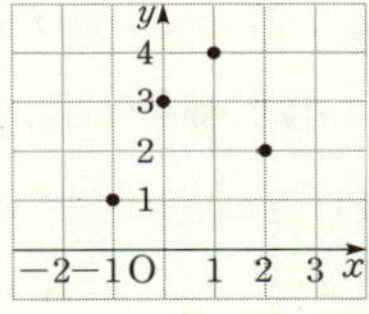

(2) 그릇에 일정한 속력으로 물을 담을 때, 시간에 대한 물의 높이 사이의 그래프의 특징

① 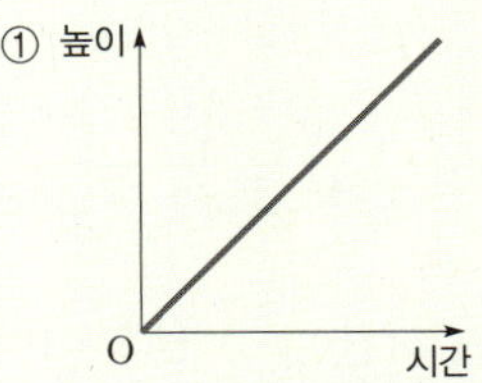

물의 높이가 일정한 속도로 올라간다.

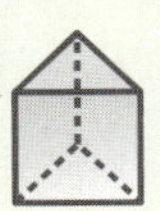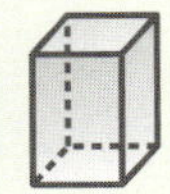

⇨ 그릇은 기둥모양

② 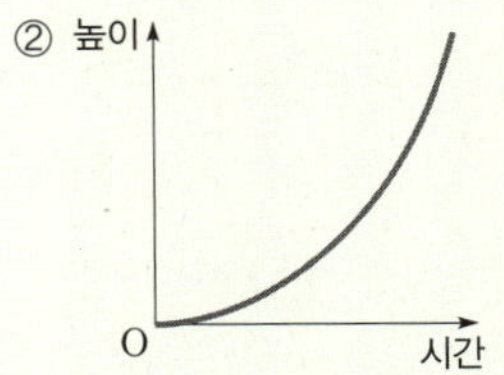

처음엔 물의 높이가 서서히 올라가다가 나중엔 급격히 올라간다.

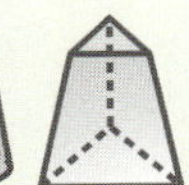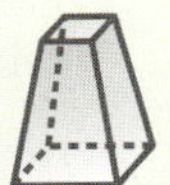

⇨ 그릇은 위로 올라갈수록 좁아지는 모양

③ 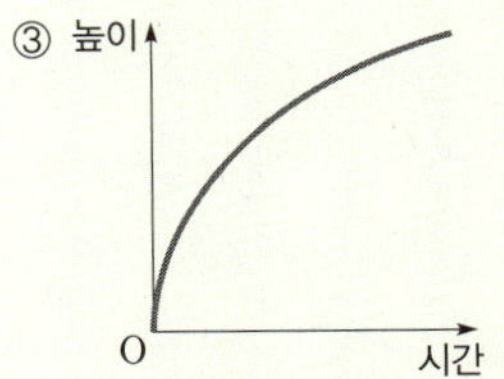

처음엔 물의 높이가 급격히 올라가다가 나중엔 서서히 올라간다.

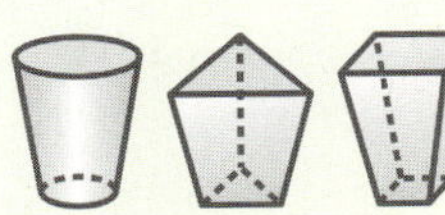

⇨ 그릇은 위로 올라갈수록 넓어지는 모양

---

15 다음은 하루 동안의 날씨의 변화에 대한 설명이다. 보기에 알맞은 그래프를 찾아 서로 짝지으시오.

┌─── 보기 ───┐

ㄱ. 아침 몇 시간 동안은 덥다가 정오에 구름이 끼며 잠시 시원했지만, 곧 구름이 걷히면서 다시 더워졌다. 하물며 밤에는 열대야까지 온 날씨였다.

ㄴ. 아침에 쌀쌀해서 옷을 두껍게 입고 나갔다가 오후에는 더위에 쩔쩔맸지만 저녁엔 다시 쌀쌀해져서 잘 입고 나왔구나라고 생각했다.

ㄷ. 아침부터 점점 기온이 오르더니 오후 내내 온도 변화없이 줄곧 따뜻하다가 해가 지면서 기온이 떨어졌다.

└────────┘

① 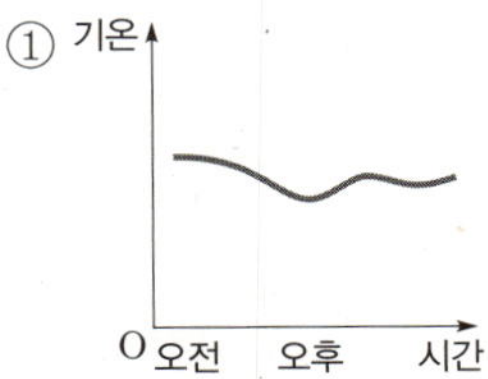

② 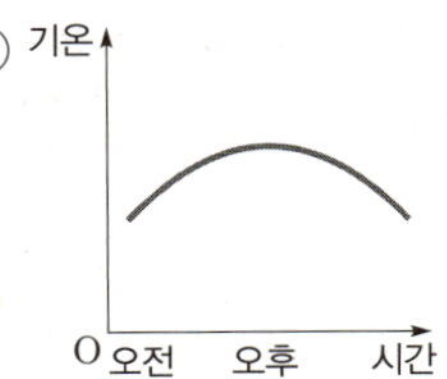

③ 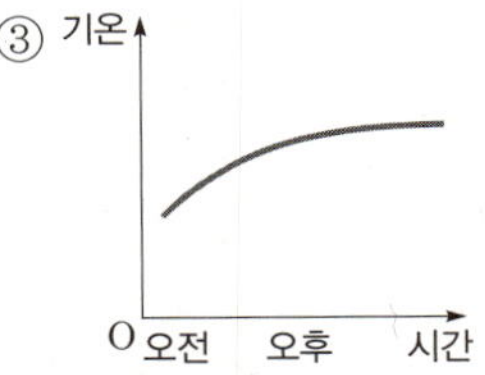

④ 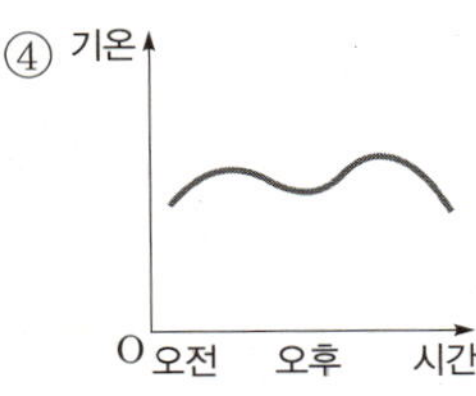

⑤ 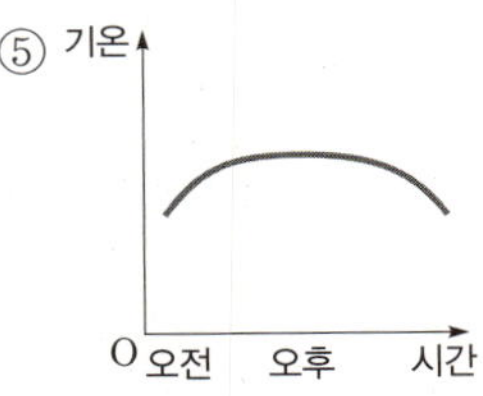

16 아래 그래프는 자동차를 타고 서울에서 대전까지 가는 동안의 시간과 자동차가 움직인 거리를 나타낸 그래프이다. 다음 중 옳지 <u>않은</u> 것은?

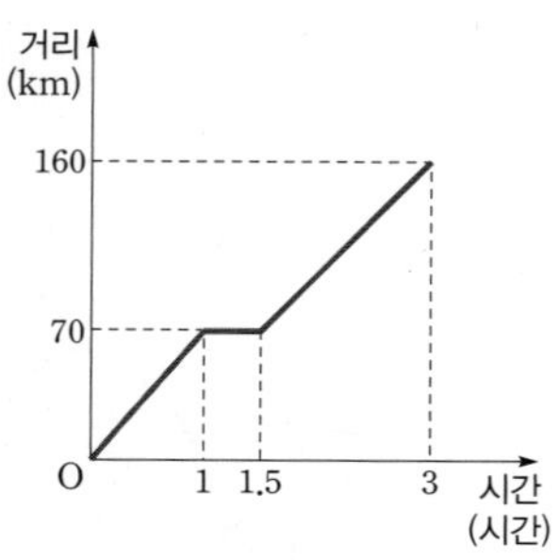

① 서울에서 대전까지의 거리는 160 km이다.

② 휴게소에서 30분 쉬었다고 할 수 있다.

③ 휴게소는 서울에서 1시간 거리에 있다고 할 수 있다.

④ 대전까지 차를 타고 이동한 시간은 2시간 30분이다.

⑤ 서울에서 휴게소에 도착할 때까지의 속력보다 휴게소에서 대전에 도착할 때까지의 속력이 더 빠르다.

17 아래 그래프는 현정이가 스마트 모빌리티를 이용하여 학교에서 도서관까지 가는 동안의 시간과 속력에 관한 그래프이다. 다음 중 옳은 것을 모두 고르면?

(정답 2개)

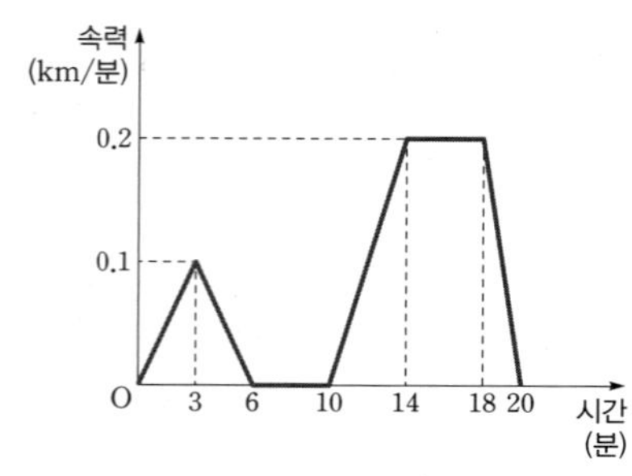

① 가장 **빠른** 속력으로 달린 시간은 총 14분이다.

② 가장 **빠른** 속력으로 달린 거리는 800 m이다.

③ 중간에 쉬지 않고 달려서 20분만에 도착했다.

④ 속력이 감소한 시간은 총 5분이다.

⑤ 속력이 증가한 시간은 속력이 감소한 시간인 5분을 제외한 총 15분이다.

2 STEP
실력 높이기

01 우리 집에서 100 m 떨어진 곳에 놀이터가 있고, 우리집에서 놀이터 방향으로 놀이터에서 150 m 떨어진 곳에 꽃집이 있다. 또, 우리 집과 꽃집까지의 거리만큼을 놀이터에서 우리집 방향으로 가면 버스 정류장이 있다. 우리 집을 수직선 위의 원점에, 놀이터를 수직선 위의 점 -100에 대응시킬 때, 버스 정류장의 좌표를 구하시오.

02 두 변수 x, y에 대하여 $x=1$, 2, 3이고 $y=2$, 4, 6일 때, x가 y의 약수가 되도록 하는 순서쌍 (x, y)의 개수를 구하시오.

03 두 변수 x, y에 대하여 y를 x 미만의 소수의 개수에 대응시킬 때, 순서쌍 (x, y)가 $(16, a)$, $\left(\dfrac{49}{2}, b\right)$를 만족하는 a, b에 대하여 $a+b$의 값을 구하시오.

04 두 변수 x, y가 모두 자연수일 때, y를 x보다 작은 3의 배수의 개수에 대응시킨다. 이때 순서쌍 (x, y)가 $(30, a)$, $(15, b)$를 만족하는 a, b에 대하여 $a-b$의 값을 구하시오.

05 두 변수 x, y에 대하여 y를 x 이하의 짝수의 개수에 대응시킬 때, 순서쌍 (x, y)에 대하여 $(a, 5)$를 만족하는 모든 자연수 a의 값의 합을 구하시오.

06 점 $P(a, b)$는 제3사분면 위의 점이고, 점 $Q(c, d)$는 제4사분면 위의 점이다. 다음 중 옳지 <u>않</u>은 것을 모두 고르면? (정답 2개)

① $ac<0$ ② $a+d<0$ ③ $ab<0$

④ $a^2+a=0$ ⑤ $b \div d>0$

07 점 $A(-a-3, 2b-1)$은 x축 위의 점이고, 점 $B\left(\dfrac{1}{2}a+b, a+b\right)$는 y축 위의 점일 때, 점 $C(a-2b, 2ab)$가 속하는 사분면을 구하시오.

08 제3사분면 위에 있는 점의 x좌표가 a이고, 제4사분면 위에 있는 점의 y좌표가 b이다.

이때 점 $A(ab, a+b)$가 속하는 사분면을 구하시오.

09 좌표평면 위의 두 점 $A(3a+2, -2b-1)$, $B(-5a+6, 3b+2)$가 원점에 대하여 대칭일 때, $a+b$의 값을 구하시오.

10 점 $P(-2, 5)$와 x축에 대하여 대칭인 점을 A, y축에 대하여 대칭인 점을 B, 원점에 대하여 대칭인 점을 C라고 할 때, 세 점 A, B, C를 꼭짓점으로 하는 삼각형의 넓이를 구하시오.

11 점 $A(-2, 1)$과 원점에 대하여 대칭인 점을 B, y축에 대하여 대칭인 점을 C라고 할 때, 삼각형 OBC의 넓이를 구하시오. (단, O는 원점이다.)

12 오른쪽 그림과 같이 좌표 평면 위의 세 점 A$(1, 1)$, B$(-2, 0)$, C$(2, -1)$로 이루어진 삼각형 ABC의 넓이를 구하시오.

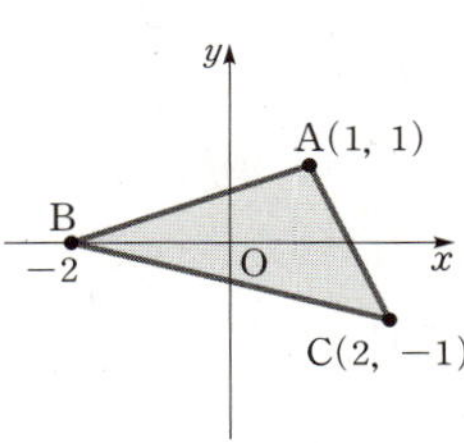

14 오른쪽은 어느 저수지의 저수량을 나타낸 그래프이다. 다음 중 옳은 것을 모두 구하면? (정답 2개)

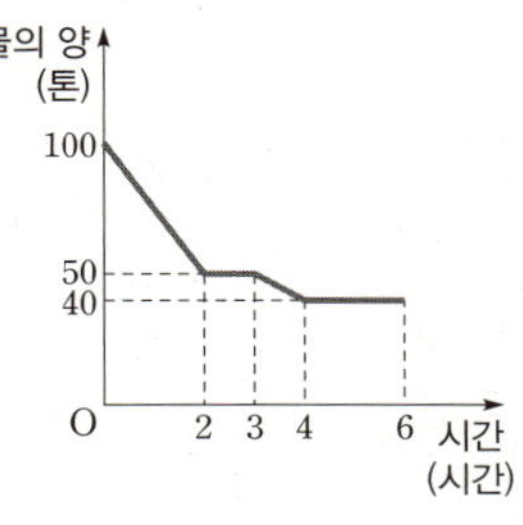

① 저수지에 물을 보충하고 있음을 알 수 있는 그래프이다.

② 저수지에서 총 40톤의 물을 뺐다고 할 수 있다.

③ 저수지에서 물을 뺀 시간은 총 3시간이라고 할 수 있다.

④ 처음에 물을 천천히 빼다가 나중에 물을 많이 뺐다고 할 수 있다.

⑤ 2시간부터 3시간까지 1시간 동안 물을 빼는 작업을 멈추었다고 할 수 있다.

13 두 점 A$(-1, 2)$, B$(-1, -1)$을 꼭짓점으로 하는 정사각형 ABCD의 나머지 두 꼭짓점 C, D의 좌표를 모두 구하시오.

15 오른쪽 그림과 같은 물병에 일정한 속력으로 물을 채울 때, 다음 중 시간에 따른 물의 높이에 대한 그래프로 알맞은 것은?

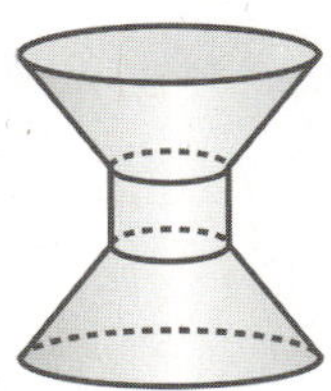

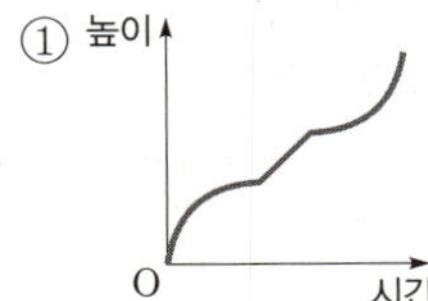

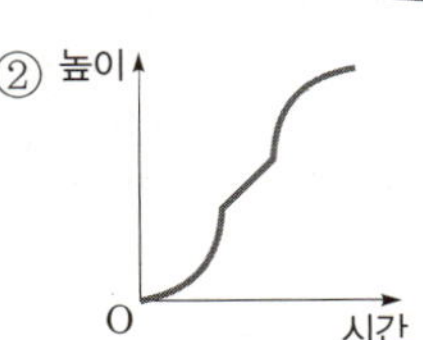

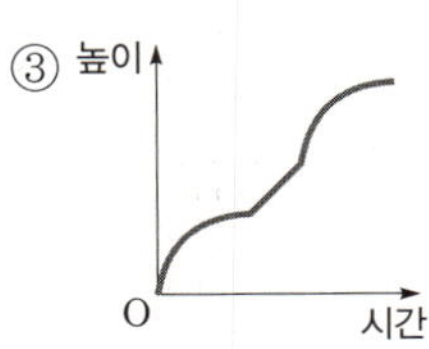

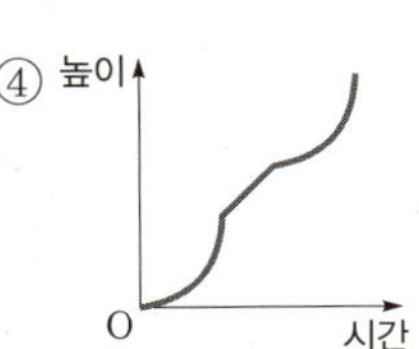

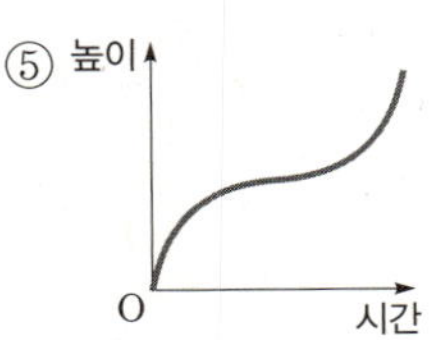

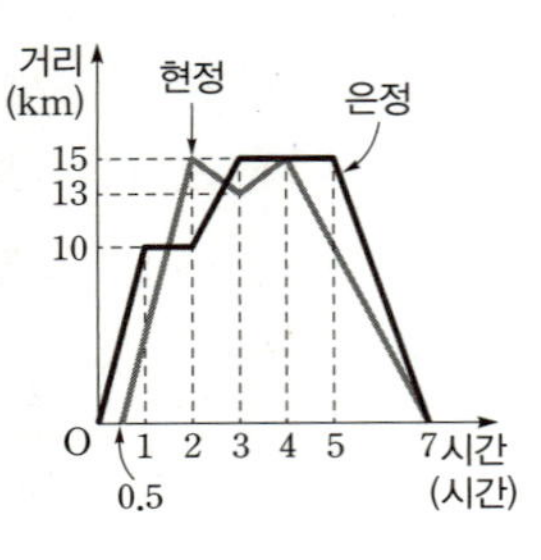

16 은정이와 현정이는 학교 수업이 끝난 후 자전거를 타고 학교에서 직선 코스로 15 km 떨어진 한강공원에 다녀왔다. 오른쪽 그림과 같이 학교에서 은정이와 현정이가 있는 곳까지의 거리를 나타낸 두 그래프를 비교하였을 때, 다음 중 옳지 <u>않은</u> 것을 모두 고르면? (정답 2개)

① 현정이는 은정이보다 30분 늦게 출발했다.

② 은정이는 왕복하는 동안 2번 쉬었고, 현정이는 쉬지 않았다.

③ 은정이와 현정이는 학교에서 곧장 한강공원으로 간 후 곧장 돌아왔다.

④ 학교에서 한강공원에 처음 도착할 때는 현정이가, 한강 공원을 떠나 학교로 돌아올 때는 은정이가 빨랐다.

⑤ 은정이와 현정이는 한강공원에서 모두 2시간씩 머물렀다.

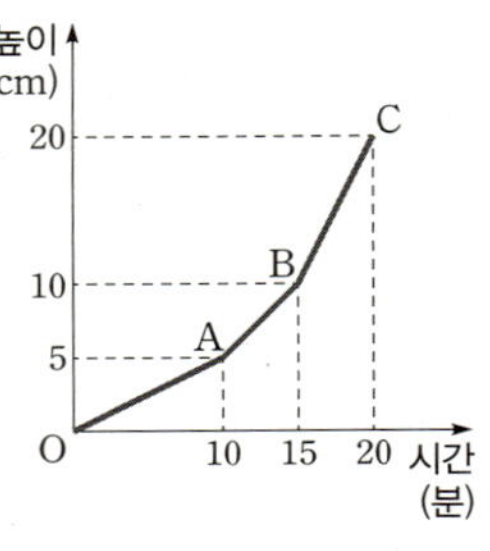

17 오른쪽 그림은 어떤 물병의 위쪽 입구에 일정하게 물을 부어서 물을 채울 때의 경과 시간에 대한 물의 높이의 변화를 나타낸 그래프이다. 이때 이 그래프에 가장 적절한 형태의 물병은?

① 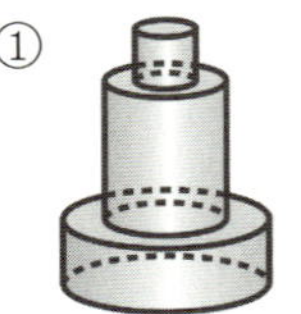

② 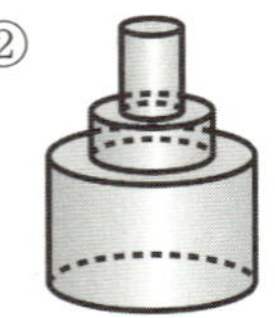

③ 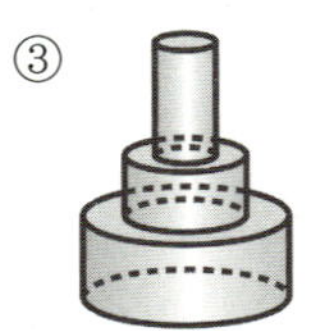

④ 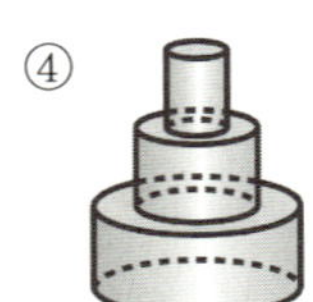

⑤ 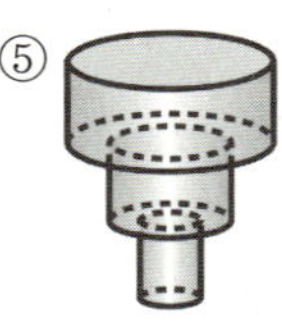

3 STEP
최고 실력 완성하기

01 좌표평면 위의 점 $P(a, b)$에 대하여 점 A는 점 P와 원점에 대하여 대칭이고, 점 B는 점 P와 x축에 대하여 대칭이며, 점 C는 점 P와 y축에 대하여 대칭이다. 네 점 P, A, B, C를 꼭짓점으로 하는 사각형의 둘레의 길이가 12가 되도록 하는 두 정수 a, b의 순서쌍 (a, b)의 개수를 구하시오.

02 x가 1, 2, 3 중의 한 수일 때, y는 1, 2, 3, 4, 5 중의 한 수이다. 이때 $x+y$가 소수가 되도록 하는 순서쌍 (x, y)의 개수를 구하시오.

03 점 $P(a, b)$, $Q(-2a, 3b)$ $(a>0, b>0)$에 대하여 삼각형 OPQ의 넓이가 15일 때, 두 상수 a, b의 곱 ab의 값을 구하시오. (단, O는 원점이다.)

04 세 점 $A(6a, 2-3b)$, $B(3a-1, 3b)$, $C(a+b, 9a-3b)$에서 점 A는 x축 위에 있고, 점 B는 y축 위에 있다. 점 C와 원점에 대하여 대칭인 점을 C′이라고 할 때, 삼각형 ABC′의 넓이를 구하시오.

평면에서 공간으로! 그 다음은?

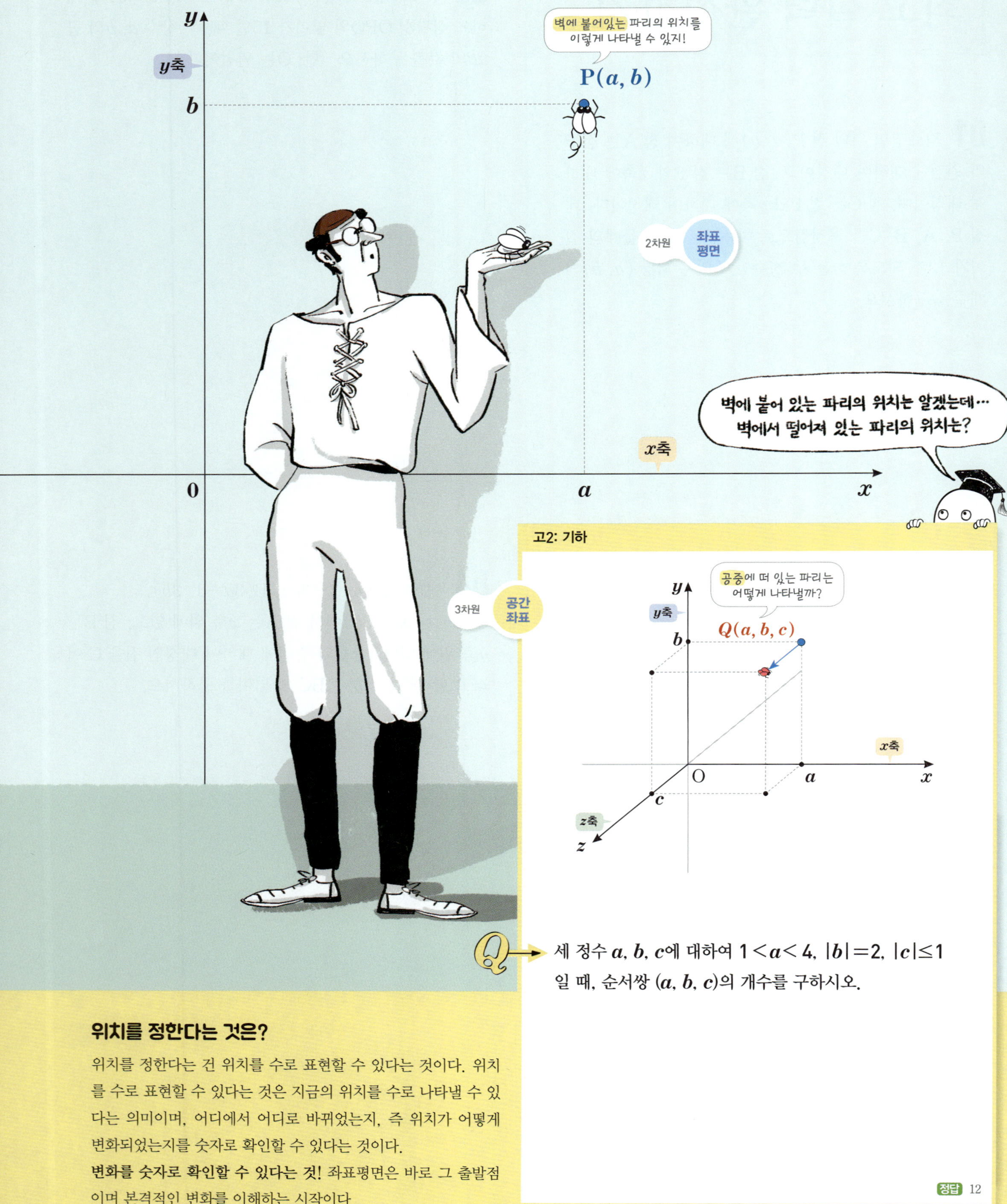

위치를 정한다는 것은?

위치를 정한다는 건 위치를 수로 표현할 수 있다는 것이다. 위치를 수로 표현할 수 있다는 것은 지금의 위치를 수로 나타낼 수 있다는 의미이며, 어디에서 어디로 바뀌었는지, 즉 위치가 어떻게 변화되었는지를 숫자로 확인할 수 있다는 것이다.

변화를 숫자로 확인할 수 있다는 것! 좌표평면은 바로 그 출발점이며 본격적인 변화를 이해하는 시작이다.

2 정비례와 반비례

1 정비례

(1) 정비례의 뜻

변하는 두 양 x와 y에서 한 쪽의 양 x가 2배, 3배, 4배, …로 변함에 따라 다른 쪽의 양 y도 2배, 3배, 4배, …가 되는 관계가 있을 때, y는 x에 정비례한다고 한다.

(2) 정비례의 관계

y가 x에 정비례하면 $y=ax\ (a\neq 0)$인 식이 성립한다.

(3) 정비례 관계 $y=ax\ (a\neq 0)$의 그래프

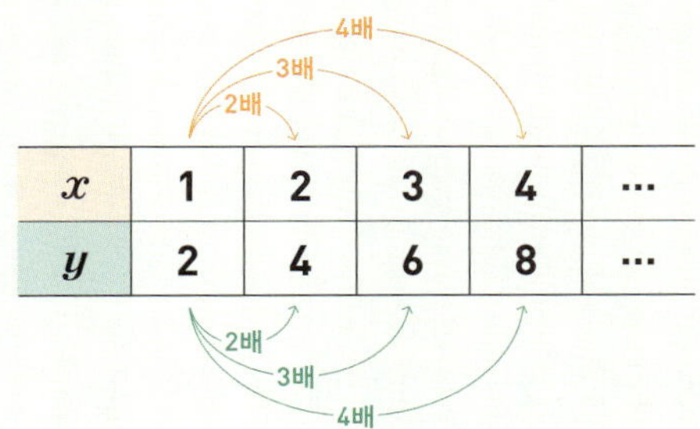

	$a>0$일 때	$a<0$일 때
그래프		
지나는 사분면	제1사분면과 제3사분면	제2사분면과 제4사분면
증가 또는 감소	x의 값이 증가하면 y의 값도 증가	x의 값이 증가하면 y의 값은 감소
그래프의 모양	원점을 지나고 오른쪽 위로 향하는 직선	원점을 지나고 오른쪽 아래로 향하는 직선

2 반비례

(1) 반비례의 뜻

변하는 두 양 x와 y에서 한 쪽의 양 x가 2배, 3배, 4배, …로 변함에 따라 다른 쪽의 양 y가 $\dfrac{1}{2}$배, $\dfrac{1}{3}$배, $\dfrac{1}{4}$배, …가 되는 관계가 있을 때, y는 x에 반비례한다고 한다.

(2) 반비례의 관계

y가 x에 반비례하면 $y=\dfrac{a}{x}\ (a\neq 0)$인 식이 성립한다.

(3) 반비례 관계 $y=\dfrac{a}{x}\ (a\neq 0)$의 그래프

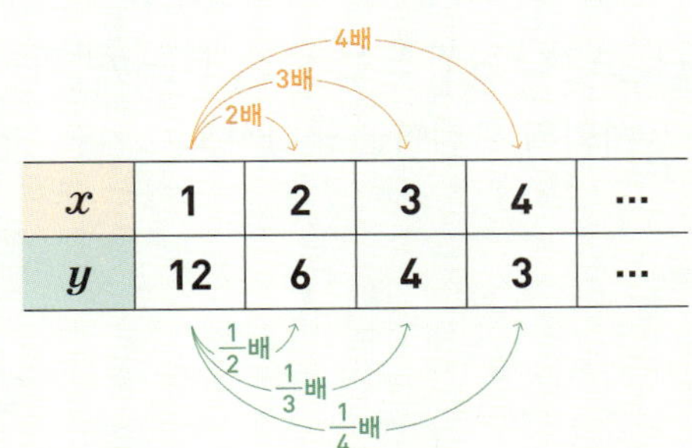

	$a>0$일 때	$a<0$일 때
그래프		
지나는 사분면	제1사분면과 제3사분면	제2사분면과 제4사분면
증가 또는 감소	각 사분면에서 x의 값이 증가하면 y의 값은 감소	각 사분면에서 x의 값이 증가하면 y의 값도 증가
그래프의 모양	원점에 대하여 대칭이고, 좌표축에 한없이 가까워지는 한 쌍의 곡선	

주제별 실력다지기

정비례

(1) 변하는 두 양 x와 y에서 한 쪽의 양 x가 2배, 3배, 4배, …로 변함에 따라 다른 쪽의 양 y도 2배, 3배, 4배, …가 되는 관계가 있을 때, y는 x에 정비례한다고 한다.

(2) y가 x에 정비례하면 $y=ax\,(a\neq0)$인 식이 성립한다.

(3) y가 x에 정비례할 때, $\dfrac{y}{x}$의 값은 일정하다.

01 다음 **보기** 중 y가 x에 정비례하는 것을 모두 찾고, x와 y 사이의 관계식을 구하시오.

> **보기**
>
> ㄱ. 가로의 길이가 4 cm, 세로의 길이가 x cm인 직사각형의 둘레의 길이 y cm
>
> ㄴ. 시속 x km로 50 km를 가는 데 걸리는 시간 y시간
>
> ㄷ. 영화 DVD 1개를 빌리는 데 1000원일 때, 영화 DVD x개를 빌릴 때의 대여료 y원
>
> ㄹ. 1 L에 1400원인 휘발유 x L의 가격 y원
>
> ㅁ. 시계의 초침이 회전하는 데 걸리는 시간 x초와 회전하는 각의 크기 $y°$

02 x에 대한 y의 비의 값이 -2로 일정할 때, x와 y 사이의 관계식을 구하시오.

03 y는 x에 정비례하고 $x=-3$일 때, $y=2$이다. $x=2$일 때의 y의 값을 구하시오.

04 톱니의 수가 각각 15, 25인 톱니바퀴 A, B가 서로 맞물려 돌고 있다. A가 x바퀴 도는 동안, B는 y바퀴 돈다고 할 때, x와 y 사이의 관계식을 구하시오.

정비례 관계 $y=ax\ (a\neq0)$의 그래프

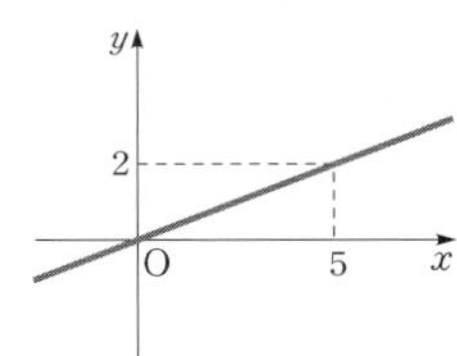

(1) 항상 원점을 지나는 직선이다.
(2) $a>0$인 경우
제1, 3사분면을 지나고 x의 값이 증가하면 y의 값도 증가한다.(오른쪽 위로 향하는 직선)
(3) $a<0$인 경우
제2, 4사분면을 지나고 x의 값이 증가하면 y의 값은 감소한다.(오른쪽 아래로 향하는 직선)

05 오른쪽 그래프가 나타내는 x와 y 사이의 관계식을 구하시오.

06 다음 중 $y=|a|x$의 그래프에 대한 설명으로 옳지 <u>않은</u> 것은? (단, $a\neq0$)

① a의 값에 관계없이 원점을 지나는 직선이다.
② $|a|$의 값이 클수록 y축에 가까워진다.
③ $a<0$일 때, x의 값이 증가하면 y의 값도 증가한다.
④ $a>0$이면 제1사분면과 제3사분면을 지난다.
⑤ $a<0$이면 제2사분면과 제4사분면을 지난다.

07 세 점 $O(0,\ 0)$, $A(3,\ -6)$, $C(5,\ k)$가 일직선 위에 있을 때, k의 값을 구하시오.

08 오른쪽 그림과 같이 정비례 관계 $y=\dfrac{1}{2}x$의 그래프 위의 점 $P(a,\ b)$에 대하여 삼각형 OPM의 넓이 S를 a에 대한 식으로 나타내고, $S=4$일 때의 점 P의 좌표를 구하시오.
(단, O는 원점이고 $a>0$)

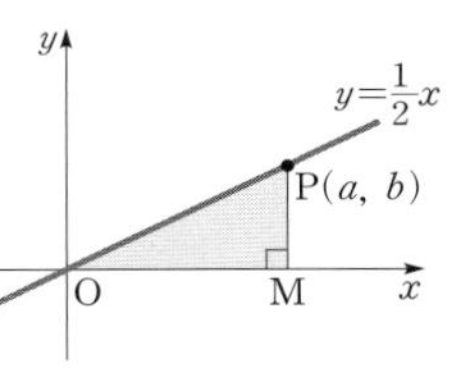

반비례

(1) 변하는 두 양 x와 y에서 한 쪽의 양 x가 2배, 3배, 4배, …로 변함에 따라 다른 쪽의 양 y가 $\frac{1}{2}$배, $\frac{1}{3}$배, $\frac{1}{4}$배, … 가 되는 관계가 있을 때, y는 x에 반비례한다고 한다.

(2) y가 x에 반비례하면 $y = \dfrac{a}{x}\ (a \neq 0)$인 식이 성립한다.

(3) y가 x에 반비례할 때, xy의 값은 일정하다.

09 다음 **보기** 중 y가 x에 반비례하는 것을 모두 찾고, x와 y 사이의 관계식을 구하시오.

┌──── 보기 ────┐

ㄱ. 한 변의 길이가 x cm인 정사각형의 둘레의 길이 y cm

ㄴ. 넓이가 10 cm²인 직사각형의 가로의 길이가 x cm 일 때, 세로의 길이 y cm

ㄷ. 시속 x km로 25 km를 걸을 때, 걸리는 시간 y시간

ㄹ. 한 개에 1000원 하는 사과 x개를 살 때의 값 y원

ㅁ. 밑변의 길이가 x cm인 삼각형의 넓이가 20 cm² 일 때, 높이 y cm

10 x와 y의 곱이 일정하고 $x=3$일 때, $y=3$이다. x와 y 사이의 관계식을 구하시오.

11 y가 x에 반비례하고 $x=\dfrac{1}{3}$일 때, $y=12$이다. $x=3$일 때, y의 값을 구하시오.

12 한 변의 길이가 a cm인 정사각형의 가로, 세로의 길이를 적당히 줄이고 늘려서 가로의 길이는 x cm, 세로의 길이는 y cm인 직사각형을 만들었다. 처음과 나중의 사각형의 넓이가 같을 때, x와 y 사이의 관계식을 구하시오.

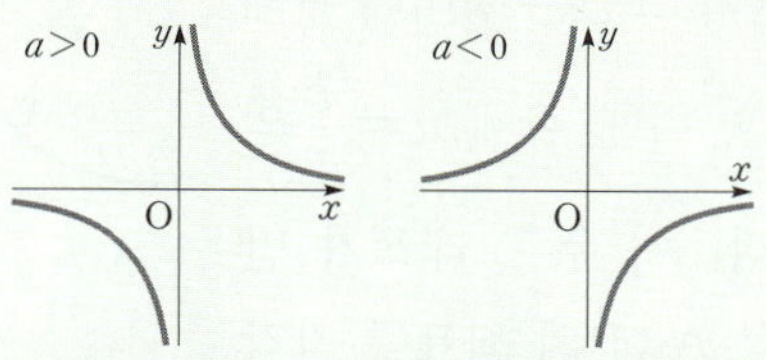

반비례 관계 $y=\dfrac{a}{x}\,(a\neq0)$의 그래프

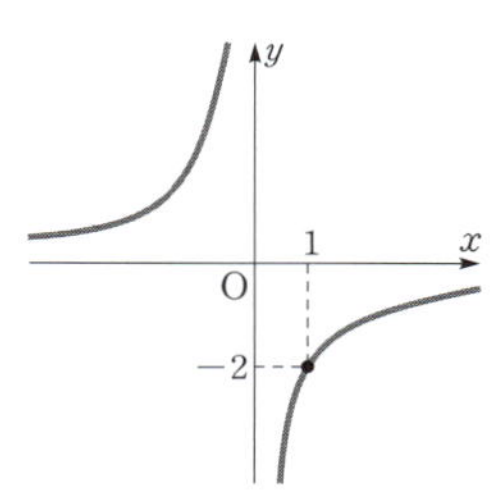

(1) 항상 원점에 대하여 대칭인 한 쌍의 곡선이다.
(2) $a>0$인 경우
　제1, 3사분면을 지나고 각 사분면에서 x의 값이 증가하면 y의 값은 감소한다.
(2) $a<0$인 경우
　제2, 4사분면을 지나고 각 사분면에서 x의 값이 증가하면 y의 값도 증가한다.

13 오른쪽 그래프가 나타내는 x와 y 사이의 관계식을 구하시오.

14 오른쪽 그림과 같이 반비례 관계 $y=\dfrac{4}{x}\,(x>0)$의 그래프 위의 점 P에서 x축, y축에 수직으로 만나도록 그은 선과 만나는 점을 각각 A, B라고 할 때, 직사각형 OAPB의 넓이를 구하시오. (단, O는 원점이다.)

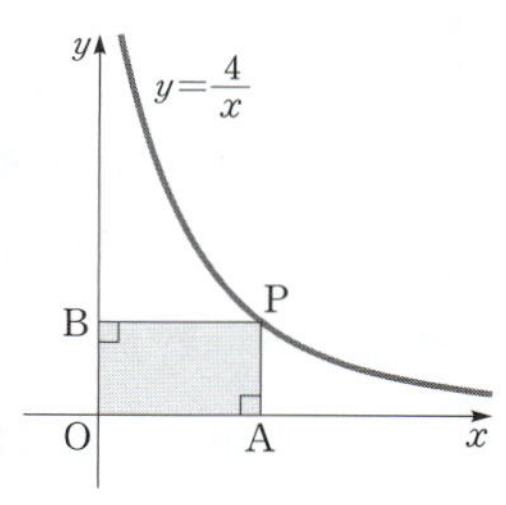

15 두 점 $(-1,\,3)$, $\left(\dfrac{1}{2}b,\,4\right)$가 반비례 관계 $y=\dfrac{3a}{x}$의 그래프 위에 있을 때, a, b의 값을 각각 구하시오.
(단, a는 상수)

16 두 변수 x, y가 0이 아닌 수 전체일 때, 반비례 관계 $y=-\dfrac{6}{x}$의 그래프에서 x좌표, y좌표가 모두 정수인 점은 모두 몇 개인지 구하시오.

중1 반비례 관계의 그래프

반비례 관계 $y=\dfrac{a}{x}$의 그래프는 원점에 대하여 대칭이고 좌표축에 한없이 가까워지는 한 쌍의 곡선이다.

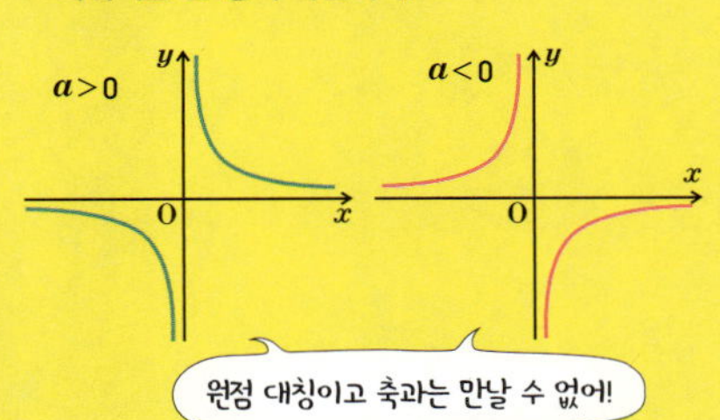

고1 유리함수의 그래프

유리함수 $y=\dfrac{a}{x-1}+2\,(a\neq0)$의 그래프는 점 $(1,\,2)$에 대하여 대칭이고 점근선은 두 직선 $x=1$, $y=2$이다.

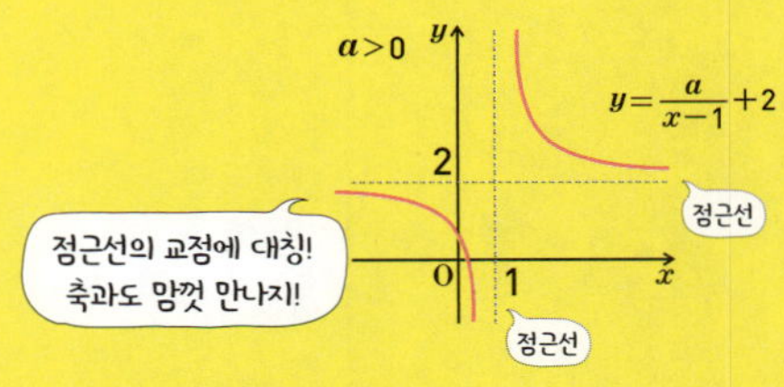

※ 점근선: 곡선이 한없이 가까워지는 직선

$y=ax\ (a\neq0)$와 $y=\dfrac{b}{x}\ (b\neq0)$의 그래프가 만나는 점

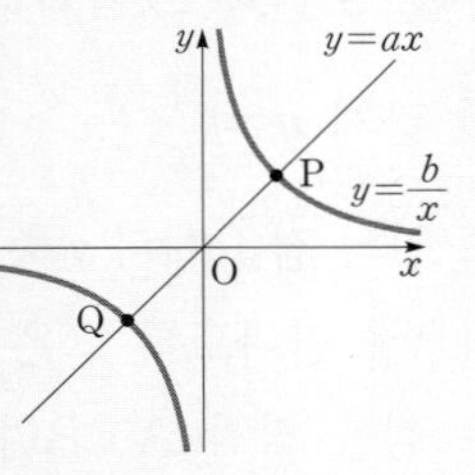

(1) 두 그래프가 만나는 점이 두 점 P, Q일 때, 점 P, Q의 x좌표와 y좌표를 $y=ax$, $y=\dfrac{b}{x}$에 각각 대입하면 등식이 성립한다.

(2) $ab>0$일 때, 두 그래프는 반드시 두 점에서 만나고, 이때 두 점 P, Q는 원점에 대하여 서로 대칭인 점이다.

17 오른쪽 그림과 같이 정비례 관계 $y=-2x$와 반비례 관계 $y=\dfrac{a}{x}$의 그래프가 점 A에서 만난다. 점 A의 x좌표가 -1일 때, 상수 a의 값을 구하시오.

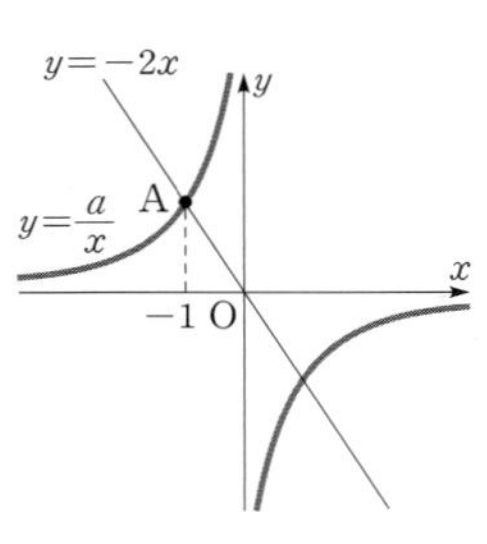

18 오른쪽 그림은 정비례 관계 $y=ax$와 반비례 관계 $y=\dfrac{b}{x}$의 그래프이다. 이 두 그래프가 만나는 두 점 A, B의 좌표를 각각 구하시오. (단, a, b는 상수)

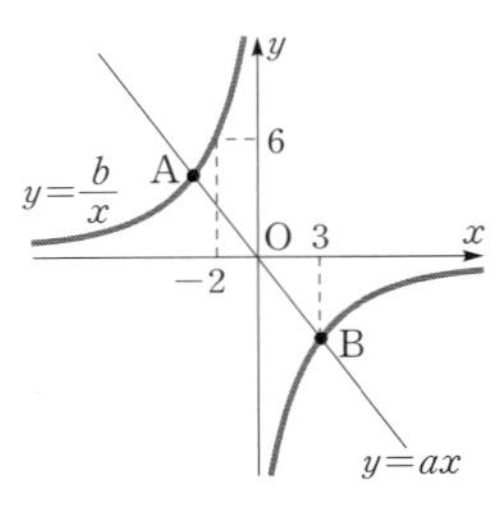

19 오른쪽 그림과 같이 정비례 관계 $y=ax$와 반비례 관계 $y=\dfrac{b}{x}$의 그래프는 두 점 A, B에서 만난다. 점 B에서 x축, y축에 각각 수직으로 만나도록 내린 선분과 x축, y축으로 둘러싸인 색칠한 사각형의 넓이가 9이고 교점 A의 y좌표가 -3일 때, 상수 a, b의 합 $a+b$의 값을 구하시오.

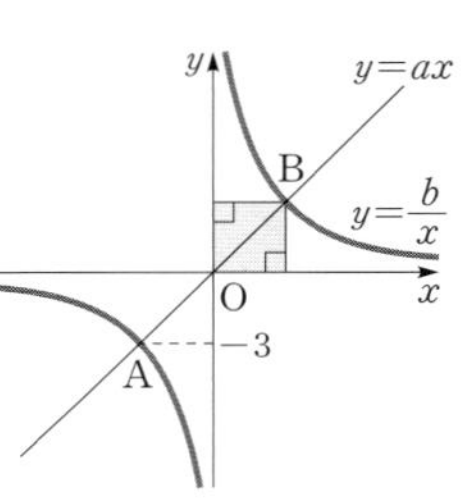

BASIC CONCEPT · 정비례 관계와 반비례 관계의 활용

(1) 문제의 뜻을 파악한 후, 변화하는 두 양을 x, y로 놓는다.
(2) x, y의 관계식을 찾고 x, y의 값의 범위를 정한다.
(3) (2)에서 구한 관계식을 이용하여 x 또는 y의 값을 구한다.

20 오른쪽 그림과 같은 직사각형 ABCD에서 점 P가 점 C를 출발하여 점 B까지 선분 BC를 따라 움직인 거리가 x cm일 때의 삼각형 DPC의 넓이를 y cm²라 하자.
(삼각형 DPC의 넓이)$=3$ cm²일 때, 선분 PC의 길이를 구하시오.

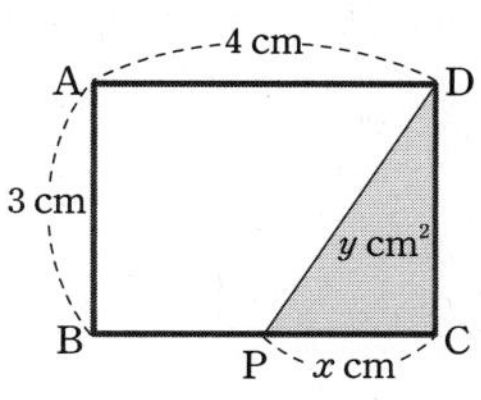

21 오른쪽 그림은 A, B 두 사람이 100 m 달리기를 하는데, 동시에 출발했을 때의 x초 동안 이동한 거리 y m 사이의 관계를 나타낸 그래프의 일부이다. A, B 두 사람이 100 m를 달렸을 때 기록의 차는 몇 초인지 구하시오.

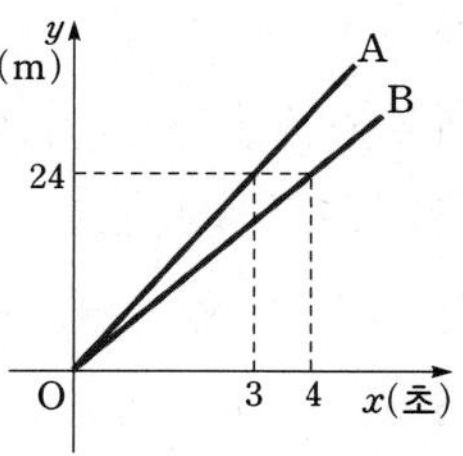

22 크기가 같은 정사각형 모양의 타일 24개를 붙여 직사각형 모양을 만들려고 한다. 가로, 세로에 놓인 타일의 개수를 각각 x, y라고 할 때, x와 y 사이의 관계식을 구하고, 가능한 x의 값을 모두 구하시오.

01 다음 중 y가 x에 정비례하는 것은?

① 밑변의 길이가 x cm, 높이가 $2y$ cm인 삼각형의 넓이는 10 cm²이다.

② 10명을 뽑는 시험에 응시한 사람 수가 x명일 때의 합격률은 y %이다.

③ 원금 1000원의 1년간 연이율이 x %일 때의 이자는 y원이다.

④ 시속 x km로 20 km를 걸을 때 걸리는 시간은 y시간이다.

⑤ 3명이 10일 동안 하는 일을 x명이 하면 y일이 걸린다.

서술형

02 y의 2배가 $x+3$에 정비례하고, $x=5$일 때 $y=6$이다. $y=3$일 때, x의 값을 구하시오.

03 오른쪽 그림과 같이 정비례 관계 $y=ax$의 그래프가 x축과 정비례 관계 $y=-3x$의 그래프 사이에 존재할 때, 상수 a의 값의 범위는?

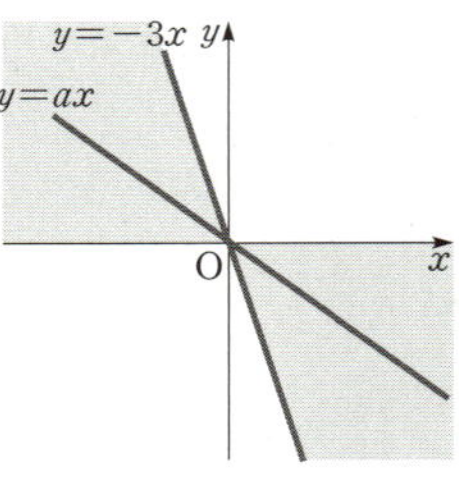

① $-3<a<1$ 　　② $-3<a<0$

③ $-3\leq a<0$ 　　④ $-2<a<0$

⑤ $-2<a<1$

04 x, y가 정수이고 $1\leq x\leq 30$, $1\leq y\leq 30$일 때, $y=\dfrac{30}{x}$의 관계가 성립한다. 이때 x의 개수를 구하시오.

05 반비례 관계 $y=\dfrac{9}{x}$의 그래프에서 x좌표와 y좌표가 같은 점의 좌표를 모두 구하시오.

06 작은 톱니바퀴와 큰 톱니바퀴가 서로 맞물려 돌고 있다. 톱니의 수가 18인 작은 톱니바퀴가 2바퀴 돌 때, 톱니의 수가 x인 큰 톱니바퀴는 y바퀴 돈다고 한다. y를 x에 대한 식으로 나타내시오.

07 매분 일정한 양의 물이 나오는 물탱크에서 x분 동안에 나오는 물의 양을 y L라고 하자. 5분 동안 2 L의 물이 흘러 나올 때, x와 y 사이의 관계식을 구하시오.

08 $a\,\%$의 소금물 x g에 $b\,\%$의 소금물 y g을 섞어서 $c\,\%$의 소금물이 되도록 할 때, x와 y 사이의 관계식을 a, b, c를 사용하여 나타내시오. (단, $a\neq c$, $b\neq c$)

09 오른쪽 그림은 반비례 관계 $y=\dfrac{8}{x}\ (x>0)$의 그래프이다. 이 그래프 위의 두 점 A, B의 x좌표가 각각 2와 12일 때, 정비례 관계 $y=ax$가 선분 AB와 만나기 위한 상수 a의 값의 범위를 구하시오.

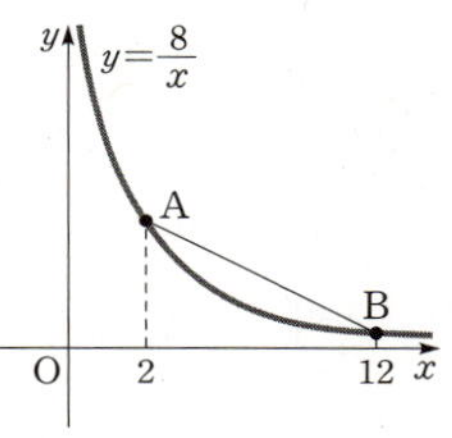

10 오른쪽 그림에서 정비례 관계 $y=ax$의 그래프는 제1사분면 위의 점 P를 지나는 직선이다. 네 점 A, B, C, D의 좌표는 각각 $(2, 0)$, $(6, 0)$, $(0, 6)$, $(0, 4)$이고 삼각형 PAB와 삼각형 PCD의 넓이가 같을 때, 상수 a의 값을 구하시오.

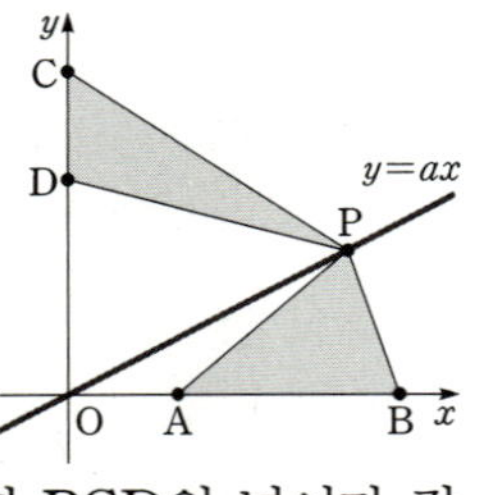

12 오른쪽 그림과 같이 정비례 관계 $y=3x$의 그래프 위의 점 C의 x좌표는 4이고 A$(10, 0)$이다. 정비례 관계 $y=ax$의 그래프가 사다리꼴 OABC의 넓이를 이등분할 때, 상수 a의 값을 구하시오. (단, O는 원점이다.)

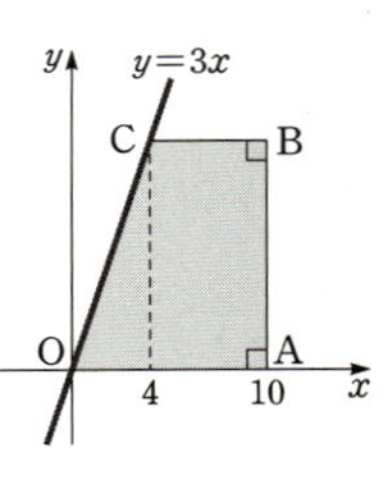

서술형 | 연결개념

11 정비례 관계 $y=ax$의 그래프가 오른쪽 그림과 같은 직사각형 ABCD의 넓이를 이등분할 때, 상수 a의 값을 구하시오.

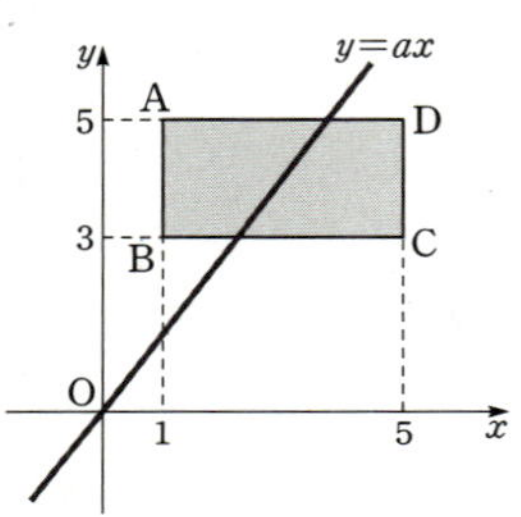

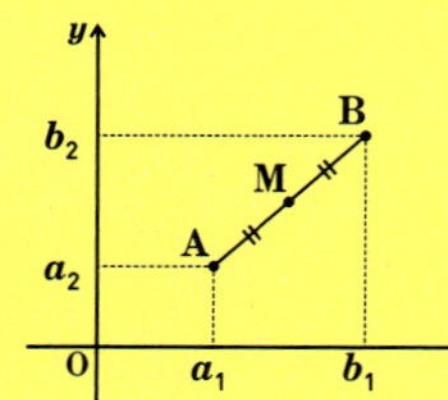

13 오른쪽 그림과 같이 반비례 관계 $y=\dfrac{a}{x}$ $(x>0)$의 그래프 위의 두 점 P와 Q의 x좌표는 각각 3과 4이고, y좌표의 차는 2이다. 이때 점 P의 좌표를 구하시오. (단, a는 상수이다.)

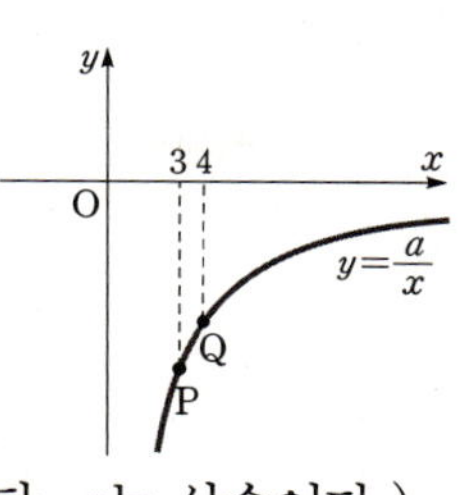

서술형

14 오른쪽 그림과 같이 두 정비례 관계 $y=2x$와 $y=ax$의 그래프 위에 각각 두 점 A와 C가 있다. 직사각형 ABCD의 가로의 길이가 2, 세로의 길이가 6이고 점 C의 x좌표가 6일 때, 상수 a의 값을 구하시오.

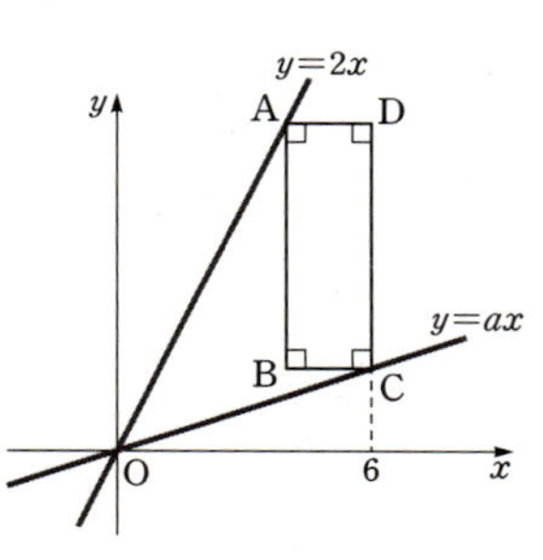

15 오른쪽 그림과 같이 좌표평면 위의 한 점 P에서 x축, y축에 수직으로 만나도록 그은 선분과 만나는 점을 각각 R, Q라 하자. 사각형 PQOR의 넓이를 일정하게 유지하면서 점 P를 이동시킬 때, 다음 중 점 P가 그리는 그래프로 알맞은 것은?

(단, 점 P는 제1사분면 위의 점이다.)

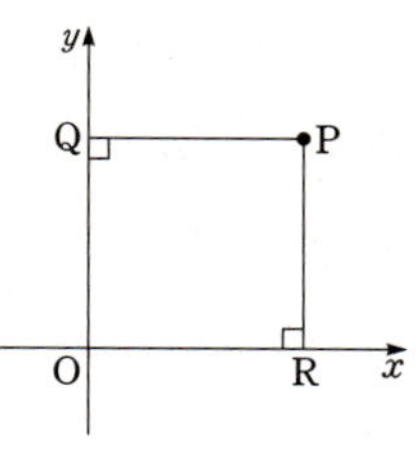

① 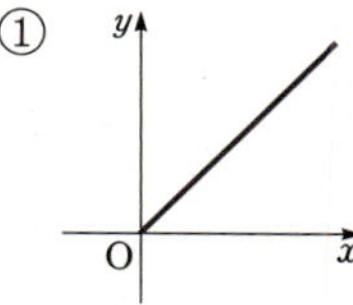

② 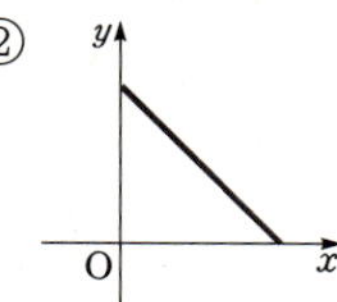

③ 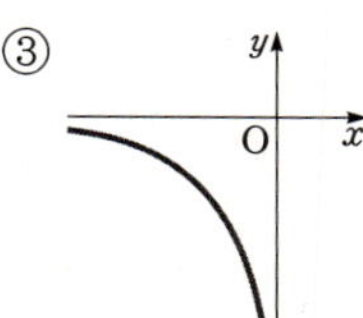

④ 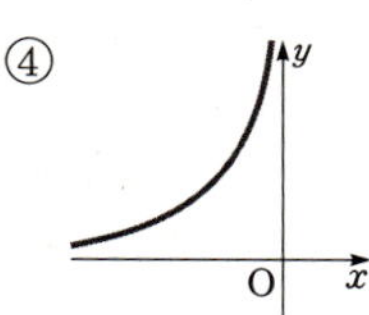

⑤ 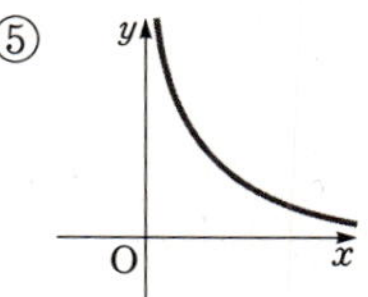

16 오른쪽 그림과 같이 정비례 관계 $y=2x$의 그래프 위의 점 A에서 x축, y축에 평행한 직선을 그어 정비례 관계 $y=-x$의 그래프, 반비례 관계 $y=\dfrac{b}{x}\,(x>0)$의 그래프와 만나는 점을 각각 B, D라 하자. 점 A의 x좌표가 a이고, 정사각형 ADCB의 한 변의 길이가 6일 때, ab의 값을 구하시오. (단, b는 상수)

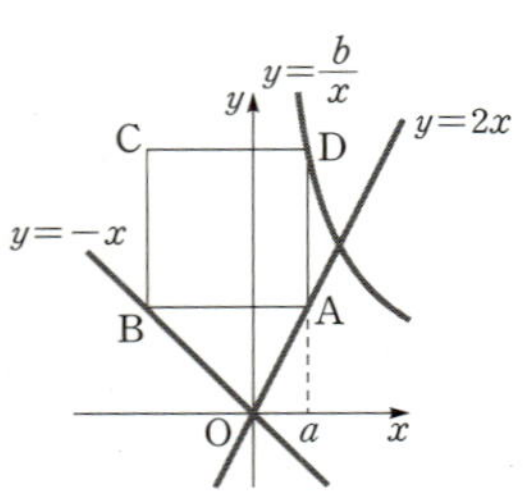

17 오른쪽 그림과 같이 한 변의 길이가 10 cm인 정사각형 ABCD가 있다. 점 B에서 출발하여 점 C를 거쳐 점 D까지 움직이는 점 P의 거리를 x cm, 삼각형 ABP의 넓이를 y cm²라고 할 때, x에 대한 y의 변화를 그래프로 나타내시오.

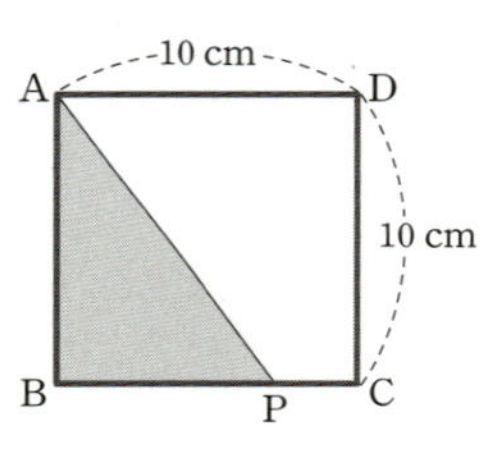

18 오른쪽 그림과 같은 반비례 관계의 그래프가 점 P$(-3,\ -1)$을 지날 때, 삼각형 ABC의 넓이를 구하시오.

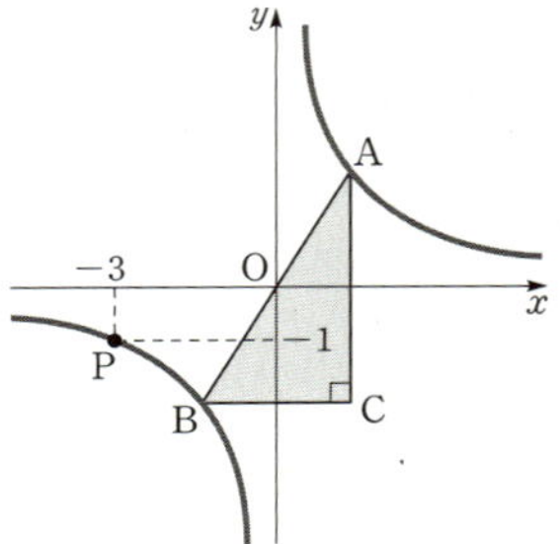

3 STEP
최고 실력 완성하기

01 소포의 요금은 소포의 무게가 $1\,\mathrm{kg}$ 미만까지는 1000원, $1\,\mathrm{kg}$ 이상부터는 $1\,\mathrm{kg}$까지 증가할 때마다 1000원씩 요금이 늘어난다. $x\,\mathrm{kg}$의 소포의 요금을 y원 이라 할 때, x와 y 사이의 관계를 오른쪽 좌표평면에 그래프로 나타내시오.

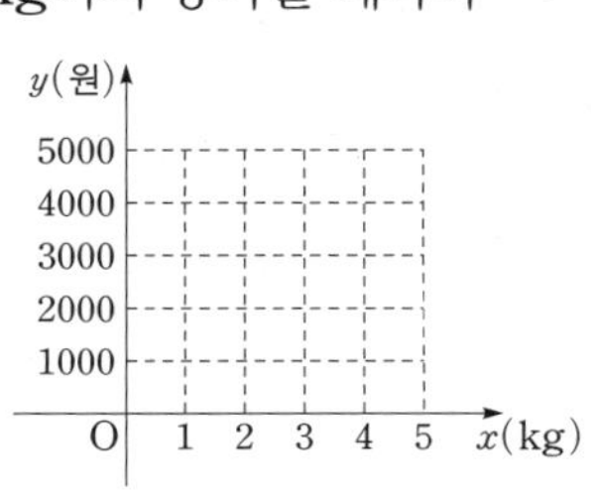

02 톱니 수의 비가 $11:3$인 두 개의 톱니바퀴 P, Q 가 서로 맞물려 돌고 있다. 톱니바퀴 P의 1분간 회전 수를 x, 톱니바퀴 Q의 1분간 회전 수를 y라 할 때, x와 y 사이의 관계식을 구하시오.

03 시속 $x\,\mathrm{km}$인 자동차가 $240\,\mathrm{km}$를 가는 데 걸린 시간을 y시간이라 하자. x의 값의 범위가 $60 \leq x \leq 80$ 일 때, y의 값의 범위를 구하시오.

04 정비례 관계 $y=ax$의 그래프가 두 점 A$(2,\ 4)$, B$(7,\ 2)$를 잇는 선분 AB와 만나기 위한 상수 a의 값의 범위를 구하시오.

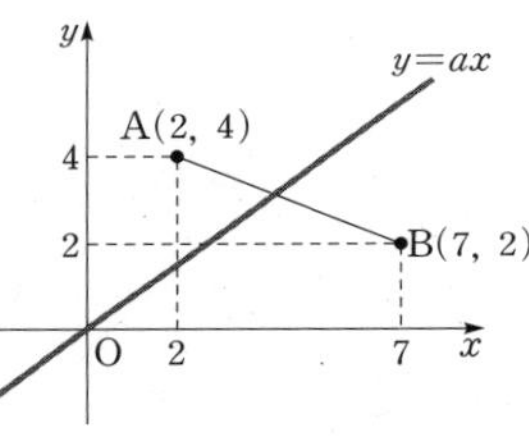

05 오른쪽 그림과 같이 두 점 A, B가 각각 정비례 관계 $y=3x$, $y=-4x$의 그래프 위에 있다. 삼각형 AOB의 넓이가 56일 때, 점 A와 점 B의 좌표를 각각 구하시오.

(단, $x \geq 0$)

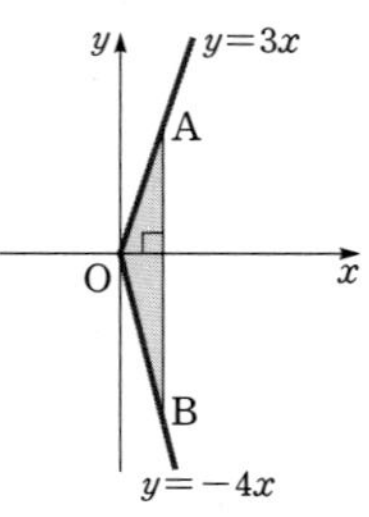

06 오른쪽 그림과 같이 정비례 관계 $y=3x$, $y=\dfrac{1}{2}x$의 그래프 위에 각각 두 점 A와 C가 있고, 각 변이 x축, y축과 평행한 정사각형 ABCD가 있다. 점 B의 x좌표가 3일 때, 점 D의 좌표를 구하시오.

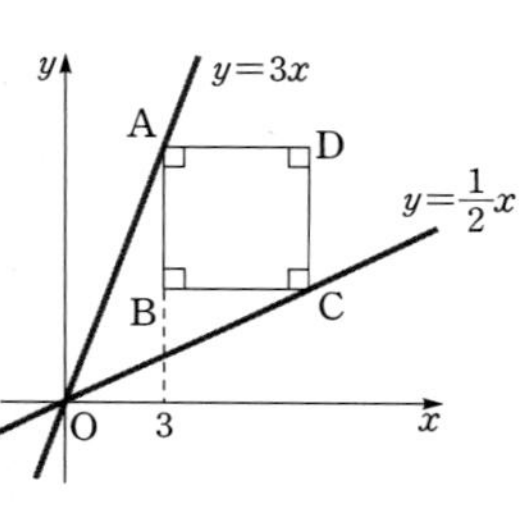

07 오른쪽 그림과 같이 정비례 관계 $y=4x$의 그래프와 반비례 관계 $y=\dfrac{16}{x}$의 그래프가 만나는 두 점을 A, D라 하고, 정비례 관계 $y=\dfrac{1}{4}x$의 그래프와 반비례 관계 $y=\dfrac{16}{x}$의 그래프가 만나는 두 점을 B, C라 하자. 색칠한 부분에 있는 점 중에서 x좌표와 y좌표가 모두 정수인 점의 개수를 구하시오. (단, 직선 및 곡선 위의 점들도 포함한다.)

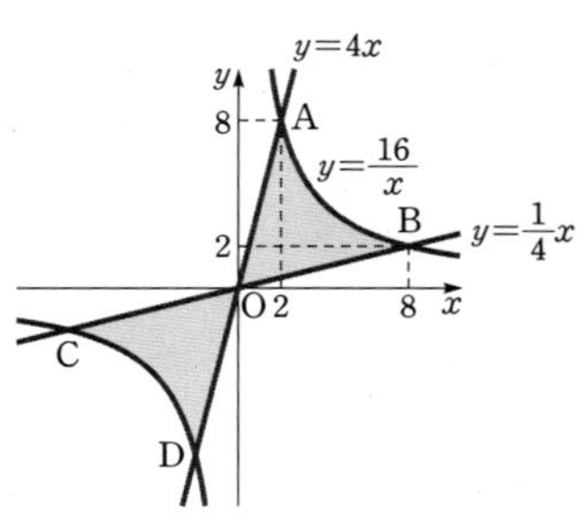

08 오른쪽 그림과 같이 직사각형 ABCD에서 점 A와 대각선 BD의 중점 E는 모두 반비례 관계 $y=\dfrac{3}{x}$ $(x>0)$의 그래프 위의 점이

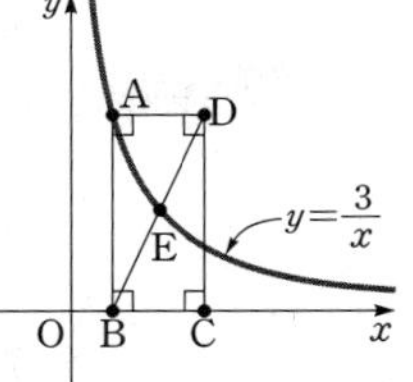

다. 점 E의 x좌표가 m일 때, 점 B의 좌표를 m에 대하여 나타내시오.

09 오른쪽 그림과 같은 직사각형 ABCD에서 점 P가 직사각형 ABCD의 둘레를 매초 2의 속력으로 점 A에서 점 B를 거쳐 점 C까지 움직일 때, 점 P가 점 A를 출발한 지 x초 후의 삼각형 APD의 넓이를 y라고 하자. 이때 x와 y 사이의 관계를 그래프로 나타내시오.

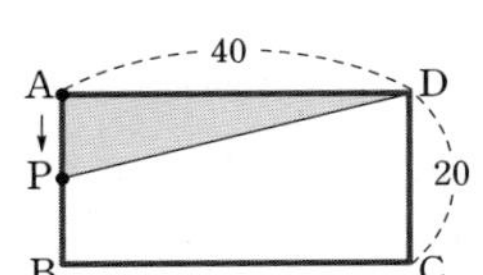

10 오른쪽 그림과 같이 네 점 O$(0, 0)$, A$(9, 0)$, B$(9, 8)$, C$(0, 8)$을 꼭짓점으로 하는 직사각형 OABC가 있다. 두 점 P, Q가 각각 원점 O에서 동시에 출발

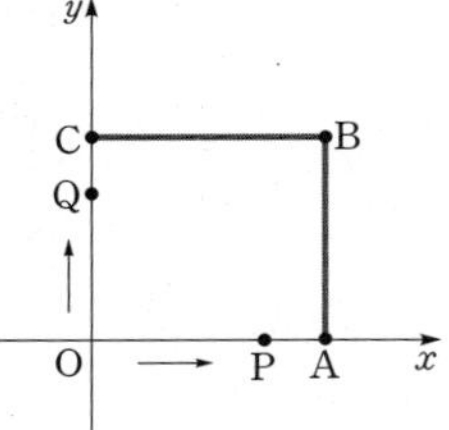

하여 점 P는 매초 2의 속력으로, 점 Q는 매초 3의 속력으로 화살표 방향으로 움직여 직사각형의 변 위를 한 바퀴 돈다고 한다. 두 점 P와 Q가 처음으로 만나는 것은 원점 O를 출발한 지 몇 초 후인지 구하시오.

비례… 관계… 규칙? 관계식? 함수!

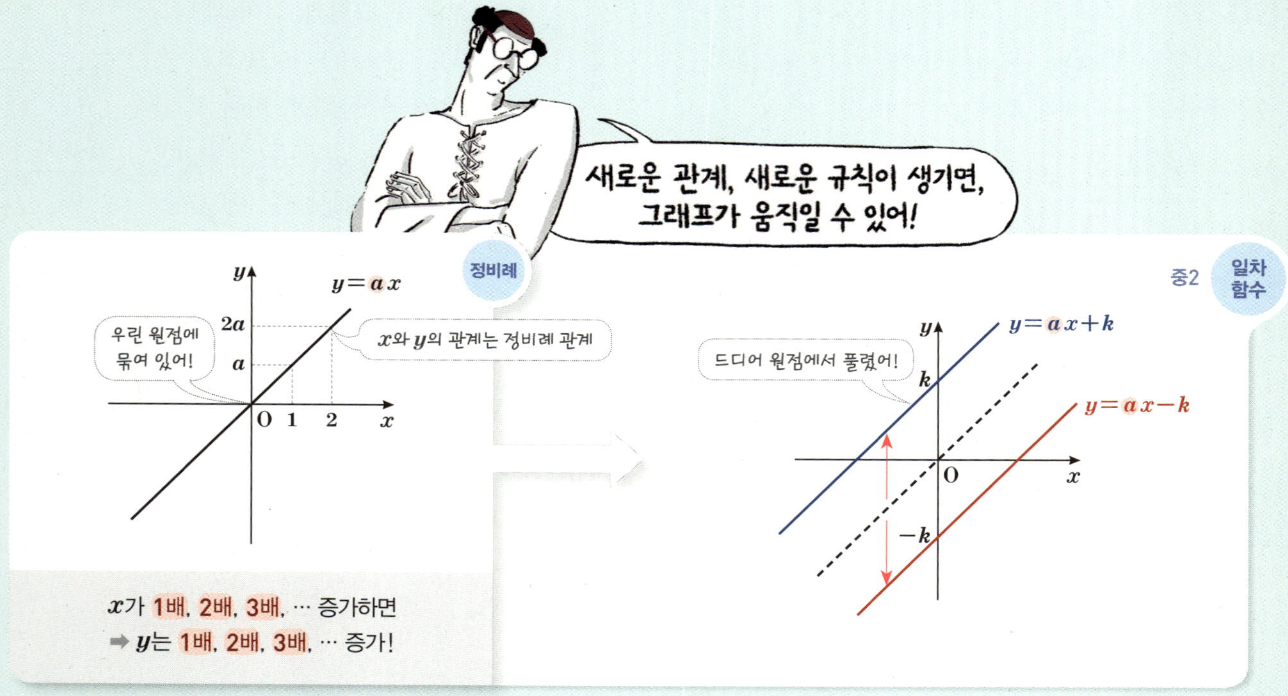

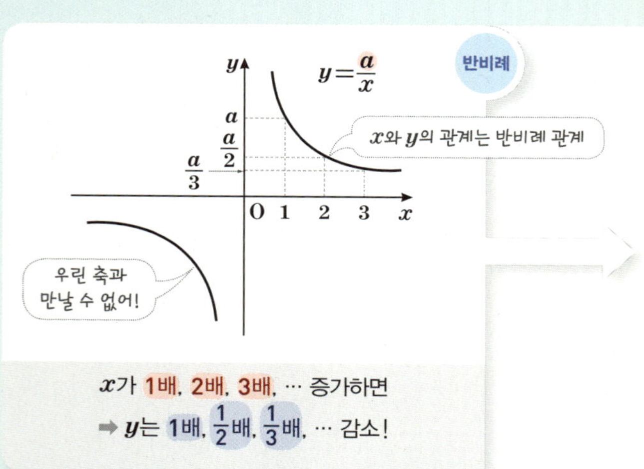

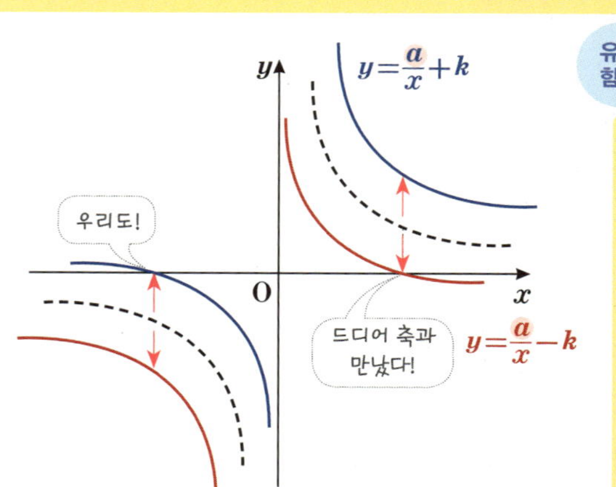

Q 일차함수 $y=\dfrac{2}{3}x$의 그래프와 유리함수 $y=\dfrac{a}{x}$의 그래프가 점 A에서 만나고 점 A의 x좌표가 3일 때, 상수 a의 값을 구하시오.

관계라는 것은?

서로 다른 두 대상을 이해하려고 할 때, 가끔 두 대상을 비교하곤 한다. 이런 비교를 통하여 두 대상 사이의 관계를 알게되면 두 대상을 더욱 잘 이해할 수 있다. **정비례, 반비례 관계**는 두 대상 사이의 가장 기본적인 관계이며 나아가 본격적인 규칙, 대응, 함수의 세계로 첫발을 내딛는 시작이다.

단원 종합 문제

01 주머니 A에는 1, 2, 3이 적혀있는 쪽지가, 주머니 B에는 2, 3, 4, 5가 적혀있는 쪽지가 각각 들어 있다. 두 주머니 A, B에서 각각 하나씩의 쪽지를 꺼내어 적혀있는 숫자를 각각 a, b라 할 때, $a \leq b$를 만족하는 순서쌍 (a, b)의 개수를 구하시오.

02 다음 수직선 위의 두 점 $A(a)$, $B(b)$에 대하여 점 $P(a^2 - b)$의 좌표의 위치가 될 수 <u>없는</u> 것은?

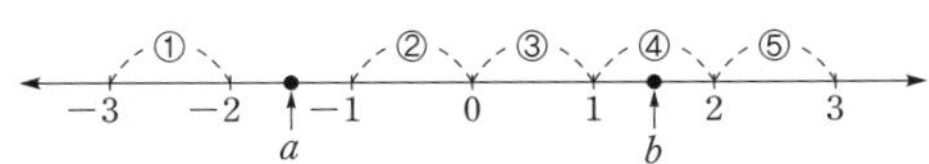

03 두 점 $A(|a|+1, 3|b|+4)$, $B(2|a|-1, |b|+6)$이 좌표평면 위에서 같은 위치를 나타내는 점일 때, $a+b$의 값을 모두 구하시오.

04 좌표평면 위의 점 $A(3, 3)$과 x축에 대하여 대칭인 점을 B, y축에 대하여 대칭인 점을 C라고 할 때, 삼각형 ABC의 넓이를 구하시오.

05 점 $P(a, b)$를 x축에 대하여 대칭한 후 다시 y축에 대하여 대칭한 점을 Q라 할 때, 점 Q의 좌표를 a, b를 사용하여 나타내시오.

06 좌표평면 위의 점 $P\left(a, \dfrac{1}{a}\right)$이 있다. 점 P와 x축에 대하여 대칭인 점을 A, 원점에 대하여 대칭인 점을 B라고 할 때, 삼각형 PAB의 넓이를 구하시오.

(단, $a>0$)

07 $ab<0$, $|a|>|b|$일 때, 점 $P(a+b,\ a-b)$가 속하는 사분면을 모두 구하시오.

08 점 $P(a-b,\ ab)$가 제3사분면 위의 점일 때, 점 $Q(-a,\ b)$가 속하는 사분면을 지나는 그래프의 관계식을 모두 고르면? (정답 3개)

① $y=-x$ ② $y=\dfrac{1}{2}x$

③ $y=\dfrac{6}{x}$ ④ $y=-\dfrac{1}{x}$

⑤ $y=2x$

09 대지는 휴일을 맞아 집근처에 있는 산에 갔다왔다. 날씨가 좋아 천천히 산을 오르다 산정상에서 1시간 쉬면서 경치를 구경하였다. 그러다 날이 저물 것 같아 올라올 때보다 빠른 속력으로 내려갔다. 시각이 x시일 때의 올라간 높이를 y m라고 할 때, x와 y 사이의 관계를 나타낸 그래프로 가장 적절한 것은?

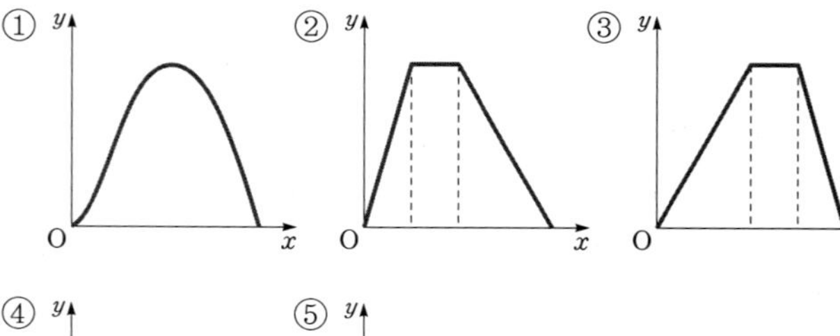
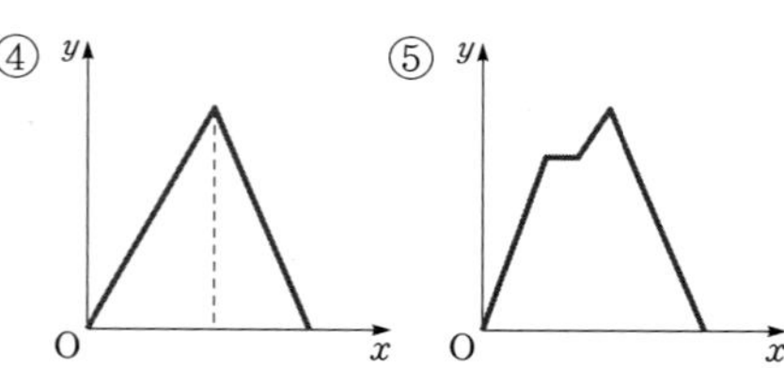

10 구름이가 집에서 차를 타고 직선 도로로 $100\,km$ 떨어진 약속장소에 갔다가 돌아왔다. 오른쪽 그림은 구름이가 집을 출발한 지 x시간이 지난 후 집으로부터의 거리 $y\,km$ 사이의 관계를 나타낸 그래프이다. 다음 중 옳지 <u>않은</u> 것은?

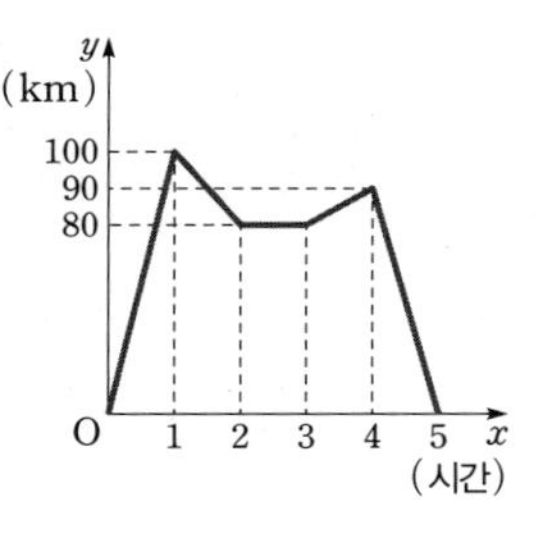

① 구름이가 차를 타고 달린 거리는 총 $220\,km$이다.
② 집에 오는 길에 다시 약속장소 방향으로 갔다.
③ 약속장소에 갈 때의 속력보다 올 때의 속력이 더 빨랐다.
④ 중간에 휴게소에서 쉬었다고 할 수 있다.
⑤ 약속장소에 다녀오는 데 총 5시간이 걸렸다.

11 두 변수 x, y 사이의 관계를 그래프로 나타내었더니 오른쪽 그림과 같았다. 이 그래프에 대한 설명으로 가장 알맞은 것은?

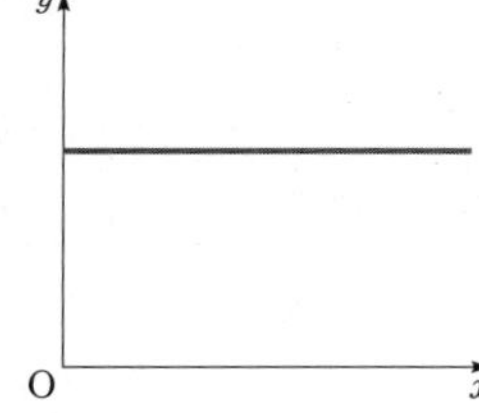

① 옥상에서 일정한 속도로 지면으로 밧줄을 내릴 때, 시각 x에 대한 늘어진 밧줄의 길이 y의 관계를 나타낸 그래프이다.
② 산 정상에서 돌을 굴렸을 때, 시간 x에 대한 지면으로부터의 돌의 높이 y의 관계를 나타낸 그래프이다.
③ 충전이 필요한 노트북을 충전할 때, 시간 x에 대한 충전량 y의 관계를 나타낸 그래프이다.
④ 일정한 속력으로 일직선의 고속도로를 달릴 때, 시간 x에 대한 속력 y의 관계를 나타낸 그래프이다.
⑤ 집에서 곧장 학교를 향해 갈 때, 시간 x에 대한 학교까지의 거리 y의 관계를 나타낸 그래프이다.

12 오른쪽 그림은 해피, 구름, 대지가 $400\,m$ 달리기를 할 때, 출발한 지 x초 후의 달린 거리를 $y\,m$라고 하여 x와 y 사이의 관계를 그래프로 나타낸 것이다. 다음 물음에 답하시오.

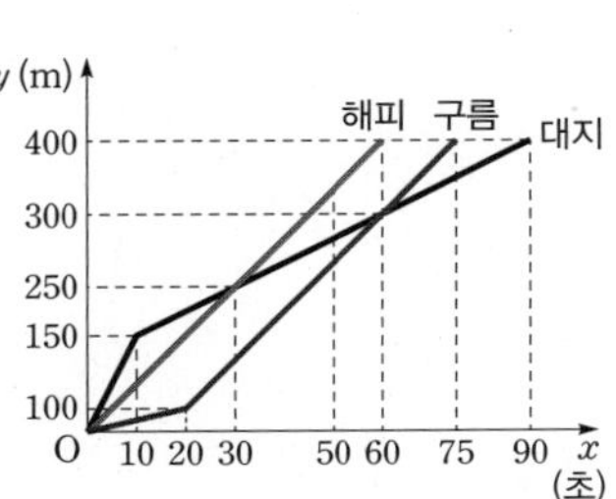

(1) 순위에 변동이 있는 지점은 출발한 지 몇 초 후인지 모두 구하시오.
(2) 출발한 지 50초일 때의 순위를 빠른 순서대로 나열하시오.
(3) 최종적으로 결승점에 들어온 순서대로 나열하시오.

13 어떤 수조에서 바닥의 마개를 열고 물을 뺐더니 시간 x에 대한 물의 높이 y의 그래프가 오른쪽과 같았다. 이때 이 수조의 형태로 가장 알맞은 것은?

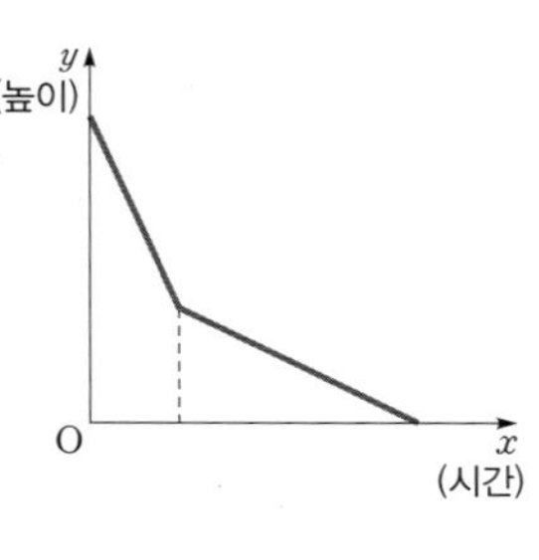

① 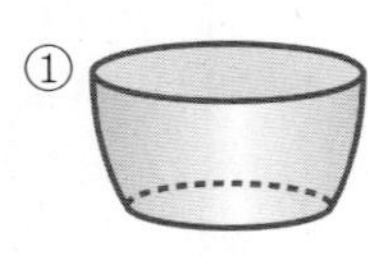 ② 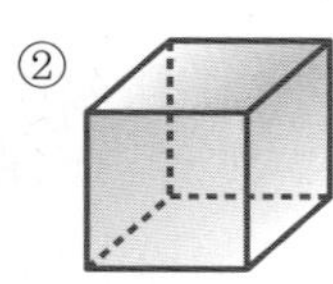 ③ 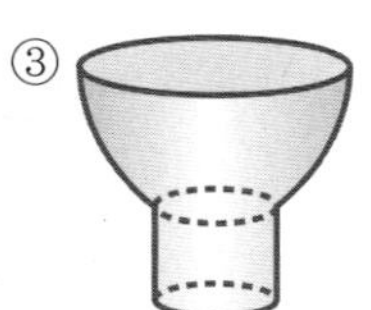

④ 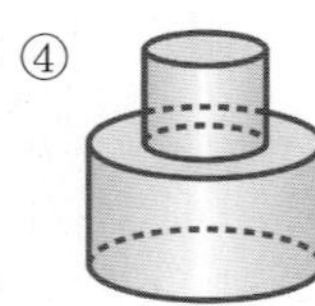 ⑤ 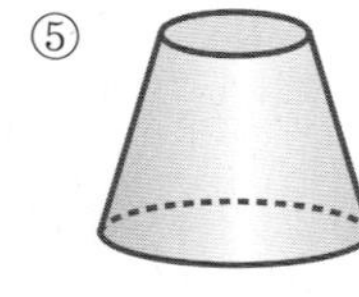

14 y가 x에 정비례하고, $x=2$일 때 $y=-1$인 정비례의 관계식은?

① $y=-\dfrac{1}{20}$　　　② $y=-\dfrac{2}{x}$

③ $y=-x$　　　④ $y=-\dfrac{x}{2}$

⑤ $y=x-3$

15 $x>0$일 때, 다음 중 반비례 관계 $y=-\dfrac{4}{x}$의 그래프를 바르게 나타낸 것은?

① 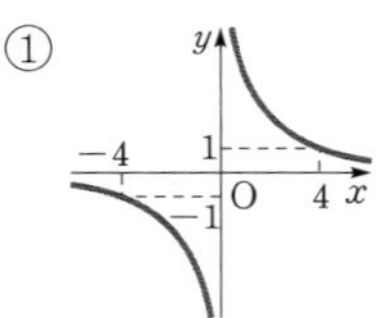　　② 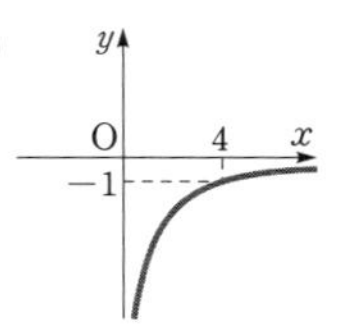

③ 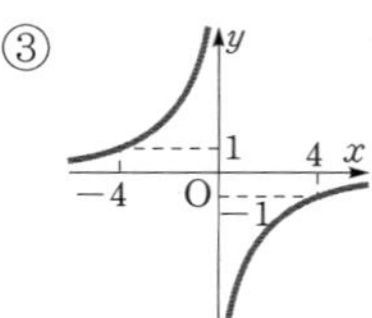　　④ 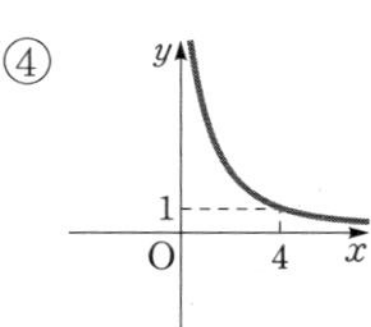

⑤ 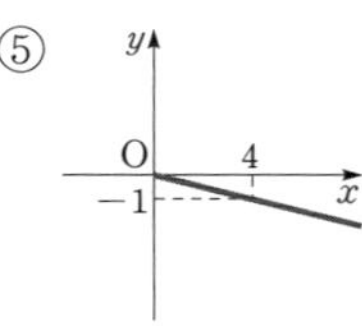

16 제1사분면에서 반비례 관계 $y=\dfrac{5}{x}$의 그래프와 x축, y축의 사이에 있는 x, y의 좌표가 모두 정수인 점 (x, y)의 개수를 구하시오.

17 오른쪽 그림과 같이 좌표평면 위에 두 점 $A(1, -2)$, $B(5, -5)$가 있다. $y=ax$의 그래프가 선분 AB와 만나기 위한 상수 a의 값의 범위를 구하시오.

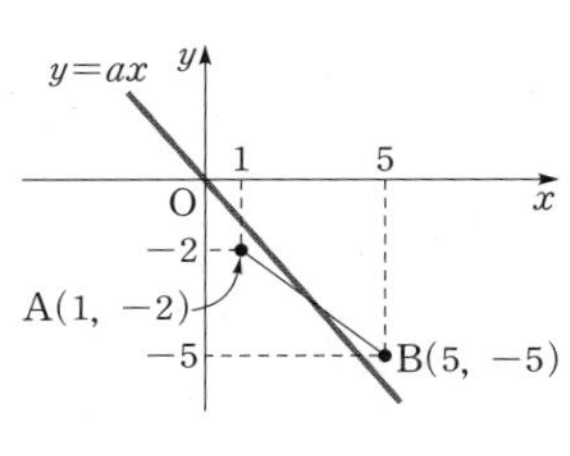

18 오른쪽 그림과 같이 반비례 관계 $y=\dfrac{k}{x}$의 그래프가 두 점 $A(2, 6)$, $B(12, a)$를 지난다. 이때 a의 값을 구하시오.

(단, $x>0$, $y>0$, k는 상수이다.)

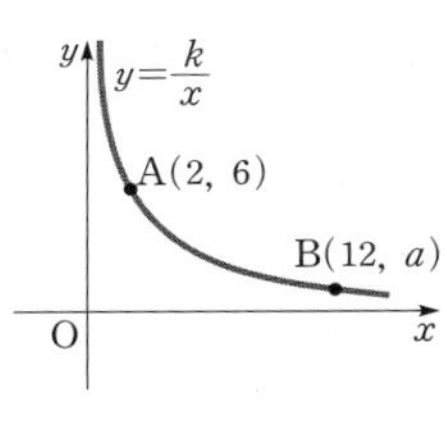

19 정비례 관계 $y=ax$의 그래프와 반비례 관계 $y=\dfrac{b}{x}$의 그래프가 점 $(4, 3)$에서 만날 때, ab의 값을 구하시오. (단, a, b는 상수이다.)

20 다음 그림은 정비례 관계 $y=\dfrac{3}{2}x$의 그래프와 반비례 관계 $y=\dfrac{a}{x}\ (x>0)$의 그래프이다. 이때 $a+b$의 값을 구하시오. (단, a는 상수이다.)

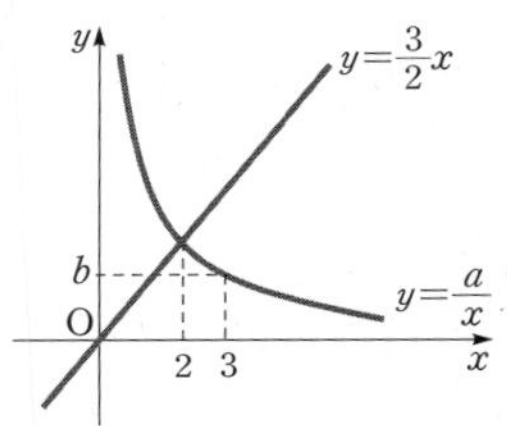

21 두 톱니바퀴 A, B가 서로 맞물려 돌고 있고 A, B의 톱니 수가 각각 36, 24이다. A가 x번 회전하면 B는 y번 회전한다고 할 때, y를 x에 대한 식으로 나타내시오.

22 오른쪽 그림에서 점 A는 정비례 관계 $y=3x$의 그래프 위의 점이고 두 점 B(10, 10), C(10, 0)에 대하여 사각형 OABC의 넓이가 70일 때, 점 A의 좌표를 구하시오. (단, O는 원점이다.)

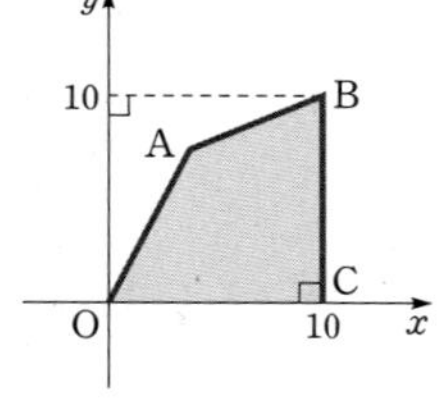

23 y가 x에 반비례하고, 점 (2, 4)를 지나는 그래프가 있다. 이 그래프 위의 점 B(p, q)와 y축 위의 점 A(0, 2), 점 B에서 x축 위에 수직으로 그은 선과 만나는 점 C, 원점 O로 이루어진 사다리꼴 OABC의 넓이가 10일 때, 점 B의 좌표를 구하시오. (단, $p>0$)

24 오른쪽 그림과 같이 두 점 A(0, 3), B(4, 0)에 대하여 정비례 관계 $y=ax(a\neq0)$의 그래프가 삼각형 AOB의 넓이를 이등분할 때, 상수 a의 값을 구하시오.

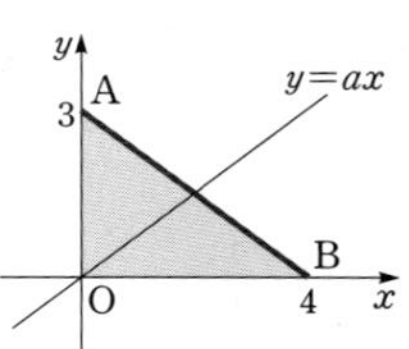

25 오른쪽 그림과 같이 정비례 관계 $y=ax$의 그래프가 직사각형 ABCD의 넓이의 비가 $X:Y=3:1$이 되도록 나눌 때, 상수 a의 값을 구하시오.
(단, 직사각형 ABCD의 네 변은 x축 또는 y축에 평행하다.)

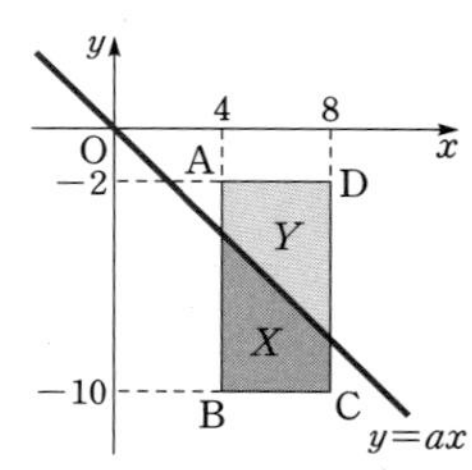

빠른 정답 찾기

I 수와 연산

1 자연수의 성질

1 STEP 주제별 실력다지기 7~14쪽

1 19세 **2** 13 **3** 32 **4** 103
5 3 **6** ⑤ **7** 50가지 **8** 0
9 624 **10** 10개 **11** 송이, 종군, 길동
12 3가지 **13** 7 **14** ② **15** 151
16 ② **17** 260 **18** 4세 **19** 6
20 (42, 36), (126, 12) **21** 6, 12
22 168 **23** 42 **24** 18그루
25 6명, 9명, 18명 **26** 420 **27** 60
28 88 **29** 4개 **30** 147 **31** 1681
32 4번 **33** 7월 14일 **34** 72초
35 502 **36** 8 **37** 42
38 54, 108, 270, 540 **39** 34 **40** 10

2 STEP 실력 높이기 15~19쪽

1 6 **2** 몫 : $(3 \times B) + 2$, 나머지 : 4
3 5 **4** 3 **5** 71묶음 **6** 43개
7 6 **8** 16, 25, 36, 64 **9** 3
10 2, 18 **11** 21 **12** $a = 35$, $b = 25$
13 $\dfrac{40}{3}$ **14** 294 **15** 3
16 12명, 3개 **17** 42일 후 **18** 4
19 103개 **20** 3개 **21** 48
22 오전 11시 36분 **23** 84

3 STEP 최고 실력 완성하기 20~21쪽

1 6 **2** 14 **3** 10 **4** 300
5 264 **6** 14 **7** 40 **8** 5개
9 300
10 나누는 수가 74, 37, 2일 때, 나머지는 각각
23, 23, 1

2 정수와 유리수

1 STEP 주제별 실력다지기 24~28쪽

1 송이, 종군, 낙천
2 ⑴ $a = 0$, $b = -3$, $c = 1$, $d = 4$ ⑵ ③
3 ①, ③ **4** $A = 3$, $B = -3$ **5** -2, 14
6 $4a$ **7** -5 **8** ②, ③, ④
9 최대인 수: $\dfrac{11}{4}$, 최소인 수: $-\dfrac{7}{5}$
10 20 **11** $\dfrac{5}{12}$ **12** ①, ⑤ **13** 6
14 ④ **15** $a < c < b$ **16** ③
17 ③ **18** $-a - 1$ **19** ⑤

3 정수와 유리수의 계산

1 STEP 주제별 실력다지기 37~44쪽

1 31 **2** -1 **3** 11 **4** -8
5 28점
6 ② 덧셈의 교환법칙 ③ 덧셈의 결합법칙
7 5 **8** 12 **9** 2 **10** 8
11 $+\dfrac{3}{10}$, $+\dfrac{3}{10}$, $-\dfrac{2}{5}$, $-\dfrac{41}{40}$,
(가) 덧셈의 교환법칙, (나) 덧셈의 결합법칙
12 $-\dfrac{3}{4}$ **13** $\dfrac{16}{15}$ **14** $\dfrac{11}{6}$ **15** $-\dfrac{13}{12}$
16 1 **17** 1 **18** -2
19 $a < 0$, $b = 0$, $c > 0$ **20** 7, -7 **21** $\dfrac{5}{8}$
22 $\dfrac{61}{24}$ **23** -15 **24** $\dfrac{35}{2}$
25 가장 큰 수: 1.1, 가장 작은 수: -20.1
26 1 **27** $-\dfrac{2}{5}$ **28** $-\dfrac{81}{34}$ **29** ①
30 ① **31** 43 **32** $-\dfrac{16}{5}$ **33** $\dfrac{1601}{16}$
34 -20 **35** -17 **36** 24
37 $M = 7$, $m = 0$ **38** 32 **39** 16

2 STEP 실력 높이기 29~32쪽

1 ③, ④ **2** ① **3** 1 **4** 6
5 2 **6** $b < a < 0$
7 $a - b < -b < \dfrac{a+b}{2} < -a$ **8** b, c, a, d
9 8 **10** $(-1, -4)$, $(-2, -3)$
11 C(-1) **12** -3 **13** 11
14 18개 **15** 5 **16** $z < x < y$
17 ①, ③, ⑤ **18** $ac - bd < 0$
19 20개

3 STEP 최고 실력 완성하기 33~34쪽

1 70 **2** -1
3 (1, 55), (2, 25), (3, 15), (4, 10), (5, 7)
4 $\dfrac{1}{b}$, $\dfrac{1}{a}$, $\dfrac{1}{d}$, $\dfrac{1}{c}$ **5** $b < a < c$
6 ① **7** $a = 3$, $b = -2$, $c = -8$
8 (0, -2), (1, -1), (2, 0)
9 $a = 1$, $b = -2$, $c = -6$ **10** 62번째

2 STEP 실력 높이기 45~48쪽

1 $\dfrac{5}{4}$ **2** $\dfrac{10}{7}$ **3** -4
4 $\begin{cases} 2 \times (a^n - a^{n+1}) & (n\text{이 짝수}) \\ 0 & (n\text{이 홀수}) \end{cases}$
5 $\dfrac{43}{120}$ **6** ㄱ, ㄴ, ㄷ, ㅁ **7** 3개
8 -55 **9** -4 **10** 26
11 $(1, -15)$, $(2, -6)$
12 $\dfrac{6}{5}$ **13** $\dfrac{49}{50}$ **14** $-\dfrac{3}{5}$ **15** $\dfrac{13}{16}$
16 ㉢ → ㉡ → ㉣ → ㉠ → ㉤, $\dfrac{53}{22}$ **17** $\dfrac{25}{27}$
18 $\dfrac{5}{6}$ **19** 1

3 STEP 최고 실력 완성하기 49~52쪽

1 ③ **2** $\dfrac{18}{61}$ **3** 266 **4** 3
5 $-\dfrac{3}{5}$ **6** ③
7 $(-1, 0, -3)$, $(-1, 0, -2)$, $(-2, 0, -3)$
8 $x = 3$, $y = 2$, $z = 2$ **9** $\dfrac{40}{17}$
10 8 **11** $\dfrac{5}{6}$
12 $-\dfrac{1}{x}$, $-\dfrac{1}{x+y}$, 0, $\dfrac{1}{x-z}$, $-\dfrac{1}{z}$

I 수와 연산 단원 종합 문제 54~58쪽

1 ① **2** 260 **3** 5 **4** 40
5 $\dfrac{140}{51}$ **6** $3^3 \times 5^2 \times 7$ **7** 5개
8 12명 **9** ④ **10** $\dfrac{109}{3}$
11 5, -10 **12** 4 **13** ①, ③
14 ③ **15** 9 **16** ① **17** ③
18 $a > 0$, $b < 0$, $c < 0$ **19** ④, ⑤
20 ③ **21** -3 **22** ㉢ → ㉣ → ㉡ → ㉠
23 7 **24** 1 **25** $-\dfrac{7}{2}$ **26** 7
27 $\dfrac{15}{4}$ **28** -8640 **29** 14 %
30 600 ml

1 좌표평면과 그래프

1 STEP 주제별 실력다지기 119~124쪽

1 A(50) **2** ① **3** 1, 2

4 풀이 참조 **5** 8 **6** 10

7 $(4, 1), (5, 2), (6, 3), (7, 4), (8, 5),$
$(9, 6), (10, 7)$

8 제4사분면 **9** 제2사분면

10 제3사분면, 제4사분면

11 C$(-1, -2)$ **12** $(2, 3)$ **13** -9

14 제1사분면

15 ㄱ-①, ㄴ-②, ㄷ-⑤ **16** ⑤

17 ②, ④

2 STEP 실력 높이기 125~128쪽

1 150 **2** 7 **3** 15 **4** 5

5 21 **6** ③, ④ **7** 제3사분면

8 제4사분면 **9** 3 **10** 20

11 2 **12** $\dfrac{7}{2}$

13 C$(2, -1)$, D$(2, 2)$
또는 C$(-4, -1)$, D$(-4, 2)$

14 ③, ⑤ **15** ② **16** ③, ⑤ **17** ③

3 STEP 최고 실력 완성하기 129쪽

1 8 **2** 8 **3** 6 **4** 4

2 정비례와 반비례

1 STEP 주제별 실력다지기 132~137쪽

1 ㄷ. $y=1000x$, ㄹ. $y=1400x$, ㅁ. $y=6x$

2 $y=-2x$ **3** $-\dfrac{4}{3}$ **4** $y=\dfrac{3}{5}x$

5 $y=\dfrac{2}{5}x$ **6** ⑤ **7** -10

8 $S=\dfrac{1}{4}a^2$, $(4, 2)$

9 ㄴ. $y=\dfrac{10}{x}$ ㄷ. $y=\dfrac{25}{x}$ ㅁ. $y=\dfrac{40}{x}$

10 $y=\dfrac{9}{x}$ **11** $\dfrac{4}{3}$ **12** $y=\dfrac{a^2}{x}$

13 $y=-\dfrac{2}{x}$ **14** 4

15 $a=-1, b=-\dfrac{3}{2}$ **16** 8개 **17** -2

18 A$(-3, 4)$, B$(3, -4)$

19 10 **20** 2 cm **21** $\dfrac{25}{6}$초

22 $y=\dfrac{24}{x}$, 1, 2, 3, 4, 6, 8, 12, 24

2 STEP 실력 높이기 138~142쪽

1 ③ **2** 1 **3** ② **4** 8

5 $(3, 3)$, $(-3, -3)$ **6** $y=\dfrac{36}{x}$

7 $y=\dfrac{2}{5}x$ **8** $y=\dfrac{a-c}{c-b}x$

9 $\dfrac{1}{18} \leq a \leq 2$ **10** $\dfrac{1}{2}$

11 $\dfrac{4}{3}$ **12** $\dfrac{24}{25}$ **13** $(3, -8)$

14 $\dfrac{1}{3}$ **15** ⑤ **16** 40

17 풀이 참조 **18** 6

3 STEP 최고 실력 완성하기 143~145쪽

1 풀이 참조 **2** $y=\dfrac{11}{3}x$

3 $3 \leq y \leq 4$ **4** $\dfrac{2}{7} \leq a \leq 2$

5 A$(4, 12)$, B$(4, -16)$ **6** D$(8, 9)$

7 53 **8** B$\left(\dfrac{m}{2}, 0\right)$

9 풀이 참조 **10** $\dfrac{34}{5}$초 후

Ⅲ 좌표평면과 그래프 단원 종합 문제 147~152쪽

1 11 **2** ① **3** $-3, -1, 1, 3$

4 18 **5** Q$(-a, -b)$ **6** 2

7 제1사분면, 제3사분면

8 ②, ③, ⑤ **9** ③ **10** ③

11 ④

12 (1) 30초, 60초 (2) 해피, 대지, 구름
(3) 해피, 구름, 대지

13 ④ **14** ④ **15** ② **16** 8

17 $-2 \leq a \leq -1$ **18** 1 **19** 9

20 8 **21** $y=\dfrac{3}{2}x$

22 A$(2, 6)$ **23** B$\left(6, \dfrac{4}{3}\right)$

24 $\dfrac{3}{4}$ **25** $-\dfrac{2}{3}$

1 문자의 사용과 식의 계산

1 STEP 주제별 실력다지기   61~67쪽

1 ㄱ, ㄷ, ㅅ   2 ⑤   3 ③

4 $\left(\dfrac{7}{10}x+2y\right)$ g   5 ㄱ, ㄷ, ㄹ

6 $2(ab+bc+ca)$ cm²

7 $20x+2y+1$ 8 -89

9 -3 10 ③   11 $-\dfrac{26}{3}$ 12 $-\dfrac{31}{6}$

13 -1 14 ㄱ, ㄷ, ㄹ

15 동류항 : $3x$, $\dfrac{x}{3}$, $-\dfrac{5}{2}x$, 계수의 합 : $\dfrac{5}{6}$

16 4명   17 $a=3$, $b\neq-6$ 18 30

19 ④   20 1   21 -10

22 (1) $8x-y$ (2) $-3a+\dfrac{13}{2}$ (3) $9x-19$

   (4) $-111x+27y-153$

23 90   24 $10x+58$

25 $13a-10$ 26 $-7x+14$

27 $-3x-10$ 28 -6

29 $4x-\dfrac{10}{3}y+2$

2 STEP 실력 높이기   68~72쪽

1 ⑤   2 ①, ②   3 ㄱ, ㄷ, ㄹ

4 $\dfrac{47}{2}ab$ 5 $M=\dfrac{ax+by}{a+b}$

6 $(5000x-50ax)$원 또는 $50x(100-a)$원

7 $\left(\dfrac{1}{10}a+9\right)$문제   8 $\dfrac{5}{6}$ 9 2

10 $-\dfrac{5}{6}$ 11 $-\dfrac{1}{6}$ 12 $\dfrac{1}{5}$ 13 4

14 $16:4:1$ 15 $16x$

16 $(420-38a)$ cm   17 $a=1$, $2x-1$

18 0   19 $-\dfrac{19}{12}x+\dfrac{33}{4}$ 20 -16

21 -3 22 $5x+y+15$

23 $-x-6$

3 STEP 최고 실력 완성하기   73~75쪽

1 $2xy+4x-5y-20$ 2 $6x+8y-44$

3 $a=\dfrac{75-b-c}{c}$ 4 3   5 $\dfrac{67}{6}$

6 $\dfrac{73}{21}$ 7 $\dfrac{-5x+35y}{6}$ 8 -1

9 $a=1$, $b=2$ 10 45

11 $\dfrac{9a+b}{10}$ %

12 두 사람이 제시한 방법은 같다.

13 (가): $100x+y-60$, (나): $100x+y$

14 (가): 1046, (나): 1106

2 일차방정식

1 STEP 주제별 실력다지기   78~84쪽

1 방정식 : ㄱ, ㄴ, ㅂ, ㅅ, ㅇ, ㅌ

   항등식 : ㄹ, ㅁ, ㅋ

2 18   3 5   4 ③

5 최상위만세   6 $m=-7$, $n=2$

7 $k\neq3$ 8 $y=-2$

9 (1) $x=2$ (2) $x=2$ (3) $x=19$ (4) $x=1$

10 $x=-\dfrac{11}{17}$ 11 $x=1$ 12 3

13 $-\dfrac{2}{3}$ 14 12   15 $\dfrac{5}{4}$ 16 4

17 $\dfrac{8}{9}$ 18 -1 19 -16 20 -1

21 -1 22 2   23 -1 24 $\dfrac{3}{2}$

25 8   26 2, 4, 6, 8   27 0

28 $a\neq-1$, $a\neq0$ 29 1

30 $x=-1$

2 STEP 실력 높이기   85~90쪽

1 ⑤   2 -7 3 22   4 6

5 $x=-23$ 6 $-\dfrac{1}{4}$

7 1, 2, 3, 4   8 6, 12

9 83   10 -1 11 $x=5$ 12 $x=40$

13 $x=\dfrac{7}{3}$ 14 $a=-3$, $b=1$ 15 2

16 33   17 $\dfrac{125}{343}$ 18 3   19 -1

20 3   21 $\dfrac{64}{48}$ 22 $x=12$ 23 9

24 4   25 $-\dfrac{15}{4}$

26 해가 모든 수일 조건 : $a=0$, $b=4$,

   해가 없을 조건 : $a=0$, $b\neq4$

3 STEP 최고 실력 완성하기   91~94쪽

1 $\begin{cases} a=0\text{이면 해는 모든 수} \\ a\neq0\text{이면 } x=2 \end{cases}$ 2 -5

3 $x=2$ 4 3   5 5   6 $x=40$

7 8   8 ⑤   9 $x=2$ 10 $x=3$

11 $\dfrac{19}{7}$ 12 풀이 참조

13 (1) 풀이 참조 (2) 풀이 참조

3 일차방정식의 활용

1 STEP 주제별 실력다지기   97~103쪽

1 12세   2 400분 후   3 130   4 80

5 50분   6 2 km   7 15 km   8 30분 후

9 60 m   10 97.5 m/분   11 200 m

12 24 m   13 8 km   14 20 g   15 $\dfrac{200}{7}$ g

16 500 g   17 50 g   18 9 %   19 8일

20 4일   21 1시간 12분

22 2시간 24분   23 31.25 %

24 105000원   25 43000   26 $\dfrac{220}{3}$

27 9   28 145   29 420

30 1시 $38\dfrac{2}{11}$분

31 5시 $16\dfrac{4}{11}$분 또는 5시 $38\dfrac{2}{11}$분

2 STEP 실력 높이기   104~109쪽

1 24000원   2 23   3 380   4 73점

5 목요일, 금요일   6 950   7 9 km

8 시속 12 km   9 100 m   10 40 m

11 40 g   12 120 g   13 18.6   14 36 g

15 9일   16 3일   17 오후 3시 24분

18 1000원   19 3250원   20 62   21 117

22 615   23 774   24 $32\dfrac{8}{11}$분

3 STEP 최고 실력 완성하기   110~112쪽

1 오후 2시   2 600000원   3 57세

4 15문제   5 21, 22, 28, 29   6 2 : 3

7 9시 $10\dfrac{4}{11}$분   8 10   9 38대

10 P 지점 : $\dfrac{220}{13}$ km, Q 지점 : $\dfrac{40}{13}$ km

11 84세   12 ㄴ, ㄷ, ㅁ

Ⅱ 문자와 식 단원 종합 문제   113~116쪽

1 ①, ⑤   2 ①   3 $\dfrac{1}{5}$

4 $(15000-0.75a-0.7b)$원

5 $-x^2+25x$ 6 -67

7 $-\dfrac{16}{7}$ 8 17   9 $-3a+2$

10 ④   11 -20 12 1, $\dfrac{2}{3}$

13 14   14 20   15 0

16 $a=2$, $b=0$이면 해는 무수히 많다.,

   $a=2$, $b\neq0$이면 해는 없다.,

   $a\neq2$이면 $x=\dfrac{b}{a-2}$

17 -2 18 9시간   19 87.5 %

20 150 m   21 100 g   22 1800 m/분

23 186   24 400 g   25 5시간 $27\dfrac{3}{11}$분

최상위 수학

중 1/1

정답과 풀이

2022 개정 교육과정

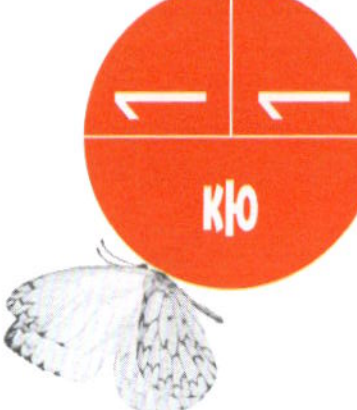

최상위 수학 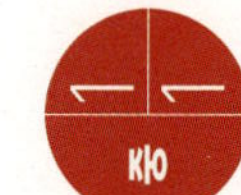 정답과 풀이

1 자연수의 성질

1 STEP
주제별 실력다지기

7~14쪽

1 19세	**2** 13	**3** 32	**4** 103
5 3	**6** ⑤	**7** 50가지	**8** 0
9 624	**10** 10개	**11** 송이, 종군, 길동	
12 3가지	**13** 7	**14** ②	**15** 151
16 ②	**17** 260	**18** 4세	**19** 6
20 (42, 36), (126, 12)	**21** 6, 12	**22** 168	
23 42	**24** 18그루	**25** 6명, 9명, 18명	
26 420	**27** 60	**28** 88	**29** 4개
30 147	**31** 1681	**32** 4번	
33 7월 14일	**34** 72초	**35** 502	**36** 8
37 42	**38** 54, 108, 270, 540	**39** 34	
40 10			

1 현정이의 나이를 x세, 몫을 Q라 하면
$51 = x \times Q + 13$ (단, $x > 13$)이므로 $51 - 13 = x \times Q$
$38 = x \times Q$에서 $x = 1, 2, 19, 38$
이때 언니 은정이의 나이가 22세이므로 $x < 22$
따라서 $13 < x < 22$이므로 현정이의 나이는 19세이다.

2 $A = B \times 23 + 59$
$\quad\quad = B \times 23 + 23 \times 2 + 13$
$\quad\quad = 23 \times (B + 2) + 13$
따라서 A를 23으로 나눌 때의 나머지는 13이다.

> **TIP** (n의 배수) + (n의 배수) = (n의 배수)
> ◉ 두 자연수 x, y에 대하여
> $\quad\quad 2x + 2y = 2(x+y)$
> 　2의 배수　2의 배수　2의 배수

3 $a = 7 \times 4 + r$ (단, $0 < r < 7$)
r의 약수의 개수가 3개이므로 $r = 4$

$\therefore a = 7 \times 4 + 4 = 32$

4 어떤 수를 x라 하면
$x = 12 \times 8 + r$ (단, $0 \leq r < 12$)　　$\therefore 96 \leq x < 108$
이때 x는 10으로 나누면 나머지가 3인 수이므로 103이다.

5 $3A + 2B = 3(5m + 3) + 2(5n + 2)$
$\quad\quad\quad = 15m + 9 + 10n + 4$
$\quad\quad\quad = 5(3m + 2n + 2) + 3$
$\quad\quad\quad = 5l + 3$ (단, $l = 3m + 2n + 2$)
따라서 C를 5로 나눌 때의 나머지는 3이다.

6 9009의 각 자리의 숫자의 합이 9의 배수이므로 9009는 9의 배수이다.
$9009 = 9 \times 1001$에서 1001은 각 자리의 숫자의 합이 3의 배수가 아니므로 1001은 3의 배수가 아니다.
따라서 9009는 27의 배수가 아니다.
또, $9009 = 7 \times 9 \times 11 \times 13$이므로 9009는 7, 11, 13의 배수이다.

7 $3\square\square2$가 4의 배수가 되려면 끝의 두 자리의 수가 00 또는 4의 배수이어야 하므로 십의 자리에 올 수 있는 숫자는 1, 3, 5, 7, 9이다.
백의 자리에는 0, 1, 2, 3, 4, 5, 6, 7, 8, 9가 모두 가능하므로 구하는 모든 경우는
$10 \times 5 = 50$(가지)

8 $95\square4$가 9의 배수가 되려면 각 자리의 숫자의 합이 9의 배수이어야 하므로 $9 + 5 + \square + 4 = 18 + \square$는 9의 배수이다.
$\therefore \square = 0, 9$
또, $95\square4$가 4의 배수이려면 끝의 두 자리의 수가 00 또는 4의 배수이어야 하므로 $\square = 0, 2, 4, 6, 8$
따라서 $\square$ 안에 알맞은 수는 0이다.

9 $\boxed{0}, \boxed{2}, \boxed{4}$의 카드를 사용하여 만들 수 있는 세 자리의 수 중 가장 작은 4의 배수는 204, 가장 큰 3의 배수는 420이다.
$\therefore 204 + 420 = 624$

10 (ⅰ) 각 자리의 숫자의 합이 3인 경우 : 120, 102, 210, 201
(ⅱ) 각 자리의 숫자의 합이 6인 경우 : 123, 132, 213, 231, 312, 321
따라서 구하는 3의 배수는 10개이다.

11 희영 : 42는 $2\times3\times7$로 소인수분해된다. (거짓)
영욱 : $25=5^2$이므로 소인수는 5이다. (거짓)
민선 : 2는 짝수인 소수이다. (거짓)

12 40보다 작은 소수는
2, 3, 5, 7, 11, 13, 17, 19, 23, 29, 31, 37
따라서 서로 다른 두 소수의 합이 40이 되는 경우는
$40=3+37=11+29=17+23$
이므로 40을 서로 다른 두 소수의 합으로 나타내는 방법은
$3+37$, $11+29$, $17+23$의 3가지이다.

13 $252=2^2\times3^2\times7$이므로 $2^2\times3^2\times7\div x=$(자연수)^{2}이
되게 하는 가장 작은 자연수 x는 7이다.

14 $28=2^2\times7$에 a를 곱하여 제곱수가 되게 하려면
$a=7\times k^2$ (k는 자연수)의 꼴이어야 한다.

15 약수가 2개인 수는 소수이므로 구하는 두 자리의 자연수
중 소수는 13, 23, 31, 41, 43이다.
따라서 총합은 $13+23+31+41+43=151$

16 두 자연수 a, b가 서로소인 경우는 두 수의 최대공약수
가 1일 때이므로 공약수도 1뿐이다.
따라서 공약수의 개수는 1이므로 $\langle a, b\rangle=1$

17 450과 675의 최대공약수 $\qquad 450=2\times3^2\times5^2$
는 $3^2\times5^2$이다. $\qquad\qquad\quad 675=\quad\ 3^3\times5^2$
공약수는 최대공약수의 약수 $\quad$ (최대공약수)$=\quad\ 3^2\times5^2$
이므로 $3^2\times5^2$의 약수 중에서 어떤 자연수의 제곱이 되는 수
는 1, 3^2, 5^2, $3^2\times5^2$
따라서 구하는 수의 합은
$1+9+25+225=260$

18 72, 44, 36의 공약수는 72, 44, 36의 최대공약수의 약
수이다.
따라서 $72=2^3\times3^2$, $44=2^2\times11$, $36=2^2\times3^2$에서 최대공
약수는 $2^2=4$이므로 구름이의 나이는 4세이다.

19 $C(12)$는 12의 약수인 1, 2, 3, 4, 6, 12 중의 하나이
고, $C(18)$은 18의 약수인 1, 2, 3, 6, 9, 18 중의 하나이다.
따라서 $C(12)$이면서 $C(18)$인 수는 1, 2, 3, 6이므로 12와
18의 최대공약수인 6의 약수이다.
$\therefore k=6$

20 최대공약수가 6이므로
$a=6\times m$, $b=6\times n$ (단, m, n은 서로소)
이 중 작은 자연수 b는 4의 배수이므로 $b=2\times3\times2\times n'$
즉, $a\times b=1512$이므로
$(2\times3\times m)\times(2\times3\times2\times n')=1512 \qquad \therefore mn'=21$
$a>b$이므로 가능한 (m, n')은
$(7, 3)$, $(21, 1)$
따라서 구하는 순서쌍은 $(42, 36)$, $(126, 12)$이다.

21 어떤 수로 50을 나누면 2가 남으므로 어떤 수는
$50-2=48$의 약수이다.
또, 89를 나누면 5가 남으므로 어떤 수는 $89-5=84$의 약수
이다.
따라서 구하는 수는 48과 84의 공약수 1, 2, 3, 4, 6, 12 중
나머지 5보다 큰 수이므로 6, 12이다.

22 x는 $200-4=196$과 $100-2=98$의 공약수 1, 2, 7,
14, 49, 98 중 나머지 4보다 큰 수이므로 7, 14, 49, 98이다.
따라서 x의 값의 합은 $7+14+49+98=168$

23 가능한 한 큰 정육면체 모양의 나무
토막의 한 모서리의 길이는 54, 36, 72
의 최대공약수이므로 $a=18$
정육면체 모양의 나무토막의 개수는

$$
\begin{array}{r|rrr}
2 & 54 & 36 & 72 \\ \hline
3 & 27 & 18 & 36 \\ \hline
3 & 9 & 6 & 12 \\ \hline
& 3 & 2 & 4
\end{array}
$$

$(54\div18)\times(36\div18)\times(72\div18)=3\times2\times4=24$(개)
$\therefore b=24$
$\therefore a+b=18+24=42$

24 같은 간격으로 나무를 심을 때, 나무의 개수가 최소가
되도록 하려면 나무 사이의 간격은 최대가 되어야 하므로 48
과 60의 최대공약수인 12 m마다 나무를 심으면 된다.
따라서 농장의 둘레의 길이가 216 m이므로 필요한 나무의
수는 $216\div12=18$(그루)

25 사과는 3개 모자라고, 배는 2개 남고, 감은 5개 남으므
로 사과 90개, 배 54개, 감 72개가 있으면 똑같이 나누어 줄
수 있다.
따라서 가능한 학생 수는 90, 54, 72의
공약수, 즉 18의 약수 중 5보다 큰 수이
므로 6명, 9명, 18명이다.

$$
\begin{array}{r|rrr}
2 & 90 & 54 & 72 \\ \hline
3 & 45 & 27 & 36 \\ \hline
3 & 15 & 9 & 12 \\ \hline
& 5 & 3 & 4
\end{array}
$$

26 12, 14, 20의 공배수는 최소공배수의 배수이고 12, 14,
20의 최소공배수는 420이므로 420의 배수 중 500에 가장 가
까운 수는 420이다.

27 세 자연수를 각각 A, B, C, 최대공약수를 G라 하면
$A=2^2\times G$, $B=5\times G$, $C=2\times3\times G$
이때 A, B, C의 최소공배수는
$2^2\times3\times5\times G=240$ $\therefore G=4$
따라서 세 자연수는 16, 20, 24이므로 세 자연수의 합은
$16+20+24=60$

28 $x-4=21a=14b$이므로 $x-4$는 21과 14의 공배수이다. 또, 공배수는 최소공배수의 배수이므로
$x-4$는 21과 14의 최소공배수인 42의 배수이다.
따라서 $x-4=42$, 84, 126, $\cdots$에서 $x=46$, 88, 130, $\cdots$이므로 구하는 가장 큰 두 자리의 자연수 x는 88이다.

> **TIP** $x=21a+4$ ⇨ x는 a의 21배보다 4만큼 큰 수이므로
> x보다 4만큼 작은 수는 a의 21배가 된다. ⇨ $x-4=21a$
> 같은 방법으로
> $x=14b+4$ ⇨ x는 b의 14배보다 4만큼 큰 수이므로
> x보다 4만큼 작은 수는 b의 14배가 된다. ⇨ $x-4=14b$

29 두 자리의 자연수 중에서 4로 나누어도, 5로 나누어도 나머지가 1인 자연수는 4와 5의 최소공배수인 20으로 나누어 나머지가 1이 되는 수이다.
따라서 21, 41, 61, 81로 모두 4개이다.

30 14와 20의 어느 것으로 나누어도 나머지가 7인 수는 14와 20의 공배수보다 7만큼 큰 수이다.
14와 20의 최소공배수가 140이므로 공배수는 140, 280, 420, $\cdots$이다.
따라서 구하는 가장 작은 세 자리의 자연수는
$140+7=147$

[다른 풀이]

14와 20의 어느 것으로 나누어도 나머지가 7이므로 어떤 수를 x라 하면 $x-7$은 14와 20의 공배수이다. 14와 20의 최소공배수가 140이므로 $x-7$은 140, 280, 420, $\cdots$
따라서 x는 147, 287, 427, $\cdots$이므로 가장 작은 세 자리의 자연수는 147이다.

31 3, 4, 5, 6, 7로 각각 나누면 나머지가 모두 1이 되는 자연수 N은 3, 4, 5, 6, 7의 공배수보다 1만큼 큰 수이다.
3, 4, 5, 6, 7의 최소공배수가 420이므로 공배수는 420, 840, 1260, 1680, $\cdots$이다.
따라서 1500에 가장 가까운 자연수 N은 $1680+1=1681$

[다른 풀이]

자연수 N을 3, 4, 5, 6, 7로 각각 나누면 모두 1이 남으므로 $N-1$은 3, 4, 5, 6, 7의 공배수이다. 3, 4, 5, 6, 7의 최소공배수는 420이므로 $N-1$은 420, 840, 1260, 1680, $\cdots$

따라서 N은 421, 841, 1261, 1681, $\cdots$이므로 1500에 가장 가까운 수는 1681이다.

32 세 톱니바퀴들이 동시에 처음으로 다시 맞물릴 때까지 돌아간 톱니의 총 수는 24, 30, 20의 최소공배수인 120개이어야 한다.
$120\div30=4$이므로 세 톱니바퀴가 같은 톱니에서 처음으로 다시 맞물리려면 톱니바퀴 B는 4번 회전해야 한다.

33 일요일은 7일마다, 장날은 5일마다 돌아오므로 5와 7의 최소공배수인 35의 배수마다 일요일인 동시에 장날이다.
따라서 구하는 날짜는 6월 9일에서 35일 후인 7월 14일이다.

34 A는 9초 동안 켜져 있다가 3초 동안 꺼지므로 켜진 후 다시 켜지려면 12초 걸리고, B는 12초 동안 켜져 있다가 6초 동안 꺼지므로 켜진 후 다시 켜지려면 18초 걸리고, C는 18초 동안 켜져 있다가 6초 동안 꺼지므로 켜진 후 다시 켜지려면 24초 걸린다.
따라서 동시에 켜진 세 개의 신호등은 12, 18, 24의 최소공배수인 72초 후 처음으로 다시 동시에 켜진다.

35 3으로 나누면 1이 남고, 4로 나누면 2가 남고, 6으로 나누면 4가 남는 수는 3, 4, 6으로 나누면 모두 2가 부족한 수이므로 3, 4, 6의 공배수보다 2만큼 작은 수이다.
3, 4, 6의 공배수는 12의 배수이고, 500에 가까운 12의 배수는 492와 504이다.
이 수보다 2만큼 작은 수는 490과 502이므로 500에 가장 가까운 수는 502이다.

[다른 풀이]

3, 4, 6으로 나누면 모두 2가 부족하므로 구하는 수를 x라 하면 $x+2$는 3, 4, 6의 공배수이다. 3, 4, 6의 최소공배수가 12이므로 $x+2$는 12, 24, 36, $\cdots$, 492, 504, $\cdots$
따라서 x는 10, 22, 34, $\cdots$, 490, 502, $\cdots$이므로 500에 가장 가까운 수는 502이다.

> **TIP** 서로 다른 세 수로 나누었을 때 나머지가 같은 경우는
> (세 수의 공배수)$+$(나머지)를 이용하여 구할 수 있다.
> 하지만 나머지가 다른 경우는 역으로 그 수로 나누었을 때 얼마가 부족한지를 생각하면 부족한 수가 같게 되어 문제를 해결할 수 있다.

36 두 수 $3\times a\times7^2$, $b\times5\times7\times11$의 최대공약수는
$3\times5\times7$이고 최소공배수는 $3\times5\times7^2\times11$이므로
$a=5$, $b=3$
$\therefore a+b=8$

37 (두 수의 곱)＝(최대공약수)×(최소공배수)이므로
$28 \times A = 14 \times 84$ $\therefore A = 42$

38 $540 = 18 \times 2 \times 5 \times 3$이므로
$n = 3$일 때, $N = 18 \times 3 = 54$
$n = 3 \times 2$일 때, $N = 18 \times 3 \times 2 = 108$
$n = 3 \times 5$일 때, $N = 18 \times 3 \times 5 = 270$
$n = 3 \times 2 \times 5$일 때, $N = 18 \times 3 \times 2 \times 5 = 540$

$$18 \overline{)\ 36 \quad N \quad 90}$$
$$\ 2 \quad n \quad 5$$

다른 풀이
36, 90을 각각 소인수분해하면
$36 = 2^2 \times 3^2$, $90 = 2 \times 3^2 \times 5$
이때 36, N, 90의 최대공약수가 $18 = 2 \times 3^2$, 최소공배수가
$540 = 2^2 \times 3^3 \times 5$이므로 $N = 2 \times 3^2 \times a$의 꼴이고
$a = 3 \times (10$의 약수$)$이다.
$a = 3$일 때, $N = 2 \times 3^3 = 54$
$a = 3 \times 2$일 때, $N = 2^2 \times 3^3 = 108$
$a = 3 \times 5$일 때, $N = 2 \times 3^3 \times 5 = 270$
$a = 3 \times 2 \times 5$일 때, $N = 2^2 \times 3^3 \times 5 = 540$
따라서 N은 54, 108, 270, 540이다.

39 A, B의 최대공약수가 2이므로
$A = 2 \times a$, $B = 2 \times b$ (단, a, b는 서로소, $a < b$)라 하면
최소공배수는 $2 \times a \times b = 144$ $\therefore a \times b = 72$
A, B가 두 자리의 자연수이므로 $a = 8$, $b = 9$이다.
따라서 $A = 16$, $B = 18$이므로 $A + B = 16 + 18 = 34$

40 $\dfrac{3}{16}$, $\dfrac{9}{28}$에 곱하여 그 곱이 자연수가 되는 분수 중 가장
작은 분수는
$$\dfrac{(16, 28의\ 최소공배수)}{(3, 9의\ 최대공약수)} = \dfrac{112}{3}$$
따라서 $a = 112 = 2^4 \times 7$이므로 약수의 개수는
$(4+1) \times (1+1) = 10$

> **TIP** 구하는 분수를 $\dfrac{y}{x}$라고 할 때,
> $\dfrac{b}{a} \times \dfrac{y}{x}$가 자연수가 되기 위해서는 x는 b의 약수, y는 a의 배수이어야 하고,
> $\dfrac{d}{c} \times \dfrac{y}{x}$가 자연수가 되기 위해서는 x는 d의 약수, y는 c의 배수이어야 한다.
> 따라서 x는 b와 d의 공약수, y는 a와 c의 공배수이어야 하고, 이때 분수 $\dfrac{y}{x}$
> 의 크기가 최소가 되려면 분모 x는 가능한 큰 수, 분자 y는 가능한 작은 수
> 가 되어야 한다. 그러므로 x는 b와 d의 공약수 중 가장 큰 최대공약수이고,
> y는 a와 c의 공배수 중 가장 작은 최소공배수이어야 한다.
> 즉, 구하는 분수는 $\dfrac{y}{x} = \dfrac{(a, c의\ 최소공배수)}{(b, d의\ 최대공약수)}$이다.

1 6	**2** 몫 : $(3 \times B) + 2$, 나머지 : 4	**3** 5
4 3	**5** 71묶음	**6** 43개	**7** 6
8 16, 25, 36, 64	**9** 3	
10 2, 18	**11** 21	**12** $a = 35$, $b = 25$
13 $\dfrac{40}{3}$	**14** 294	**15** 3
16 12명, 3개	**17** 42일 후	**18** 4	**19** 103개
20 3개	**21** 48	**22** 오전 11시 36분
23 84		

1 $8 \cdot 5 = (8 + 5 = 13$을 7로 나눈 나머지$) = 6$이므로
$(8 \cdot 5) \circ 5 = 6 \circ 5 = (6 \times 5 = 30$을 7로 나눈 나머지$) = 2$
$\therefore 4 \cdot 2 = (4 + 2 = 6$을 7로 나눈 나머지$) = 6$

2 서술형
표현 단계 $A \div 15 = B \cdots 14$
변형 단계 $A = (15 \times B) + 14$
$\qquad\quad\ A = 5 \times (3 \times B) + 5 \times 2 + 4$
풀이 단계 $A = 5 \times \{(3 \times B) + 2\} + 4$
$\qquad\quad\ A \div 5 = \{(3 \times B) + 2\} \cdots 4$
확인 단계 몫 : $(3 \times B) + 2$, 나머지 : 4

3
$$\begin{array}{r} 1a7 \\ +\ )\ 5b2 \\ \hline 699 \end{array}$$
$\quad \therefore a + b = 9$ ······ ㉠
$4b3$이 9의 배수이므로 각 자리의 숫자의 합
$4 + b + 3 = 7 + b$가 9의 배수이다. $\therefore b = 2$ ······ ㉡
㉠, ㉡에서 $a = 7$ $\therefore a - b = 7 - 2 = 5$

4 B가 짝수이면 2의 배수, 홀수이면 2의 배수가 아니므로
2가 항상 약수인 것은 아니다.
한편, $ABABAB$의 각 자리의 숫자의 합이
$3A + 3B = 3(A + B)$이므로 항상 3의 배수이다.
따라서 구하는 가장 작은 소수는 3이다.

5 연속하는 세 자연수를

$x-1$, x, $x+1$ (단, $2 \leq x \leq 499$)

이라 하면 세 수의 합은 $3x$이다.

$3x$가 21의 배수가 되려면 x는 7의 배수이어야 한다.

따라서 2에서 499까지의 자연수 중 7의 배수는 71개이므로
세 수의 합이 21의 배수가 되는 것은 71묶음이다.

6 서술형

표현 단계 14와 서로소인 수는 2의 배수도 7의 배수도 아닌 수
이다.

변형 단계 (100 이하의 자연수의 개수)$-$(2의 배수의 개수)
$-$(7의 배수의 개수)$+$(14의 배수의 개수)

풀이 단계 (100 이하의 자연수의 개수)$=100$
(2의 배수의 개수)$=50$, (7의 배수의 개수)$=14$
(14의 배수의 개수)$=7$이므로 구하는 수는
$100-50-14+7=43$

확인 단계 따라서 100 이하의 자연수 중 14와 서로소인 수는
모두 43개이다.

7 서술형

표현 단계 $<36>$은 36의 약수의 개수
$<x>$는 x의 약수의 개수

변형 단계 $36=2^2 \times 3^2$이므로
$<36>=(2+1) \times (2+1)=9$
$<36> \times <x>=36$에서
$9 \times <x>=36$ $\quad \therefore <x>=4$

풀이 단계 x는 약수의 개수가 4인 자연수이므로 소인수분해하
였을 때, a^3의 꼴 또는 $a \times b$의 꼴(a, b는 서로 다른
소수)이다.

확인 단계 따라서 자연수 x의 최솟값은 $2 \times 3=6$이다.

8 약수의 개수가 홀수인 수는 완전제곱수이므로 구하는
두 자리의 자연수 중 완전제곱수는 16, 25, 36, 64이다.

> **TIP** 완전제곱수란?
> 어떤 정수(보통은 자연수)를 제곱하여 만들 수 있는 1^2, 2^2, 3^2, 4^2, $\cdots$과 같은
> 수이다.

9 (i) □ 안의 소인수가 2일 때, $□=2^4=16$

(ii) □ 안의 소인수가 2가 아닐 때,
$□=a^b$ (a는 2가 아닌 소수)이라 하면
$2^3 \times □=2^3 \times a^b$의 약수가 8개이므로
$4 \times (b+1)=8$ $\quad \therefore b=1$
즉, $□=a^1$의 꼴이므로 가장 작은 자연수가 되기 위하여
□ 안에 알맞은 수는 3이다.

(i), (ii)에서 □$=3$

> **TIP** 소인수분해를 활용하여 약수의 개수 구하기
> $a^m \times b^n$(단, a, b는 서로 다른 소수, m, n은 자연수)으로 소인수분해될 때,
> (약수의 개수)$=(m+1) \times (n+1)$개

$\times$	1	a	a^2	$\cdots$	a^m
1	1	a	a^2	$\cdots$	a^m
b	b	$a \times b$	$a^2 \times b$	$\cdots$	$a^m \times b$
b^2	b^2	$a \times b^2$	$a^2 \times b^2$	$\cdots$	$a^m \times b^2$
$\vdots$	$\vdots$	$\vdots$	$\vdots$		$\vdots$
b^n	b^n	$a \times b^n$	$a^2 \times b^n$	$\cdots$	$a^m \times b^n$

a^m의 약수 / b^n의 약수 / 약수 / $(m+1)$개 / $(n+1)$개

10 $24 \times a=2^3 \times 3 \times a$이므로 $a=2 \times 3=6$

$b^2=2^4 \times 3^2$이므로 $b=2^2 \times 3=12$

$\therefore a+b=6+12=18$

이때 $\dfrac{a+b}{m}=\dfrac{18}{m}=\dfrac{2 \times 3^2}{m}$이 제곱수가 되려면

m은 $2 \times k^2$ (k는 자연수)의 꼴이고 18의 약수이어야 한다.

$\therefore m=2$, 18

11 서술형

표현 단계 곱하는 최소의 자연수를 x, 나누는 최소의 자연수를
y라 하면
$54 \times x=a^2$ $\quad \cdots\cdots$ ㉠
$54 \div y=b^2$ $\quad \cdots\cdots$ ㉡

변형 단계 $54=2 \times 3^3$

풀이 단계 ㉠ $(2 \times 3^3) \times x=a^2$에서
$(2 \times 3^3) \times (2 \times 3)=(2 \times 3^2)^2=18^2$
$\quad \therefore a=18$
㉡ $(2 \times 3^3) \div y=b^2$에서
$(2 \times 3^3) \div (2 \times 3)=3^2$ $\quad \therefore b=3$

확인 단계 $\therefore a+b=18+3=21$

12 최대공약수를 G라 하면 $a : b=7 : 5$이므로

$a=7G$, $b=5G$

최소공배수는 $7 \times 5 \times G=35G$이므로

$G+35G=180$, $36G=180$ $\quad \therefore G=5$

$\therefore a=7G=7 \times 5=35$, $b=5G=5 \times 5=25$

13 서술형

표현 단계 (어떤 수)$\times 1\dfrac{7}{8}=$(어떤 수)$\times \dfrac{15}{8}=$(자연수)

(어떤 수)$\div \dfrac{5}{12}=$(어떤 수)$\times \dfrac{12}{5}=$(자연수)

변형 단계 (어떤 수)$\times \dfrac{15}{8}=$(자연수)에서

(어떤 수)$=\dfrac{(8\text{의 배수})}{(15\text{의 약수})}$

(어떤 수)$\times\dfrac{12}{5}=$(자연수)에서

(어떤 수)$=\dfrac{(5\text{의 배수})}{(12\text{의 약수})}$

풀이 단계 어떤 수의 최솟값을 $\dfrac{A}{B}$라 하면 A는 5와 8의 최소공

배수이고 B는 12와 15의 최대공약수이다.

$$\therefore \dfrac{A}{B}=\dfrac{40}{3}$$

확인 단계 따라서 어떤 수가 될 수 있는 가장 작은 수는 $\dfrac{40}{3}$이다.

14 조건 (가)에서 서로 다른 세 소인수의 합이 12인 경우는 $2+3+7=12$이므로 구하는 수를 $2^a\times3^b\times7^c$ (a, b, c는 자연수)의 꼴로 나타낼 수 있다.

조건 (나)에서 약수가 12개이므로

$(a+1)\times(b+1)\times(c+1)=12$

$\therefore a=1$, $b=1$, $c=2$ 또는 $a=1$, $b=2$, $c=1$

또는 $a=2$, $b=1$, $c=1$

(ⅰ) $a=1$, $b=1$, $c=2$일 때, $2\times3\times7^2=294$

(ⅱ) $a=1$, $b=2$, $c=1$일 때, $2\times3^2\times7=126$

(ⅲ) $a=2$, $b=1$, $c=1$일 때, $2^2\times3\times7=84$

(ⅰ)~(ⅲ)에서 조건을 만족시키는 세 자리의 자연수 중에서 가장 큰 값은 294이다.

15 3, 4, 5, 6으로 나누어 나머지가 항상 2인 수는 3, 4, 5, 6의 공배수보다 2만큼 큰 수이다.

3, 4, 5, 6의 최소공배수가 60이므로 3, 4, 5, 6의 공배수 중 가장 작은 세 자리 수는 120이고 이 수보다 2만큼 큰 수는 122이다.

따라서 122를 7로 나눈 나머지는 3이다.

16 서술형

표현 단계 학생 수를 x명, 한 학생이 받게 될 빵은 a개, 귤은 b개, 음료수는 c개라고 하자.

변형 단계 $(19+5)\div x=a$ $\therefore ax=24$

$(53+7)\div x=b$ $\therefore bx=60$

$(42-6)\div x=c$ $\therefore cx=36$

풀이 단계 $x=$(24, 60, 36의 공약수)

$\qquad\quad=$(24, 60, 36의 최대공약수의 약수)

$\qquad\quad=$(12의 약수)

이때 x를 만족하는 수는 1, 2, 3, 4, 6, 12이다.

그런데 음료수가 6개 남으려면 학생 수는 적어도 6보다는 커야 하므로 $x=12$

$\therefore c=(42-6)\div x=36\div12=3$

확인 단계 학생 수 : 12명, 한 학생이 받게 될 음료수: 3개

17 3일마다 봉사활동을 하는 사람과 6일마다 봉사활동을 하는 사람이 월요일에 함께 봉사활동을 한 후 다시 월요일에 함께 봉사활동을 하려면 3, 6, 7의 공배수의 날이 지나야 한다.

따라서 3, 6, 7의 최소공배수인 42일 후 월요일에 처음으로 다시 함께 봉사활동을 한다.

18 $a=4m$, $b=4n$ (단, m, n은 서로소인 자연수)라고 하면 $ab=16mn$이고 $576=16\times2^2\times3^2$

따라서 $mn=2^2\times3^2=36$이고 m, n은 서로소이므로 가능한 순서쌍 $(m,\ n)$은 $(1,\ 36)$, $(4,\ 9)$, $(9,\ 4)$, $(36,\ 1)$이 되어 $(a,\ b)$는 $(4,\ 144)$, $(16,\ 36)$, $(36,\ 16)$, $(144,\ 4)$의 4개이다.

19 서술형

표현 단계 사탕 한 봉지에 x개의 사탕이 들어있다고 하면

변형 단계 $x\div3=a\cdots1$, $x=3a+1$에서 $x+2=3(a+1)$

$\qquad\quad x\div5=b\cdots3$, $x=5b+3$에서 $x+2=5(b+1)$

$\qquad\quad x\div7=c\cdots5$, $x=7c+5$에서 $x+2=7(c+1)$

이므로

풀이 단계 $x+2=$(3, 5, 7의 공배수)

$\qquad\qquad=$(3, 5, 7의 최소공배수의 배수)

$\qquad\qquad=$(105의 배수)

$x+2=105,\ 210,\ 315,\ \cdots$

그런데 x는 200 미만이므로

$x+2=105$, $x=103$

확인 단계 따라서 사탕 한 봉지에 들어 있는 사탕은 103개이다.

20 조건 (가)에서 A와 $12=2^2\times3$의 최대공약수가 $6=2\times3$이므로 A는 2×3의 배수이면서 2^2의 배수는 아니어야 한다.

조건 (나)에서 A와 $135=3^3\times5$의 최대공약수가 $45=3^2\times5$이므로 A는 $3^2\times5$의 배수이면서 3^3의 배수는 아니어야 한다.

조건 (가), (나)에서 A는 2×3과 $3^2\times5$의 공배수이므로 최소공배수인 $2\times3^2\times5=90$의 배수이고, 2^2, 3^3의 배수가 아닌 세 자리의 자연수이다.

즉, 조건을 모두 만족시키는 자연수 A는 $90\times n$ (n은 2, 3과 서로소)의 꼴이므로

$90\times1=90$, $90\times5=450$, $90\times7=630$, $90\times11=990$,

$90\times13=1170,\ \cdots$

따라서 세 자리의 자연수 A는 450, 630, 990의 3개이다.

21 6과 8의 공배수는 6과 8의 최소공배수의 배수이므로 24
의 배수이다.

따라서 m의 배수는 항상 24의 배수 중에서 찾을 수 있어야
하므로 가능한 m의 값은 24, 48, 72, $\cdots$이고, 이 중에서 두
번째로 작은 수는 48이다.

22 KTX의 출발 시각은

$6:00$, $6:16$, $6:32$, $6:48$, $\cdots$

SRT의 출발 시각은

$6:30$, $6:48$, $7:06$, $7:24$, $\cdots$

이므로 오전 6시 48분에 처음으로 같이 출발한다.

이후 16분마다 출발하는 KTX와 18분마다 출발하는 SRT
가 다시 동시에 출발하려면 16과 18의 공배수만큼의 시간이
필요하다.

16과 18의 최소공배수는 144이므로 두 열차가 다시 동시에
출발하는 시각은

(오전 6시 48분)$+$(144분)$=$(오전 9시 12분),

(오전 9시 12분)$+$(144분)$=$(오전 11시 36분)

따라서 구하는 시각은 오전 11시 36분이다.

23 학생 수는 42, 70, 56의 최대공약
수이어야 한다.

42, 70, 56의 최대공약수는 $7 \times 2 = 14$

$$\begin{array}{r} 7\,)\underline{\,42\quad70\quad56\,} \\ 2\,)\underline{\,6\quad10\quad8\,} \\ 3\quad5\quad4 \end{array}$$

이므로 $x = 14$이고, 이때 학생 한 명이 받을 초콜릿, 초코칩
쿠키, 막대사탕의 개수는 각각

$y = 42 \div 14 = 3$, $z = 70 \div 14 = 5$, $w = 56 \div 14 = 4$

$\therefore x = 14$, $y + z + w = 12$

따라서 x와 $y + z + w$의 최소공배수, 즉 14와 12의 최소공배
수는 84이다.

1 6	**2** 14	**3** 10	**4** 300
5 264	**6** 14	**7** 40	**8** 5개
9 300			

10 나누는 수가 74, 37, 2일 때, 나머지는 각각 23, 23, 1

1 $240 = 2^4 \times 3 \times 5$이므로

$N(240) = (4+1) \times (1+1) \times (1+1) = 20$

$\therefore N(N(240)) = N(20)$

$20 = 2^2 \times 5$이므로 $N(20) = (2+1) \times (1+1) = 6$

$\therefore N(N(240)) = 6$

2 3으로 나누면 2가 남고, 5로 나누면 4가 남는 자연수는
3, 5로 나누면 1이 부족한 수이다.

즉, 3과 5의 공배수보다 1만큼 작은 수이다.

3과 5의 공배수는 15, 30, 45, $\cdots$이므로 구하는 자연수는
14, 29, 44, $\cdots$이고, 이 수들을 15로 나누면 모두 나머지가
14이다.

3 $n(2*150)$은 $2 < x \leq 150$인 x 중에서 3과 4의 배수,
즉 12의 배수이면서 5의 배수가 아닌 자연수의 개수이므로

$n(2*150) = $ (12의 배수의 개수) $-$ (60의 배수의 개수)

$= 12 - 2 = 10$

4 $2^3 \times 3^2 \times 5 \times a = 2^2 \times 3 \times 5^3 \times b$이고, c^2은 360과 1500
의 공배수이므로 $2^3 \times 3^2 \times 5^3$의 배수이면서 소인수의 지수가
모두 짝수인 수이다.

따라서 가장 작은 c^2은 $2^4 \times 3^2 \times 5^4$이다.

$\therefore c = 2^2 \times 3 \times 5^2 = 300$

5 소인수의 합이 10이 되는 경우는 $2+3+5=10$ 또는
$3+7=10$이므로

$<a> = 10$을 만족시키는 두 자리의 자연수 a의 값은 다음과
같다.

(i) a의 소인수가 2, 3, 5일 때, $2 \times 3 \times 5 = 30$,

$2^2 \times 3 \times 5 = 60$, $2 \times 3^2 \times 5 = 90$

(ii) a의 소인수가 3, 7일 때, $3×7=21$, $3^2×7=63$

따라서 조건을 만족시키는 모든 a의 값의 합은

$30+60+90+21+63=264$

6 $A=7a$, $B=7b$ (단, a, b는 서로소, $a>b$)라 하면

$A×B=7a×7b=735$ $\quad \therefore ab=15$

A, B는 두 자리의 자연수이므로 $a=5$, $b=3$이다.

$\therefore A=35$, $B=21$

$A+B=35+21=56$,

$A-B=35-21=14$

따라서 56과 14의 최대공약수를 구하면

14이다.

$$\begin{array}{r} 2\,)\underline{56\quad14} \\ 7\,)\underline{28\quad7} \\ 4\quad1 \end{array}$$

> **TIP** 두 자연수의 최대공약수와 두 수의 곱이 주어지는 경우
> 두 수 A, B의 최대공약수를 G라 하면 서로소인 두 자연수 a, b에 대하여
> $A=aG$, $B=bG$
> **예** 6과 8의 최대공약수는 2이고, 이때 $6=2×3$, $8=2×4$로
> 나타내는 것과 같아!
> $$\begin{array}{r} 2\,)\underline{6\quad8} \\ 3\quad4 \end{array}$$

7 $12◎14=2$이므로

$A=(12◎14)◆5=2◆5=10$

$8◆12=24$이므로

$B=18◎(8◆12)=18◎24=6$

즉, $A=10$, $B=6$이므로

$(10◎n)◆6=6$에서 $10◎n$은 6의 약수이다.

$\therefore 10◎n=1, 2, 3, 6$

(i) $10◎n=1$일 때,

　　10과 n은 서로소이므로 한 자리의 자연수 n의 값은 1, 3,

　　7, 9이다.

(ii) $10◎n=2$일 때,

　　$10=2×5$와 n의 최대공약수가 2이므로 n은 2의 배수이

　　면서 5의 배수는 아니어야 한다. 따라서 한 자리의 자연수

　　n의 값은 2, 4, 6, 8이다.

(iii) $10◎n=3$일 때,

　　10은 3의 배수가 아니므로 n의 값은 존재하지 않는다.

(iv) $10◎n=6$일 때,

　　10은 6의 배수가 아니므로 n의 값은 존재하지 않는다.

(i)~(iv)에서 조건을 만족시키는 한 자리의 자연수 n의 값은

1, 2, 3, 4, 6, 7, 8, 9이므로 그 합은

$1+2+3+4+6+7+8+9=40$

8 가능한 $\langle x \rangle$와 $≪x≫$의 값은 오
른쪽 표와 같으므로

(i) $<x>=1$, $≪x≫=2$일 때,

$\langle x \rangle$	$≪x≫$
1	2
2	1

$x=2^1×3^2×k$ (k는 2, 3의 배수가 아닌 자연수)에서

x는 100 이하의 자연수이므로 $k=1, 5$

$\therefore x=18, 90$

(ii) $<x>=2$, $≪x≫=1$일 때,

　　$x=2^2×3^1×k$ (k는 2, 3의 배수가 아닌 자연수)에서

　　x는 100 이하의 자연수이므로 $k=1, 5, 7$

　　$\therefore x=12, 60, 84$

따라서 구하는 x는 12, 18, 60, 84, 90의 5개이다.

9 A가 1바퀴 도는 데 $\dfrac{1}{15}$분, 즉 4초가 걸리고, B가 1바

퀴 도는 데 $\dfrac{1}{10}$분, 즉 6초가 걸리고, C가 1바퀴 도는 데

$\dfrac{1}{20}$분, 즉 3초가 걸린다.

그러므로 점 P에서 동시에 출발한 후 처음으로 점 P를 동시

에 통과하는 데 4, 6, 3의 최소공배수인 12초가 걸린다.

따라서 점 P를 1시간, 즉 3600초 동안 동시에 통과하는 횟수

는 $3600÷12=300$(회)

10 네 수 A, B, C, D를 동일한 자연수 G로 나누었을 때

모두 같은 나머지 r이 나온다고 하면

$A=Ga+r$, $B=Gb+r$, $C=Gc+r$, $D=Gd+r$와 같이

나타낼 수 있다.

이때 $A-B=G(a-b)$, $A-C=G(a-c)$, $\cdots$,

$C-D=G(c-d)$이므로 G는 $A-B$, $A-C$, $\cdots$, $C-D$

의 공약수이다.

네 수 2613, 2243, 1503, 985에 대하여 $2613-2243$,

$2613-1503$, $2613-985$, $2243-1503$, $2243-985$,

$1503-985$는 순서대로 370, 1110, 1628, 740, 1258, 518

이고, 이들의 최대공약수가 74이므로 이들의 공약수는 1, 2,

37, 74이다.

따라서 네 수 2613, 2243, 1503, 985를 74로 나누면 나머지

가 23, 37로 나누면 나머지가 23, 2로 나누면 나머지가 1로

같다. 하지만 1로 나누면 나머지가 0이므로 조건을 만족시키지

않는다.

> **TIP** 네 수 A, B, C, D를 같은 자연수 G로 나누었을 때의 나머지가 r로
> 같으면 $A=Ga+r$, $B=Gb+r$, $C=Gc+r$, $D=Gd+r$로 나타낼 수 있고
> $A-B=G(a-b)$, $A-C=G(a-c)$, $\cdots$, $C-D=G(c-d)$이므로 네 수
> 중 두 수씩 짝지어 뺀 차는 G로 나누어떨어진다.
> 즉, G는 $A-B$, $A-C$, $\cdots$, $C-D$의 공약수가 된다.

1 STEP
주제별 실력다지기

1 송이, 종군, 낙천

2 (1) $a=0$, $b=-3$, $c=1$, $d=4$ (2) ③ **3** ①, ③

4 $A=3$, $B=-3$ **5** -2, 14 **6** $4a$

7 -5 **8** ②, ③, ④

9 최대인 수: $\dfrac{11}{4}$, 최소인 수: $-\dfrac{7}{5}$ **10** 20

11 $\dfrac{5}{12}$ **12** ①, ⑤ **13** 6 **14** ④

15 $a<c<b$ **16** ③ **17** ③

18 $-a-1$ **19** ⑤

---

1 낙천 : 정수와 정수가 아닌 유리수를 합친 것이 유리수이므로 정수는 모두 유리수이다. (참)

> **TIP** 실수의 연속성 ⇨ 실수로 수직선 위의 모든 점을 채울 수 있다.

2 (1) $\dfrac{1}{2}$보다 작은 정수 중 가장 큰 수는 0이므로 $a=0$

$-\dfrac{8}{3}$보다 작은 정수 중 가장 큰 수는 -3이므로 $b=-3$

$\dfrac{9}{5}$보다 작은 정수 중 가장 큰 수는 1이므로 $c=1$

$\dfrac{29}{7}$보다 작은 정수 중 가장 큰 수는 4이므로 $d=4$

(2) ㉠에 들어갈 수는 대지가 1회, 2회, 3회, 5회에서 말한 기약분수와 분모가 달라야 하고, ㉠보다 작은 정수 중 가장 큰 수가 3이어야 한다.

① 분모가 2이다. ② 기약분수가 아니다.
④ 4보다 크다. ⑤ 3보다 작다.

따라서 알맞은 수는 ③ $\dfrac{19}{6}$이다.

3 ① 절댓값이 3인 정수는 $+3$과 -3이 있다.
③ 가장 작은 정수는 알 수 없다.

4 절댓값이 같으면 원점으로부터의 거리가 같고 A가 B보다 6만큼 큰 수이므로

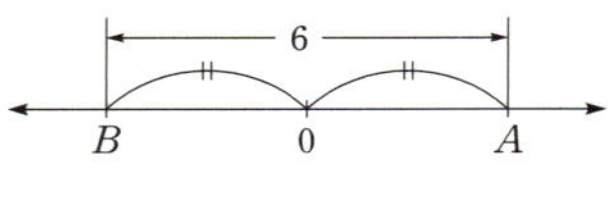

$A=\dfrac{1}{2}\times6=3$, $B=-3$

5 (i) $A=8$일 때, 다음 그림에서 $B=-2$

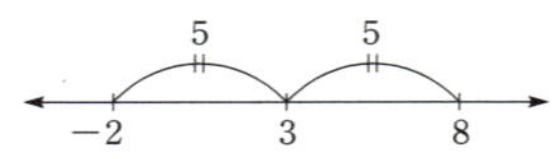

(ii) $A=-8$일 때, 다음 그림에서 $B=14$

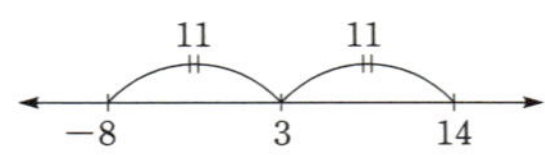

(i), (ii)에서 B가 될 수 있는 값은 -2, 14이다.

6 $a<0$일 때, $|a|=|-a|=-a$이므로
$-|a|-2|a|+(-|-a|)$
$=-(-a)-2(-a)-(-a)$
$=a+2a+a=4a$

7 $|-7|=7$, $|-3|=3$이므로 $(-7)\triangle(-3)=-7$이고, $|-5|=5$이므로 $(-5)\triangledown(-7)=-5$
$\therefore (-5)\triangledown\{(-7)\triangle(-3)\}=(-5)\triangledown(-7)=-5$

8 ② 절댓값이 가장 작은 수는 0이다.
③ $\dfrac{1}{2}$보다 작은 수는 -5, 0.04, $-\dfrac{2}{3}$, 0의 4개이다.
④ 음수 -5, $-\dfrac{2}{3}$ 중 가장 큰 수는 $-\dfrac{2}{3}$이다.

9 (나)에 해당하는 수는 정수가 아닌 유리수이므로 보기 중 정수가 아닌 유리수는 $+\dfrac{1}{5}$, $-\dfrac{7}{5}$, $\dfrac{8}{3}$, $\dfrac{11}{4}$, $-\dfrac{2}{7}$이고, 이 중 최대인 수는 $\dfrac{11}{4}$, 최소인 수는 $-\dfrac{7}{5}$이다.

10 $\dfrac{-17}{14}$, $\dfrac{-16}{14}$, $\dfrac{-15}{14}$, $\dfrac{-13}{14}$, $\dfrac{-12}{14}$, $\dfrac{-11}{14}$, $\dfrac{-10}{14}$,
$\dfrac{-9}{14}$, $\dfrac{-8}{14}$, $\dfrac{-7}{14}$, $\dfrac{-6}{14}$, $\dfrac{-5}{14}$, $\dfrac{-4}{14}$, $\dfrac{-3}{14}$, $\dfrac{-2}{14}$, $\dfrac{-1}{14}$,
$\dfrac{1}{14}$, $\dfrac{2}{14}$, $\dfrac{3}{14}$, $\dfrac{4}{14}$의 20개이다.

> **TIP** $-\dfrac{9}{7}=-\dfrac{18}{14}$이고 $\dfrac{4}{14}<\dfrac{1}{3}<\dfrac{5}{14}$임을 이용한다.

11 $\dfrac{1}{3}=\dfrac{4}{12}$, $\dfrac{1}{2}=\dfrac{6}{12}$이므로 구하는 기약분수를 x라고 하면 $\dfrac{4}{12}<x\leq\dfrac{6}{12}$

이때 분모가 12인 기약분수는 $\dfrac{5}{12}$이다.

12 ② $+0.1>-9$

③ $|-11|=11<\left|+\dfrac{23}{2}\right|=\dfrac{23}{2}$

④ $|-1|=1>0$

13 $|x|<\dfrac{5}{2}$를 풀면 $-\dfrac{5}{2}<x<\dfrac{5}{2}$이고, 이 중에서 정수는
$-2,\ -1,\ 0,\ 1,\ 2$이므로 구하는 값은
$|-2|+|-1|+|0|+|1|+|2|=2+1+0+1+2=6$

14 a는 양수, 음수, 0이 될 수 있으므로 ①, ②는 가능
$|a|=b$일 때, $a=b$ 또는 $a=-b$이므로 ③도 가능
④ $|a|\geq0$이므로 $b\geq0$이고 $b<0$일 수 없다.
⑤ $a<0$이면 $b>0$이므로 $a<b$ 가능

15 네 사람의 대화를 부등호를 사용하여 나타내면
송이의 말에서 $7<c$, 낙천이와 영욱이의 말에서 $0<c<b$
길동이의 말에서 $|a|=|-3|=3$이고, 영욱이의 말에서 a
는 -3보다 크므로 $a=3$

$$\overset{\hspace{-2.2cm}-3\quad\ \ 0\quad\ a=3\qquad 7\ \ \ c\ \ \ b}{\xleftarrow{\hspace{6cm}}\hspace{-6cm}\xrightarrow{\hspace{6cm}}}$$

$\therefore a<c<b$

16 $2<x<4$이므로 $x=3$이라 하면
① $x^2=9$ ② $2x=6$ ③ $x^3=27$ ④ $\dfrac{1}{x^3}=\dfrac{1}{27}$ ⑤ $|x|=3$
따라서 가장 큰 수는 ③이다.

17 $0<x<1$이므로 $x=\dfrac{1}{2}$이라 하면
① $\dfrac{1}{x}=2$ ② $|x|=\dfrac{1}{2}$ ③ $-x=-\dfrac{1}{2}$
④ $x^2=\dfrac{1}{4}$ ⑤ $\dfrac{1}{x^2}=4$
따라서 가장 작은 수는 ③이다.

18 $-\dfrac{1}{2}<a<\dfrac{1}{2}$이므로 $a=0$이라 하면
$|a|=0,\ a+1=1,\ -a-1=-1,\ \dfrac{1}{1+a}=1$
따라서 가장 작은 수는 $-a-1$이다.

19 $0<a<\dfrac{1}{2}$이므로 $a=\dfrac{1}{3}$이라 하면
① $\dfrac{1}{a+2}=1\div(a+2)=1\div\dfrac{7}{3}=1\times\dfrac{3}{7}=\dfrac{3}{7}$
② $\dfrac{1}{a}=3$ ③ $\dfrac{1}{3a}=\dfrac{1}{1}=1$ ④ $-\dfrac{1}{a}=-3$
⑤ $\dfrac{1}{a^2}=1\div a^2=1\div\dfrac{1}{9}=1\times9=9$
따라서 가장 큰 수는 ⑤이다.

---

2 STEP
실력 높이기

1 ③, ④	**2** ①	**3** 1	**4** 6
5 2	**6** $b<a<0$		
7 $a-b<-b<\dfrac{a+b}{2}<-a$		**8** b, c, a, d	**9** 8
10 $(-1, -4),\ (-2, -3)$		**11** $C(-1)$	**12** -3
13 11	**14** 18개	**15** 5	
16 $z<x<y$	**17** ①, ③, ⑤	**18** $ac-bd<0$	**19** 20개

1　① 유리수는 양의 유리수, 0, 음의 유리수로 나누어진다.
② 자연수는 모두 정수이고, 정수는 모두 유리수이므로 자연
　수는 모두 유리수이다.
⑤ 두 정수 사이에 또 다른 정수가 존재하지 않을 수도 있다.
　예 0과 1 사이

2　① $a>0$이면 $|a|=|-a|=a$이므로
　$|-a|-|a|=a-a=0$
③ $|x|\leq3$이면 $-3\leq x\leq3$이므로 $x=-3,\ -2,\ -1,\ 0,$
　$1,\ 2,\ 3$의 7개
⑤ x가 정수이므로 $|x|$도 정수이다.
　즉, $2<|x|\leq3$에서 $|x|=3$
　따라서 $x=-3$ 또는 3의 2개

3　오른쪽 수직선과 같이 3을
나타내는 점에서 거리가 5인 점
에 대응하는 수는 -2와 8이므로 $x=-2$ 또는 $x=8$
(ⅰ) $x=-2$일 때, $|x-7|=|-9|=9>3$ (거짓)
(ⅱ) $x=8$일 때, $|8-7|=|1|=1\leq3$ (참)
따라서 $|x-7|\leq3$을 만족하는 x는 8뿐이므로 x의 개수는
1이다.

> **TIP** 수직선을 그려 3을 나타내는 점에서 거리가 5인 점에 대응되는 수를
> 모두 찾는다.

4 서술형
<u>표현 단계</u> $|x|-|y|=1$이고, $|y|=2$이므로 $|x|=3$

변형 단계 $|x|=3$이므로 $x=+3$ 또는 $x=-3$

$\quad\quad\quad |y|=2$이므로 $y=+2$ 또는 $y=-2$

$\quad\quad\quad x+y : (+3)+(+2)=5$

$\quad\quad\quad\quad\quad : (+3)+(-2)=1$

$\quad\quad\quad\quad\quad : (-3)+(+2)=-1$

$\quad\quad\quad\quad\quad : (-3)+(-2)=-5$

풀이 단계 따라서 $|x+y|$의 값은 1과 5이므로 $M=5$, $m=1$

확인 단계 $\therefore M+m=5+1=6$

5 $a\times b\times c<0$이므로 a, b, c가 모두 음수이거나 양수 2개, 음수 1개이어야 한다.

또, $a+b+c>0$이므로 a, b, c 중 최소한 1개는 양수이어야 한다.

따라서 a, b, c는 양수가 2개, 음수가 1개이어야 한다.

6 $a<0$, $b<0$이므로 a, b 모두 수직선에서 0을 기준으로 왼쪽에 있다.

또한, $|a|<|b|$이므로 b가 a보다 0에서 멀리 떨어져 있다.

$\therefore b<a<0$

7 $a=-4$, $b=2$라고 하면

$-a=4$, $-b=-2$, $\dfrac{a+b}{2}=-1$, $a-b=-6$

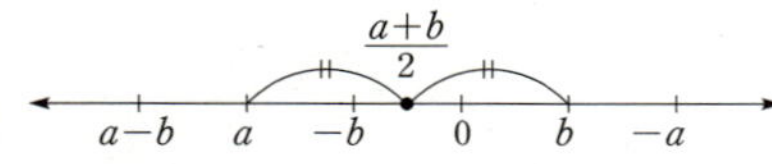

따라서 대소 관계는 $a-b<-b<\dfrac{a+b}{2}<-a$

8 조건 (가)에서 두 점 A, B의 위치는

중 하나이다.

조건 (나)에서 점 C는 두 점 A, B의 중점이다.

조건 (다)에서 $a>0$, $c>0$ 또는 $a<0$, $c<0$이므로 가능한 것은 $0<a<c<b$ 또는 $b<c<a<0$

조건 (라)에서 네 점 중 한 점만 원점의 오른쪽에 있으므로 $d>0$이다.

$\therefore b<c<a<0<d$

따라서 작은 수부터 차례대로 나열하면 b, c, a, d이다.

9 $[-3.7]=-4=x$, $[-2.5]=-3=y$, $[7.1]=7=z$

$\therefore |x|+y+|z|=|-4|+(-3)+|7|=4-3+7=8$

10 x, y는 모두 음의 정수이므로 조건 (나) $|x|+|y|=5$

를 만족하는 순서쌍 (x, y)는

$(-1, -4), (-2, -3), (-3, -2), (-4, -1)$

이고, 이 중 조건 (가) $x>y$를 만족하는 순서쌍은

$(-1, -4), (-2, -3)$이다.

11 서술형

표현 단계 (i) $a\times b<0$이므로 a, b는 부호가 다르다.

$\quad\quad\quad$ (ii) $2|a|=|b|$이므로 $b=2a$ 또는 $b=-2a$

변형 단계 (i), (ii)에 의해서 $b=-2a$이다.

풀이 단계 이를 $a+b=4$에 대입하면 $a-2a=4$

$\quad\quad\quad \therefore a=-4$, $b=8$ $\quad \therefore$ A(-4), B(8)

$\quad\quad\quad$ A$\heartsuit$B$=(-4)\heartsuit(8)$의 좌표는 두 점의 중점이므로 (2)

$\quad\quad\quad$ (A$\heartsuit$B)$\heartsuit$A$=2\heartsuit(-4)$의 좌표는 두 점의 중점이므로 (-1)

확인 단계 따라서 점 C의 좌표는 C(-1)이다.

12 정수 x에 대하여 $-7<x<4$이므로

$x=-6, -5, -4, -3, -2, -1, 0, 1, 2, 3$

또, 정수 x에 대하여 $2<|x|\leq7$이므로

$|x|=3, 4, 5, 6, 7$에서

$x=-7, -6, -5, -4, -3, 3, 4, 5, 6, 7$

따라서 동시에 만족하는 정수 x는 $-6, -5, -4, -3, 3$이므로 두 번째로 큰 수는 -3이다.

13 $-\dfrac{5}{3}\leq x<\dfrac{11}{6}$에서 $\dfrac{5}{3}<\dfrac{11}{6}<\dfrac{6}{3}$이므로 구하는 분수는

$-\dfrac{5}{3}, -\dfrac{4}{3}, -\dfrac{3}{3}, -\dfrac{2}{3}, -\dfrac{1}{3}, \dfrac{0}{3}, \dfrac{1}{3}, \dfrac{2}{3}, \dfrac{3}{3}, \dfrac{4}{3}, \dfrac{5}{3}$의 11개이다.

14 세 분수의 분자를 12로 같게 하면

$\dfrac{12}{28}<\dfrac{12}{n}<\dfrac{12}{9}$ $\quad \therefore 9<n<28$

따라서 자연수 n은 $10, 11, 12, \cdots, 27$의 18개이다.

> **TIP** n이 분모에 있으므로 $\dfrac{3}{7}$과 $\dfrac{4}{3}$의 분자를 $\dfrac{12}{n}$의 분자인 12와 같은 수가 되도록 변형한다.
>
> $0<\dfrac{k}{a}<\dfrac{k}{b}<\dfrac{k}{c}$ (k는 자연수)이면 $c<b<a$

15 $|x|<\dfrac{13}{5}$에서 $-\dfrac{13}{5}<x<\dfrac{13}{5}$이므로 정수인 x는

$-2, -1, 0, 1, 2$

또, 정수 x에 대하여 $\dfrac{1}{3}<|x|\leq\dfrac{13}{3}$이면

$|x|=1, 2, 3, 4$이므로 $x=-4, -3, -2, -1, 1, 2, 3, 4$

따라서 공통이 아닌 정수 x는 $-4, -3, 0, 3, 4$의 5개이다.

16 조건 (가)에서 $|x|=3$이므로 $x=3$ 또는 $x=-3$이고,

조건 (나)에서 x, y는 모두 -3보다 크므로 $x=3$

조건 (라)에서 z는 절댓값이 가장 작은 정수이므로 $z=0$

조건 (다)에서 y, z는 x로부터 같은 거리에 있으므로 $y=6$

$$\therefore z<x<y$$

> **TIP** 조건을 만족시키는 서로 다른 세 수 x, y, z를 수직선 위에 나타낸다.
> 또한, 조건이 (가), (나), (다), (라), …로 제시된 문제에서는 조건 분석이 반드시 (가) → (나) → (다) → (라) → …의 순서가 아닐 수도 있음에 주의한다.

17 $a=-2$, $b=3$이라 하면

①, ② $\dfrac{a}{b}=-\dfrac{2}{3}$ $\therefore -1<\dfrac{a}{b}<0$

③ $-\dfrac{a}{b}=\dfrac{2}{3}$ $\therefore 0<-\dfrac{a}{b}<1$

④ $-a=2$이므로 $-a<b$

⑤ $-b=-3$이므로 $a>-b$

18 (나)에서 $a\times b>0$이므로 a와 b는 같은 부호이고,

(다)에서 $a+c=0$이므로 a와 c는 다른 부호이다.

즉, $a>0$, $b>0$, $c<0$ 또는 $a<0$, $b<0$, $c>0$

이때 (가)에서 $a\times b\times c\times d<0$이므로

$a>0$, $b>0$, $c<0$, $d>0$ 또는 $a<0$, $b<0$, $c>0$, $d<0$

따라서 $ac<0$, $bd>0$이므로 $ac-bd<0$

19 (가)에서 a는 8과 12의 공약수이므로 a는 4의 약수인 1, 2, 4이다.

(ⅰ) $a=1$일 때, $\dfrac{1}{2}\leq|b|<2$에서 $|b|=1$ $\therefore b=-1, 1$

   즉, 순서쌍 (a, b)는 2개

(ⅱ) $a=2$일 때, $\dfrac{1}{2}\leq\dfrac{|b|}{2}<2$에서 $1\leq|b|<4$이므로

   $|b|=1, 2, 3$ $\therefore b=-3, -2, -1, 1, 2, 3$

   즉, 순서쌍 (a, b)는 6개

(ⅲ) $a=4$일 때, $\dfrac{1}{2}\leq\dfrac{|b|}{4}<2$에서 $2\leq|b|<8$이므로

   $|b|=2, 3, 4, 5, 6, 7$

   $\therefore b=-7, -6, -5, -4, -3, -2, 2, 3, 4, 5, 6, 7$

   즉, 순서쌍 (a, b)는 12개

(ⅰ)~(ⅲ)에서 순서쌍 (a, b)는 $2+6+12=20$(개)

1 70	**2** -1	
3 $(1, 55), (2, 25), (3, 15), (4, 10), (5, 7)$		
4 $\dfrac{1}{b}, \dfrac{1}{a}, \dfrac{1}{d}, \dfrac{1}{c}$	**5** $b<a<c$	**6** ①
7 $a=3, b=-2, c=-8$		
8 $(0, -2), (1, -1), (2, 0)$	**9** $a=1, b=-2, c=-6$	
10 62번째		

1 a는 수직선에서 4와의 거리가 11인 음수이므로

$a=4-11=-7$

$|b|=10\times|a|=10\times|-7|=70$

$a\times b<0$에서 a와 b의 부호가 다르고 $a<0$이므로 $b>0$이다.

$\therefore b=70$

2 $a<0$이고 $|a|=4$이므로 $a=-4$

$a\times b\times c=-8$이고 $a=-4$이므로 $b\times c=2$

$\therefore b=1, c=2$ ($\because b$, c는 $b<c$인 양의 정수)

$\therefore a+b+c=-4+1+2=-1$

3 $60=1\times60=2\times30=3\times20=4\times15=5\times12=6\times10$

이므로

$m\times(n+5)=60$에서 $m<n$인 자연수 m, n의 순서쌍은

$(1, 55), (2, 25), (3, 15), (4, 10), (5, 7)$

4 $a<0$, $b<0$이므로 $\dfrac{1}{a}$, $\dfrac{1}{b}$은 모두 음수이고,

$a<b$이므로 $\dfrac{1}{a}>\dfrac{1}{b}$이다.

$c>0$, $d>0$이므로 $\dfrac{1}{c}$, $\dfrac{1}{d}$은 모두 양수이고,

$c<d$이므로 $\dfrac{1}{c}>\dfrac{1}{d}$이다.

따라서 $\dfrac{1}{b}<\dfrac{1}{a}<\dfrac{1}{d}<\dfrac{1}{c}$이므로 크기가 작은 순서대로 나열

하면 $\dfrac{1}{b}, \dfrac{1}{a}, \dfrac{1}{d}, \dfrac{1}{c}$이다.

5 $ac=1$이므로 a와 c는 부호가 같다.

그러므로 $a \times b \times c < 0$에서 $b < 0$

또, $a+b+c > 0$에서 a, b, c 중 적어도 한 개는 양수이어야 하므로 $a > 0$, $b < 0$, $c > 0$이어야 한다.

$ac=1$에서 a와 c는 서로 역수이고 $|a| < 1$이므로 $|c| > 1$

즉, $0 < a < 1$, $c > 1$

$\therefore b < a < c$

6 $a \times b < 0$이므로 a와 b는 서로 다른 부호이고, $a < b$이므로 $a < 0$, $b > 0$

① $a-b < 0$, $|a| > |b|$이므로 $a+b < 0$에서
  $(a-b) \times (a+b) > 0$

② (반례) $a=-3$, $b=2$일 때, $a \div b > a \times b$

③ $a^2 > 0$, $b^2 > 0$이므로 $a^2+b^2 > 0$

④ $|a| > |b|$이므로 $a^2 > b^2$ $\quad \therefore a^2-b^2 > 0$

⑤ a가 b보다 절댓값이 큰 음수이므로 $a+b < 0$

다른 풀이

$a \times b < 0$이므로 a, b의 부호가 서로 다르고, $a < b$이므로 $a < 0$, $b > 0$

또, $|a| > |b|$이므로 $a=-3$, $b=2$라 하면

① $(a-b) \times (a+b) = -5 \times (-1) = 5 > 0$이고, ②~⑤는 모두 성립하지 않는다.

7 조건 (나)에서 $|b|=2$이므로 $b=2$ 또는 $b=-2$이고,

조건 (다)에서 $b < 0$이므로 $b=-2$이다.

조건 (라)에서 $|a|=|b+5|=3$이고,

조건 (다)에서 $a > 0$이므로 $a=3$이다.

조건 (가)에서 $a+b+c=3-2+c=-7$이므로 $c=-8$이다.

$\therefore a=3$, $b=-2$, $c=-8$

TIP 조건 (나), (다)를 이용하여 먼저 b의 값을 구한 다음 나머지 조건을 만족시키는 a, c의 값을 구한다.

8 a, b는 정수이고, $|a|+|b|=2$이므로

$|a|=0$, $|b|=2$ 또는 $|a|=1$, $|b|=1$

또는 $|a|=2$, $|b|=0$

이때 $a > b$인 정수 a, b의 순서쌍 (a, b)는

$(0, -2)$, $(1, -1)$, $(2, 0)$

9 (나) $a+b+c=-7$, (다) $a \times b \times c=12$에서 세 수 a, b, c의 합이 음수이고, 곱이 양수이므로 a, b, c 중 두 수가 음수이다.

(가) $|a| < |b| < |c|$이므로 $|a| \times |b| \times |c|$는 $1 \times 2 \times 6$ 또는 $1 \times 3 \times 4$이다.

그 중 세 수의 합이 -7이 되는 경우는

$a=1$, $b=-2$, $c=-6$일 때 뿐이다.

10 주어진 수의 배열은 분모, 분자의 합이 2, 3, 4, …인 경우 순으로 배열되었다.

$\dfrac{5}{7}$는 분모, 분자의 합이 12이므로 분모, 분자의 합이 11인 경우까지의 유리수의 개수를 구하면

$1+2+3+4+\cdots+10=55$

$\dfrac{5}{7}$는 분모, 분자의 합이 12인 $\left(\dfrac{11}{1}, \dfrac{10}{2}, \dfrac{9}{3}, \cdots, \dfrac{1}{11} \right)$에 속하고 이 안에서 7번째 수이므로 $55+7=62$(번째) 수이다.

TIP 괄호로 묶여 있는 수들의 규칙을 먼저 찾아낸다. 괄호로 묶여 있는 수는 분모와 분자의 합이 같은 것으로 묶여 있고 그 합이 2, 3, 4, …의 순서로 배열되어 있다. 또, 묶여진 괄호 안에서는 분모가 1, 2, 3, …의 순서로 배열되어 있다.

1 주제별 실력다지기

37~44쪽

1 31	**2** −1	**3** 11	**4** −8
5 28점	**6** ② 덧셈의 교환법칙 ③ 덧셈의 결합법칙		
7 5	**8** 12	**9** 2	**10** 8

11 $+\dfrac{3}{10}$, $+\dfrac{3}{10}$, $-\dfrac{2}{5}$, $-\dfrac{41}{40}$,

(가) 덧셈의 교환법칙, (나) 덧셈의 결합법칙

12 $-\dfrac{3}{4}$	**13** $\dfrac{16}{15}$	**14** $\dfrac{11}{6}$	**15** $-\dfrac{13}{12}$
16 1	**17** 1	**18** −2	
19 $a<0,\ b=0,\ c>0$	**20** 7, −7	**21** $\dfrac{5}{8}$	
22 $\dfrac{61}{24}$	**23** −15	**24** $\dfrac{35}{2}$	
25 가장 큰 수: 1.1, 가장 작은 수: −20.1		**26** 1	
27 $-\dfrac{2}{5}$	**28** $-\dfrac{81}{34}$	**29** ①	**30** ①
31 43	**32** $-\dfrac{16}{5}$	**33** $\dfrac{1601}{16}$	**34** −20
35 −17	**36** 24	**37** $M=7,\ m=0$	
38 32	**39** 16		

1 $(-7)-(-12)-(-19)+(+7)$
$=(-7)+(+12)+(+19)+(+7)$
$=31$

2 $18-[13+\{(-4-3)-(4-7)+10\}]$
$=18-[13+\{-7-(-3)+10\}]$
$=18-(13+6)$
$=18-19=-1$

3 $a=14-6-5=8-5=3$
$b=(-6)+(-4)-(-2)=(-10)+(+2)=-8$

$\therefore a-b=3-(-8)=3+8=11$

4 어떤 정수를 x라고 하면 $x+9>0$, $x+7<0$이므로
$x>-9$, $x<-7$　　$\therefore -9<x<-7$
따라서 구하는 정수는 −8이다.

5 A의 점수를 a점이라 하면
가장 높은 점수는 D의 점수인 $(a+13)$점이고, 가장 낮은 점수는 E의 점수인 $(a-15)$점이다.
$\therefore (a+13)-(a-15)=a+13-a-(-15)$
$\qquad\qquad\qquad\quad =13+15=28(점)$

> **TIP** A의 점수를 a라 하면 5명의 점수는 다음과 같다.
>
> | 학생 | A | B | C | D | E |
> |---|---|---|---|---|---|
> | 점수(점) | a | $a+7$ | $a-10$ | $a+13$ | $a-15$ |

7 $A=-4+1=-3$, $B=-2-(-5)=-2+5=3$
따라서 $-3<x<3$인 정수 x는 $-2,\ -1,\ 0,\ 1,\ 2$의 5개이다.

8 $A=-2+5=3$, $B=2-(-8)=2+8=10$이므로
$3<|x|<10$
정수 x에 대하여 $3<|x|<10$이면 $|x|=4,\ 5,\ 6,\ 7,\ 8,\ 9$
이므로 x는 $-9,\ -8,\ -7,\ -6,\ -5,\ -4,\ 4,\ 5,\ 6,\ 7,\ 8,$
9의 12개이다.

9 $A=(-3)-(-1)=-2$, $B=|0|=0$
$C=|-2-3|=|-5|=5$, $D=5+(-3)=2$
$E=|-2|-|-1|=2-1=1$
따라서 왼쪽에서 두 번째 점
에 대응하는 수는 0, 오른쪽
에서 두 번째 점에 대응하는 수는 2이므로 두 수의 합은 2이다.

10 $A=\{5◎(-9)\}◎(-1)$
$\qquad =\{5-(-9)+3\}◎(-1)$
$\qquad =17◎(-1)$
$\qquad =17-(-1)+3$
$\qquad =21$
$B=5◎\{(-9)◎(-1)\}$
$\quad =5◎\{(-9)-(-1)+3\}$
$\quad =5◎(-5)$
$\quad =5-(-5)+3$
$\quad =13$
$\therefore A-B=21-13=8$

12 $a=-\dfrac{4}{12}-\dfrac{9}{12}+\dfrac{10}{12}=-\dfrac{3}{12}=-\dfrac{1}{4}$

$b=\dfrac{4}{6}-\dfrac{9}{6}-\dfrac{1}{6}=-\dfrac{6}{6}=-1$

$\therefore b-a=-1-\left(-\dfrac{1}{4}\right)=-\dfrac{3}{4}$

13 어떤 유리수를 x라 하면 $x+\left(-\dfrac{1}{3}\right)=\dfrac{2}{5}$

$\therefore x=\dfrac{2}{5}-\left(-\dfrac{1}{3}\right)=\dfrac{2}{5}+\dfrac{1}{3}=\dfrac{11}{15}$

따라서 바르게 계산하면

$\dfrac{11}{15}-\left(-\dfrac{1}{3}\right)=\dfrac{11}{15}+\dfrac{1}{3}=\dfrac{16}{15}$

14 $\left\{\dfrac{1}{2}*\left(-\dfrac{1}{3}\right)\right\}-\left\{\left(-\dfrac{1}{2}\right)\circledcirc\dfrac{1}{3}\right\}$

$\quad=\left\{\dfrac{1}{2}+\left(-\dfrac{1}{3}\right)\right\}+\left\{\dfrac{1}{2}-\left(-\dfrac{1}{3}\right)\right\}$

$\qquad\qquad\qquad -\left\{\left(-\dfrac{1}{2}+1\right)-\left(\dfrac{1}{3}+1\right)\right\}$

$\quad=\dfrac{1}{2}+\left(-\dfrac{1}{3}\right)+\dfrac{1}{2}+\left(+\dfrac{1}{3}\right)-\left(\dfrac{1}{2}-\dfrac{4}{3}\right)$

$\quad=1-\left(\dfrac{3}{6}-\dfrac{8}{6}\right)$

$\quad=1-\left(-\dfrac{5}{6}\right)$

$\quad=\dfrac{11}{6}$

15 (가) $\dfrac{1}{3}=\dfrac{4}{12}$, $\dfrac{3}{4}=\dfrac{9}{12}$이므로 $\dfrac{4}{12}$와 $\dfrac{9}{12}$ 사이의 분수

중 분모가 12인 기약분수는 $\dfrac{5}{12}$, $\dfrac{7}{12}$이다.

(나) $-\dfrac{7}{4}=-1.75$이므로 이에

가장 가까운 정수는 -2이다.

(다) $-\dfrac{2}{3}$와 $\dfrac{1}{2}$에서 같은 거리에 있는 유리수를 M이라 하면

$\qquad M=\left(-\dfrac{2}{3}+\dfrac{1}{2}\right)\times\dfrac{1}{2}=-\dfrac{1}{12}$

$\therefore \dfrac{5}{12}+\dfrac{7}{12}+(-2)+\left(-\dfrac{1}{12}\right)=-\dfrac{13}{12}$

16 $(-1)^{100}\times(-1)^{99}\times(-1^{100})$

$\quad=(+1)\times(-1)\times(-1)=1$

TIP $(-1)^{n}=\begin{cases}1\ (n\text{이 짝수})\\-1\ (n\text{이 홀수})\end{cases}$ $\qquad -1^{n}=-1$

17 $n>1$인 홀수이면 $n+1$은 짝수, $n+2$는 홀수, $n+3$은 짝수이다.

$\therefore (-1)^{n}\times(-1)^{n+2}\div(-1)^{n+3}\times(-1)^{n+1}$

$\quad=(-1)\times(-1)\div(+1)\times(+1)=1$

18 가장 큰 수는 음수 중 절댓값이 큰 수 2개와 양수의 곱이므로 $a=(-6)\times(-4)\times1=24$

가장 작은 수는 3개의 음수의 곱이므로

$b=(-6)\times(-4)\times(-2)=-48$

$\therefore b\div a=(-48)\div24=-2$

19 (나) $a\div c<0$에서 $a\div c\neq0$이므로 $a\neq0$이고,

(가) $a\times b=0$에서 $b=0$이다.

(나) $a\div c<0$이므로 a, c의 부호는 다르고

(다) $a<c$이므로 $a<0$, $c>0$이다.

$\therefore a<0,\ b=0,\ c>0$

20 $A\times B=98>0$에서 A, B의 부호가 같으므로 $A=2B$이다.

$A\times B=98$에서 $2B\times B=98$, 즉 $B^2=49$이므로

$B=7$ 또는 $B=-7$

(i) $B=7$일 때, $A=2B=14$ $\qquad \therefore A-B=14-7=7$

(ii) $B=-7$일 때, $A=2B=-14$

$\qquad \therefore A-B=-14-(-7)=-7$

따라서 $A-B$의 값을 모두 구하면 7, -7이다.

21 (주어진 식)$=\dfrac{1}{2}\times\dfrac{3}{2}\times\dfrac{2}{3}\times\dfrac{4}{3}\times\dfrac{3}{4}\times\dfrac{5}{4}=\dfrac{5}{8}$

22 (주어진 식)$=-\dfrac{1}{8}-\{(-3)+4\times3\}\times\left(-\dfrac{8}{27}\right)$

$\qquad\qquad =-\dfrac{1}{8}-9\times\left(-\dfrac{8}{27}\right)$

$\qquad\qquad =-\dfrac{1}{8}+\dfrac{8}{3}=\dfrac{61}{24}$

23 $(b+c)\times a=(b\times a)+(c\times a)=(a\times b)+(a\times c)$

이므로 $7+(a\times c)=-8$

$\therefore a\times c=-15$

24 가장 큰 수는 음수 2개와 절댓값이 큰 양수 1개의 곱이므로

$a=\left(-\dfrac{7}{2}\right)\times(-3)\times2=21$

가장 작은 수는 양수 2개와 절댓값이 큰 음수 1개의 곱이므로

$b=\dfrac{1}{2}\times2\times\left(-\dfrac{7}{2}\right)=-\dfrac{7}{2}$

$\therefore a+b=21+\left(-\dfrac{7}{2}\right)=\dfrac{35}{2}$

25 □ 안에 넣을 수를 왼쪽부터 차례대로 A, B, C라 하면 주어진 식은 $A-B\times C$이다.

계산 결과가 가장 크려면 $B\times C$는 절댓값이 가장 큰 음수이

어야 하고, A는 남은 수 중 가장 큰 수이어야 하므로
$$-0.9-\frac{1}{3}\times(-6)=-0.9+2=1.1$$
계산 결과가 가장 작으려면 $B\times C$는 절댓값이 가장 큰 양수
이어야 하고, A는 남은 수 중 가장 작은 수이어야 하므로
$$-0.9-(-6)\times(-3.2)=-0.9-19.2=-20.1$$

26 옳은 말을 한 사람은 송이, 종군이다.
영욱: 부호가 다르고 절댓값이 같은 두 수의 합은 0이다.
　　　　㉠ $2+(-2)=0$
민선: 0을 양수 또는 음수로 나누면 항상 0이다.
　　　　㉠ $0\div3=0,\ 0\div(-2)=0$
희영: 어떤 수도 0으로 나눌 수는 없다.
따라서 $a=2,\ b=3$이므로 $|a-b|=|2-3|=|-1|=1$

27 -3의 역수는 $-\frac{1}{3}$이므로 $x=-\frac{1}{3}$
$1.2=\frac{6}{5}$의 역수는 $\frac{5}{6}$이므로 $y=\frac{5}{6}$
$$\therefore\ x\div y=-\frac{1}{3}\div\frac{5}{6}=-\frac{1}{3}\times\frac{6}{5}=-\frac{2}{5}$$

28 (주어진 식)$=\dfrac{11}{3}\div\left(-\dfrac{17}{6}\right)\div\dfrac{2}{3}-\dfrac{15}{34}$
$=\dfrac{11}{3}\times\left(-\dfrac{6}{17}\right)\times\dfrac{3}{2}-\dfrac{15}{34}$
$=-\dfrac{33}{17}-\dfrac{15}{34}=-\dfrac{81}{34}$

29 $-\dfrac{3}{2}$의 역수는 $-\dfrac{2}{3}$이므로 $a=-\dfrac{2}{3}$
① $-a=\dfrac{2}{3}$　② $a=-\dfrac{2}{3}$　③ $a^2=\dfrac{4}{9}$
④ $(-a)^3=\left(\dfrac{2}{3}\right)^3=\dfrac{8}{27}$　⑤ $-a^2=-\dfrac{4}{9}$
따라서 그 값이 가장 큰 것은 ①이다.

30 자연수가 아닌 정수는 0 또는 음의 정수이다.
① $\left(-\dfrac{1}{2}\right)\times0\div\left(-\dfrac{1}{3}\right)=0$
② $7\div2+\left(-\dfrac{1}{2}\right)=\dfrac{7}{2}-\dfrac{1}{2}=3$
③ $-(-3)^2\div(-3)=-9\div(-3)=3$
④ $|(-12)+(-2)\times5|=|-12-10|=22$
⑤ $5-3\div5=5-\dfrac{3}{5}=\dfrac{22}{5}$

31 (주어진 식)$=6-(-27)\times\dfrac{1}{3}+(-30)\times\left(-\dfrac{14}{15}\right)$
$=6-(-9)+28$
$=6+9+28=43$

32 (주어진 식)$=-8\div\{(-8)+9\times2\}\times(-2)^2$
$=-8\div\{(-8)+18\}\times4$
$=-8\div10\times4$
$=-8\times\dfrac{1}{10}\times4$
$=-\dfrac{16}{5}$

33 (주어진 식)$=\dfrac{1}{16}-\dfrac{25}{4}\div\left\{\dfrac{9}{4}\times\dfrac{1}{36}+\left(-\dfrac{1}{8}\right)\right\}$
$=\dfrac{1}{16}-\dfrac{25}{4}\div\left(\dfrac{1}{16}-\dfrac{2}{16}\right)$
$=\dfrac{1}{16}-\dfrac{25}{4}\times(-16)$
$=\dfrac{1}{16}+100$
$=\dfrac{1601}{16}$

34 $a=(-2)\times|(-3)+(-7)|$
$=(-2)\times|-10|=(-2)\times10=-20$
$b=\left|(-2)\times\dfrac{3}{4}+\dfrac{1}{2}\right|=\left|\left(-\dfrac{3}{2}\right)+\dfrac{1}{2}\right|=|-1|=1$
$\therefore\ a\times b=(-20)\times1=-20$

35 $|a|=5$이므로 $a=5$ 또는 $a=-5$
$|b|=12$이므로 $b=12$ 또는 $b=-12$
$a+b$의 값이 가장 작은 값이 되려면 $a=-5,\ b=-12$이어
야 한다.
$\therefore\ a+b=-5-12=-17$

> **TIP** $|a|=k\ (k\geq0)$이면 $a=k$ 또는 $a=-k$

36 $|x|=5$이므로 $x=5$ 또는 $x=-5$
$|y|=7$이므로 $y=7$ 또는 $y=-7$
$x-y$의 값 중 가장 큰 값은 $M=5-(-7)=12$
$x-y$의 값 중 가장 작은 값은 $m=-5-(+7)=-12$
$\therefore\ M-m=12-(-12)=24$

37 정수 $a,\ b$에 대하여
$-3\leq a<3$이므로 $a=-3,\ -2,\ -1,\ 0,\ 1,\ 2$
$-5<b\leq1$이므로 $b=-4,\ -3,\ -2,\ -1,\ 0,\ 1$
$|a+b|$의 최댓값은
$M=|(-3)+(-4)|=|-7|=7$
$|a+b|$의 최솟값은
$m=|0+0|=|-1+1|=|1+(-1)|$
$=|2+(-2)|=0$
$\therefore\ M=7,\ m=0$

38 $|x|-|y|=11$, $|y|=5$이므로 $|x|=16$

$\therefore x=16$ 또는 $x=-16$, $y=5$ 또는 $y=-5$

$|y-x|$의 최댓값은 $|5+16|=21$ 또는 $|-5-16|=21$

$|y-x|$의 최솟값은 $|5-16|=11$ 또는 $|-5+16|=11$

따라서 최댓값과 최솟값의 합은 $21+11=32$

39 정수 a, b에 대하여

$|a|\leq3$이므로 $-3\leq a\leq3$에서

$a=-3, -2, -1, 0, 1, 2, 3$

$|b|\leq5$이므로 $-5\leq b\leq5$에서

$b=-5, -4, -3, -2, -1, 0, 1, 2, 3, 4, 5$

따라서 $a+b$의 최댓값은 $3+5=8$, 최솟값은 $-3-5=-8$

$\therefore$ (최댓값과 최솟값의 차)$=8-(-8)=16$

2 STEP
실력 높이기

45~48쪽

1 $\dfrac{5}{4}$　　　**2** $\dfrac{10}{7}$　　　**3** -4

4 $\begin{cases} 2\times(a^n-a^{n+1}) & (n\text{이 짝수}) \\ 0 & (n\text{이 홀수}) \end{cases}$

5 $\dfrac{43}{120}$　　**6** ㄱ, ㄴ, ㄷ, ㅁ　**7** 3개　　**8** -55

9 -4　　**10** 26　　**11** $(1, -15), (2, -6)$

12 $\dfrac{6}{5}$　　**13** $\dfrac{49}{50}$　　**14** $-\dfrac{3}{5}$　　**15** $\dfrac{13}{16}$

16 ㉢ → ㉡ → ㉣ → ㉠ → ㉤, $\dfrac{53}{22}$　　**17** $\dfrac{25}{27}$

18 $\dfrac{5}{6}$　　**19** 1

1 $A=-\dfrac{4}{3}-\left(-\dfrac{1}{2}\right)=-\dfrac{4}{3}+\dfrac{1}{2}=-\dfrac{8}{6}+\dfrac{3}{6}=-\dfrac{5}{6}$

$|x|=\dfrac{3}{2}$에서 $x=+\dfrac{3}{2}$ 또는 $x=-\dfrac{3}{2}$이므로 $B=-\dfrac{3}{2}$

$\therefore A\times B=-\dfrac{5}{6}\times\left(-\dfrac{3}{2}\right)=\dfrac{5}{4}$

2 $1\dfrac{4}{7}-\left(-\dfrac{1}{7}\right)=\dfrac{11}{7}-\left(-\dfrac{1}{7}\right)=\dfrac{12}{7}$이므로 네 수 사이

의 일정한 간격은 $\dfrac{12}{7}\times\dfrac{1}{3}=\dfrac{4}{7}$

따라서 주어진 네 수는

$-\dfrac{1}{7}$, $x=-\dfrac{1}{7}+\dfrac{4}{7}=\dfrac{3}{7}$, $y=\dfrac{3}{7}+\dfrac{4}{7}=\dfrac{7}{7}=1$, $1\dfrac{4}{7}$

이므로 $x+y=\dfrac{3}{7}+1=\dfrac{10}{7}$

3 서술형

표현 단계 n이 홀수이므로 n^2, $2n-1$은 홀수이고
　　　　　$(n+1)^2$, $2(n-1)$, $2n$은 짝수이다.

변형 단계 $(-1)^{n^2}+(-1)^{(n+1)^2}-(-1)^{2(n-1)}$
　　　　　　　　　　　　　　$+(-1)^{2n-1}+2\times(-1^{2n})$
　　　　　$=(-1)+(+1)-(+1)+(-1)+(-2)$

풀이 단계 $=-1+1-1-1-2$

확인 단계 $=-4$

4 (ⅰ) n이 짝수일 때,
　　(주어진 식)$=a^n+a^n-a^{n+1}-a^{n+1}=2\times(a^n-a^{n+1})$

(ⅱ) n이 홀수일 때,
　　(주어진 식)$=a^n-a^n+a^{n+1}-a^{n+1}=0$

5 $\dfrac{1}{3}◎\dfrac{3}{2}=\left(\dfrac{1}{3}+\dfrac{3}{2}\right)\times\dfrac{1}{2}=\dfrac{11}{6}\times\dfrac{1}{2}=\dfrac{11}{12}$

$\therefore \left(\dfrac{1}{3}◎\dfrac{3}{2}\right)◎\left(-\dfrac{1}{5}\right)=\dfrac{11}{12}◎\left(-\dfrac{1}{5}\right)$

$\qquad\qquad\qquad\qquad=\left\{\dfrac{11}{12}+\left(-\dfrac{1}{5}\right)\right\}\times\dfrac{1}{2}$

$\qquad\qquad\qquad\qquad=\dfrac{43}{60}\times\dfrac{1}{2}=\dfrac{43}{120}$

6 ㄹ. 어떤 수도 0으로 나눌 수 없다.

ㅂ. 0의 역수는 없다.

ㅅ. 나눗셈에서는 교환법칙이 성립하지 않는다.
　　⑩ $2\div3\neq3\div2$

7 서술형

표현 단계 x는 $|x|<3$인 정수
　　　　　y는 $y=x+|x|$를 만족하는 정수

변형 단계 $|x|$는 0, 1, 2이므로 x는 $-2, -1, 0, 1, 2$이다.

풀이 단계 $x=-2, -1, 0, 1, 2$일 때
　　　　　$x+|x|$의 값은
　　　　　$(-2)+2=0, (-1)+1=0$
　　　　　$0+0=0, 1+1=2, 2+2=4$
　　　　　$\therefore y=0, 2, 4$

확인 단계 따라서 y는 0, 2, 4의 3개이다.

8 각 묶음에서 앞의 수는 앞의 수끼리, 뒤의 수는 뒤의 수끼리 묶으면

(주어진 식)

$=(2+4+\cdots+108+110)-(3+5+\cdots+109+111)$

$=(2+4+\cdots+108+110)$
$\quad-\{(2+1)+(4+1)+\cdots+(108+1)+(110+1)\}$

$=(2+4+\cdots+108+110)$
$\quad-\{(2+4+\cdots+108+110)+(1+1+\cdots+1+1)\}$

$=-(1+1+\cdots+1+1)$ $\quad\cdots\cdots$ ㉠

그런데 $2+4+\cdots+108+110$은 110 이하의 짝수들의 합이므로 더해진 수는 55개이다.

따라서 ㉠은 55개의 -1이 더해진 것이므로

$-1\times55=-55$

9 서술형

표현 단계 -8.8 $\quad\quad\quad\quad$ -2.1 $\;-0.5$ $\quad$ 2.2
$\quad\quad\quad\quad$ $-9\;-8\;-7\;-6\;-5\;-4\;-3\;-2\;-1\;\;0\;\;1\;\;2\;\;3$

변형 단계 $<-2.1>=-3$, $[-8.8]=-8$
$\quad\quad\quad\quad <2.2>=2$, $[-0.5]=0$

풀이 단계 $2\times<-2.1>-[-8.8]-3\times<2.2>+[-0.5]$
$\quad\quad\quad\quad =\{2\times(-3)\}-(-8)-3\times2+0$
$\quad\quad\quad\quad =-6+8-6$

확인 단계 $=-4$

10 $|a|=10$이므로 $a=10$ 또는 $a=-10$

$|b|=13$이므로 $b=13$ 또는 $b=-13$

$a-b$의 최댓값은 $M=10-(-13)=10+13=23$

$|a+b|$의 최솟값은

$N=|10+(-13)|=|-10+13|=3$

$\therefore M+N=23+3=26$

11 조건 (나)에서 $x\times(y-3)=-18$이므로 x와 $y-3$의 부호가 다르고, 두 수의 절댓값은 각각 18의 약수이다.

이때 $x<0$이면 조건 (가)에서 $y<0$이므로 $y-3<0$이 되어 x와 $y-3$의 부호가 다르다는 조건 (나)를 만족시키지 않는다.

$\therefore x>0$, $y-3<0$

x, $y-3$, y의 값을 표로 나타내면 다음과 같다.

x	1	2	3	6	9	18
$y-3$	-18	-9	-6	-3	-2	-1
y	-15	-6	-3	0	1	2

위의 x, y의 값 중 조건 (다)에서 $|x|<|y|$를 만족시키는 순서쌍 (x, y)는 $(1, -15)$, $(2, -6)$이다.

12 각각의 도형은 자연수를 나타낸다.

즉, 원은 2, 삼각형은 3, 사각형은 4, 오각형은 5, $\cdots$, n각형은 n을 나타낸다.

규칙 1 : 도형이 나란히 붙어 있으면 곱셈을 나타낸다.
$\quad\quad\quad$ 예를 들면 ○△$=2\times3=6$

규칙 2 : 도형 안에 도형이 있는 것은 분수를 나타낸다. 즉, 안에 있는 도형이 나타내는 수가 분모, 바깥에 있는 도형이 나타내는 수가 분자이다.
$\quad\quad\quad$ 예를 들면 ▣$=\dfrac{4}{2}=2$

$\therefore$ △▣$=\dfrac{3}{2}\times\dfrac{4}{5}=\dfrac{6}{5}$

13 $\dfrac{1}{1\times2}+\dfrac{1}{2\times3}+\dfrac{1}{3\times4}+\cdots+\dfrac{1}{49\times50}$

$=1-\dfrac{1}{2}+\dfrac{1}{2}-\dfrac{1}{3}+\dfrac{1}{3}-\dfrac{1}{4}+\cdots+\dfrac{1}{49}-\dfrac{1}{50}$

$=1-\dfrac{1}{50}=\dfrac{49}{50}$

14 가장 큰 수는 $M=\left(-\dfrac{5}{2}\right)\times(-2)\times\dfrac{1}{5}=1$

가장 작은 수는 $m=\left(-\dfrac{1}{3}\right)\times\left(-\dfrac{5}{2}\right)\times(-2)=-\dfrac{5}{3}$

$\therefore M\times\dfrac{1}{m}=1\times\left(-\dfrac{3}{5}\right)=-\dfrac{3}{5}$

15 $-\dfrac{3}{2}\times4\times x=x\times\left(-\dfrac{2}{3}\right)\times y$이므로

$-\dfrac{3}{2}\times4=-\dfrac{2}{3}\times y$에서

$y=\left(-\dfrac{3}{2}\right)\times4\div\left(-\dfrac{2}{3}\right)=\left(-\dfrac{3}{2}\right)\times4\times\left(-\dfrac{3}{2}\right)=9$

또, $-\dfrac{3}{2}\times4\times x=-\dfrac{3}{2}\times3.25\times y$

즉, $-\dfrac{3}{2}\times4\times x=-\dfrac{3}{2}\times3.25\times9$이므로

$4\times x=3.25\times9$에서

$x=\dfrac{13}{4}\times9\div4=\dfrac{13}{4}\times9\times\dfrac{1}{4}=\dfrac{117}{16}$

$\therefore \dfrac{x}{y}=\dfrac{117}{16}\div9=\dfrac{13}{16}$

16 (주어진 식)$=3\div\left\{\left(7-8\times\dfrac{4}{3}\right)\times(-2)\right\}-(-2)$

$=3\div\left\{\left(7-\dfrac{32}{3}\right)\times(-2)\right\}-(-2)$

$=3\div\left\{-\dfrac{11}{3}\times(-2)\right\}-(-2)$

$=3\div\dfrac{22}{3}-(-2)=3\times\dfrac{3}{22}-(-2)$

$=\dfrac{9}{22}+2=\dfrac{53}{22}$

따라서 계산 순서는 ㉢ → ㉡ → ㉣ → ㉠ → ㉤이고
계산 결과는 $\dfrac{53}{22}$이다.

17 (주어진 식)$=\dfrac{7}{3}\times\dfrac{4}{9}-\dfrac{8}{9}\times\dfrac{1}{2}+\dfrac{1}{3}\times(-1)\times(-1)$

$\qquad=\dfrac{28}{27}-\dfrac{4}{9}+\dfrac{1}{3}=\dfrac{28-12+9}{27}=\dfrac{25}{27}$

18 $a=-2\dfrac{2}{3}\div\dfrac{4}{7}\div\left(-\dfrac{4}{3}\right)=-\dfrac{8}{3}\div\dfrac{4}{7}\div\left(-\dfrac{4}{3}\right)$

$\qquad=-\dfrac{8}{3}\times\dfrac{7}{4}\times\left(-\dfrac{3}{4}\right)=\dfrac{7}{2}$

$b=(-2)^3\times\dfrac{3}{4}\div\left(-\dfrac{3}{2}\right)^2=-8\times\dfrac{3}{4}\div\dfrac{9}{4}$

$\qquad=-8\times\dfrac{3}{4}\times\dfrac{4}{9}=-\dfrac{8}{3}$

$\therefore a+b=\dfrac{7}{2}+\left(-\dfrac{8}{3}\right)=\dfrac{21-16}{6}=\dfrac{5}{6}$

19 7의 역수는 $\dfrac{1}{7}$이므로 $A=\dfrac{1}{7}$

$-\dfrac{7}{3}$의 역수는 $-\dfrac{3}{7}$이므로 $B=-\dfrac{3}{7}$

$C=\left(-\dfrac{1}{3}\right)^2\div\dfrac{5}{12}\times5=\dfrac{1}{9}\times\dfrac{12}{5}\times5=\dfrac{4}{3}$

$\therefore A\div B+C=\dfrac{1}{7}\div\left(-\dfrac{3}{7}\right)+\dfrac{4}{3}=\dfrac{1}{7}\times\left(-\dfrac{7}{3}\right)+\dfrac{4}{3}$

$\qquad\qquad=-\dfrac{1}{3}+\dfrac{4}{3}=1$

3 STEP
최고 실력 완성하기

49~52쪽

1 ③ **2** $\dfrac{18}{61}$ **3** 266 **4** 3

5 $-\dfrac{3}{5}$ **6** ③

7 $(-1,0,-3),(-1,0,-2),(-2,0,-3)$

8 $x=3, y=2, z=2$ **9** $\dfrac{40}{17}$

10 8 **11** $\dfrac{5}{6}$

12 $-\dfrac{1}{x},-\dfrac{1}{x+y},0,\dfrac{1}{x-z},-\dfrac{1}{z}$

1 $a\leq-2$이고 $|b|=\left|\dfrac{1}{a}\right|$, $b\times\dfrac{1}{a}<0$이므로 $b=-\dfrac{1}{a}$

$a\leq-2$에서 $|a|\geq2$

① $\left|\dfrac{b}{a}\right|=\left|-\dfrac{1}{a^2}\right|=\dfrac{1}{a^2}\leq\dfrac{1}{4}$ ② $b^2=\dfrac{1}{a^2}\leq\dfrac{1}{4}$ ③ $a^2\geq4$

④ $b=-\dfrac{1}{a}\leq\dfrac{1}{2}$ ⑤ $|a|\geq2$

$|a|\geq2$이면 $a^2\geq|a|$이므로 가장 큰 수는 ③이다.

> **TIP** (크지 않다.)=(작거나 같다.)=(이하이다.)이므로 $a\leq-2$이다.

2 $\left(\dfrac{11}{5}\times\dfrac{1}{2}+\dfrac{7}{5}\div\dfrac{3}{2}\right)\times\square-\dfrac{38}{15}\div\dfrac{2}{3}=-\dfrac{16}{5}$에서

$\left(\dfrac{11}{5}\times\dfrac{1}{2}+\dfrac{7}{5}\times\dfrac{2}{3}\right)\times\square-\dfrac{38}{15}\times\dfrac{3}{2}=-\dfrac{16}{5}$

$\left(\dfrac{11}{10}+\dfrac{14}{15}\right)\times\square-\dfrac{19}{5}=-\dfrac{16}{5}$

$\dfrac{61}{30}\times\square=-\dfrac{16}{5}+\dfrac{19}{5}=\dfrac{3}{5}$

$\therefore \square=\dfrac{3}{5}\times\dfrac{30}{61}=\dfrac{18}{61}$

3 각 수는 그 밑의 두 수의 합이므로

$\dfrac{1}{6}=\dfrac{1}{7}+\dfrac{1}{A}$ $\qquad\cdots\cdots$ ㉠

$\dfrac{1}{7}=\dfrac{1}{8}+\dfrac{1}{B}$ $\qquad\cdots\cdots$ ㉡

$\dfrac{1}{A}=\dfrac{1}{B}+\dfrac{1}{C}$ $\qquad\cdots\cdots$ ㉢

㉠에서 $\dfrac{1}{A}=\dfrac{1}{6}-\dfrac{1}{7}=\dfrac{7-6}{42}=\dfrac{1}{42}$ $\quad\therefore A=42$

㉡에서 $\dfrac{1}{B}=\dfrac{1}{7}-\dfrac{1}{8}=\dfrac{8-7}{56}=\dfrac{1}{56}$ $\quad\therefore B=56$

㉢에서 $\dfrac{1}{42}=\dfrac{1}{56}+\dfrac{1}{C}$이므로

$\dfrac{1}{C}=\dfrac{1}{42}-\dfrac{1}{56}=\dfrac{4-3}{168}=\dfrac{1}{168}$ $\quad\therefore C=168$

$\therefore A+B+C=42+56+168=266$

4 $k=(-3)+(-10)\div\dfrac{1}{2}\div\{(-2)^2\times(-1)^4\}+12$

$\qquad=(-3)+(-10)\times2\div(4\times1)+12$

$\qquad=-3-20\times\dfrac{1}{4}+12$

$\qquad=-3-5+12=4$

따라서 $0<x<4$를 만족하는 4의 약수 x는 1, 2이므로 구하는 합은 $1+2=3$

5 ㉠$\div$㉡$-$㉢이라 하자.

가장 큰 값이 나오려면 계산 결과가 양수가 되어야 하므로 ㉢에 음수가 들어가야 하고 남은 두 양수 중 큰 수가 ㉠에, 작은 수가 ㉡에 들어가야 한다.

$$\left(+\frac{4}{5}\right)\div\left(+\frac{2}{3}\right)-(-2)=\left(+\frac{4}{5}\right)\times\left(+\frac{3}{2}\right)+2$$
$$=\frac{6}{5}+2=\frac{16}{5}$$

즉, 나올 수 있는 가장 큰 값은 $\frac{16}{5}$

가장 작은 값이 나오려면 ㉢에 양수가 들어가야 하고 남은 두 수 중 절댓값이 큰 수가 ㉠에, 절댓값이 작은 수가 ㉡에 들어가야 한다.

$$(-2)\div\left(+\frac{2}{3}\right)-\left(+\frac{4}{5}\right)=(-2)\times\left(+\frac{3}{2}\right)-\left(+\frac{4}{5}\right)$$
$$=-3-\frac{4}{5}=-\frac{19}{5}$$
$$(-2)\div\left(+\frac{4}{5}\right)-\left(+\frac{2}{3}\right)=(-2)\times\left(+\frac{5}{4}\right)-\left(+\frac{2}{3}\right)$$
$$=-\frac{5}{2}-\frac{2}{3}=-\frac{19}{6}$$

즉, $-\frac{19}{5}<-\frac{19}{6}$이므로 나올 수 있는 가장 작은 값은 $-\frac{19}{5}$

따라서 구하는 값은 $\frac{16}{5}+\left(-\frac{19}{5}\right)=-\frac{3}{5}$

> **TIP** $\square\div\square-\square$가 가장 큰 값이 되려면 앞의 두 $\square$에는 같은 부호의 수가 세 번째의 $\square$에는 음수가 들어가야 한다.

6 $\frac{c}{a}>0$에서 a, c의 부호가 같고 $a>0$이므로 $c>0$

$bc<0$에서 b, c의 부호가 다르고 $c>0$이므로 $b<0$

$\therefore a>0,\ b<0,\ c>0$

① $a+c>0$ ② $\frac{bc}{a}<0$ ③ $\frac{a}{b}<0$

④ $b-c<0$ ⑤ $a-b>0$

7 $a-c>0$에서 $a>c$

$a\times c>0$에서 $a\neq0$이므로 $a\times b=0$에서 $b=0$

$a\times c>0$에서 a, c의 부호는 같고 $a+c<0$이므로

$a<0,\ c<0$이다.

따라서 a, b, c의 순서쌍은

$(-1,\ 0,\ -3),\ (-1,\ 0,\ -2),\ (-2,\ 0,\ -3)$

8 $\frac{x}{y}>0$에서 x, y의 부호는 같다.

x, y가 음수이면 z가 양수이어야 $x\times y\times z=12$가 되는데 $x\geq y\geq z$에서 x, y는 양수가 되므로 모순이다.

즉, x, y, z는 모두 양수이고 $|x|\times|y|=6$, $x\geq y$이므로

$x=6,\ y=1,\ z=2$ 또는 $x=3,\ y=2,\ z=2$

이때 $x\geq y\geq z$이므로 $x=3,\ y=2,\ z=2$

9 $\left(\frac{2}{3}\circledast\frac{3}{4}\right)=\dfrac{\frac{2}{3}+\frac{3}{4}}{\frac{2}{3}\times\frac{3}{4}}=\dfrac{\frac{17}{12}}{\frac{1}{2}}=\frac{17}{12}\times2=\frac{17}{6}$

$$\therefore\left(\frac{2}{3}\circledast\frac{3}{4}\right)\circledast\frac{1}{2}=\frac{17}{6}\circledast\frac{1}{2}=\dfrac{\frac{17}{6}+\frac{1}{2}}{\frac{17}{6}\times\frac{1}{2}}=\dfrac{\frac{20}{6}}{\frac{17}{12}}$$
$$=\frac{20}{6}\times\frac{12}{17}$$
$$=\frac{40}{17}$$

10 $\dfrac{83}{13}=6+\dfrac{5}{13},\ \dfrac{5}{13}=\dfrac{1}{\frac{13}{5}}=\dfrac{1}{2+\frac{3}{5}},$

$\dfrac{3}{5}=\dfrac{1}{\frac{5}{3}}=\dfrac{1}{1+\frac{2}{3}},\ \dfrac{2}{3}=\dfrac{1}{\frac{3}{2}}=\dfrac{1}{1+\frac{1}{2}}$이므로

$$\frac{83}{13}=6+\cfrac{1}{2+\cfrac{1}{1+\cfrac{1}{1+\frac{1}{2}}}}$$

따라서 $a=6$, $b=2$, $c=1$, $d=1$이므로

$a+b+c-d=6+2+1-1=8$

11 $\dfrac{1}{2}=\dfrac{1}{1\times2}=\dfrac{1}{1}-\dfrac{1}{2},\ \dfrac{1}{6}=\dfrac{1}{2\times3}=\dfrac{1}{2}-\dfrac{1}{3}$

$\dfrac{1}{12}=\dfrac{1}{3\times4}=\dfrac{1}{3}-\dfrac{1}{4},\ \dfrac{1}{20}=\dfrac{1}{4\times5}=\dfrac{1}{4}-\dfrac{1}{5}$

$\dfrac{1}{30}=\dfrac{1}{5\times6}=\dfrac{1}{5}-\dfrac{1}{6}$

$$\therefore\frac{1}{2}+\frac{1}{6}+\frac{1}{12}+\frac{1}{20}+\frac{1}{30}$$
$$=\left(\frac{1}{1}-\frac{1}{2}\right)+\left(\frac{1}{2}-\frac{1}{3}\right)+\left(\frac{1}{3}-\frac{1}{4}\right)$$
$$+\left(\frac{1}{4}-\frac{1}{5}\right)+\left(\frac{1}{5}-\frac{1}{6}\right)$$
$$=\frac{1}{1}-\frac{1}{2}+\frac{1}{2}-\frac{1}{3}+\frac{1}{3}-\frac{1}{4}+\frac{1}{4}-\frac{1}{5}+\frac{1}{5}-\frac{1}{6}$$
$$=1-\frac{1}{6}=\frac{5}{6}$$

12 $z-y>0$이므로 $z>y$이고, $x-z<0$이므로 $x<z$

즉, x, y, z 중 z가 가장 크다.

$x\times y\times z>0$에서 만일 x, y, z가 모두 양수라면

$x+y<0$에 모순이므로

x, y, z 중 두 개는 음수, 한 개는 양수이다.

$\therefore z>0,\ x<0,\ y<0$

이를 이용하여 주어진 수들의 부호를 판별하면

$x<0$이므로 $-\dfrac{1}{x}>0$, $x+y<0$이므로 $-\dfrac{1}{x+y}>0$

이때 $0<-x<(-x)+(-y)$이므로 $-\dfrac{1}{x}>-\dfrac{1}{x+y}$

또, $z>0$이므로 $-\dfrac{1}{z}<0$, $x-z<0$이므로 $\dfrac{1}{x-z}<0$

이때 $0<z<z-x$이므로 $\dfrac{1}{z}>\dfrac{1}{z-x}$, 즉 $-\dfrac{1}{z}<\dfrac{1}{x-z}$

$\therefore -\dfrac{1}{z}<\dfrac{1}{x-z}<0<-\dfrac{1}{x+y}<-\dfrac{1}{x}$

단원 종합 문제

54~58쪽

1 ①	2 260	3 5	4 40
5 $\dfrac{140}{51}$	6 $3^3 \times 5^2 \times 7$	7 5개	8 12명
9 ④	10 $\dfrac{109}{3}$	11 5, -10	12 4
13 ①, ③	14 ③	15 9	16 ①
17 ③	18 $a>0,\ b<0,\ c<0$		19 ④, ⑤
20 ③	21 -3	22 ⓒ → ⓔ → ⓛ → ⓙ	
23 7	24 1	25 $-\dfrac{7}{2}$	26 7
27 $\dfrac{15}{4}$	28 -8640	29 14 %	30 600 ml

1 (i) 4의 배수가 되려면 끝의 두 자리의 수가 00 또는 4의 배수가 되어야 하므로 □=1, 3, 5, 7, 9

$$\begin{array}{r} 1\ 2\ \square\ 4 \\ +\ 1\ 2\ 3\ 4 \\ \hline 2\ 4\ 3\ 8 \\ +\ \square\ 0 \end{array}$$

(ii) 3의 배수가 되려면 각 자리의 숫자의 합이 3의 배수가 되어야 하므로 $2+4+\square+3+8$은 3의 배수이어야 한다. 즉, $17+\square$는 3의 배수이므로 □=1, 4, 7

(i), (ii)에서 □ 안에 알맞은 수는 1, 7이다.

2 $225=3^2 \times 5^2$, $450=2 \times 3^2 \times 5^2$이므로 두 수의 최대공약수는 $3^2 \times 5^2$이다.

따라서 두 수의 공약수 중 완전제곱수인 수는 1^2, 3^2, 5^2, $3^2 \times 5^2$이므로 합은 $1+9+25+225=260$

3 $180=2^2 \times 3^2 \times 5$이므로 $2^2 \times 3^2 \times 5 \times x=($자연수$)^2$이 되게 하는 가장 작은 자연수 x는 5이다.

TIP 어떤 자연수의 제곱이 되려면 소인수분해하였을 때 지수가 모두 짝수이어야 한다.

4

$$\begin{array}{r} 8\ )\ \underline{16\quad p\quad 24} \\ 2\quad a\quad 3 \end{array}$$

16, p, 24의 최소공배수가 240이므로 $8 \times 2 \times a \times 3=240$일 때, a의 값이 최소가 된다. $48 \times a=240$ ∴ $a=5$

따라서 a의 값이 가장 작을 때, p의 값도 가장 작으므로 가장 작은 p의 값은 $8 \times 5=40$

5 구하고자 하는 분수를 $\dfrac{a}{b}$라 하면

$$\dfrac{a}{b} \div \dfrac{70}{153}=\dfrac{a}{b} \times \dfrac{153}{70},\quad \dfrac{a}{b} \div \dfrac{28}{255}=\dfrac{a}{b} \times \dfrac{255}{28}$$

는 모두 자연수이므로 a는 70, 28의 공배수, b는 153, 255의 공약수이다.

따라서 구하는 가장 작은 수는

$$\dfrac{a}{b}=\dfrac{(70,\ 28의\ 최소공배수)}{(153,\ 255의\ 최대공약수)}=\dfrac{140}{51}$$

6 두 수 A, B의 최대공약수를 G, 최소공배수를 L이라 하면 $A=aG$, $B=bG$ (단, a, b는 서로소) $L=abG$이다.

$AB=aG \times bG=LG$이므로 $A=\dfrac{LG}{B}$

$$\therefore A=\dfrac{(2 \times 3^3 \times 5^3 \times 7^3) \times (3^2 \times 5^2 \times 7)}{2 \times 3^2 \times 5^3 \times 7^3}=3^3 \times 5^2 \times 7$$

7 $162=2 \times 3^4$이므로 162를 두 수의 곱으로 나타내면 $162=1 \times 162=2 \times 81=3 \times 54=6 \times 27=9 \times 18$ 따라서 직사각형은 모두 5개 만들 수 있다.

다른 풀이

직사각형의 넓이가 162이고 (직사각형의 넓이)=(가로의 길이)×(세로의 길이)이므로 가로의 길이와 세로의 길이는 모두 162의 약수이고, 그 곱은 162이다.

$162=2 \times 3^4$이므로 162의 약수의 개수는 $(1+1) \times (4+1)=10$

따라서 가로의 길이와 세로의 길이의 쌍은 모두 $10 \div 2=5$(쌍)이므로 직사각형은 모두 5개 만들 수 있다.

8 귤은 3개가 부족하고, 오렌지는 2개가 남고, 감은 4개가 부족하므로 귤 24개, 오렌지 36개, 감 60개가 있으면 똑같이 나누어 줄 수 있다.

$$\begin{array}{r} 2\ )\ \underline{24\quad 36\quad 60} \\ 2\ )\ \underline{12\quad 18\quad 30} \\ 3\ )\ \underline{6\quad 9\quad 15} \\ 2\quad 3\quad 5 \end{array}$$

따라서 학생 수는 24, 36, 60의 최대공약수이므로 12명이다.

9 ④ 유리수는 양의 유리수, 0, 음의 유리수로 이루어져 있다.

10 절댓값이 가장 큰 수는 -6이므로 $a=-6$

절댓값이 가장 작은 수는 $-\dfrac{1}{3}$이므로 $b=-\dfrac{1}{3}$

$$\therefore a^2+|b|=36+\dfrac{1}{3}=\dfrac{109}{3}$$

11 $|A|=|B|$이고 A는 B보
다 5만큼 작으므로
$A<0$, $B>0$

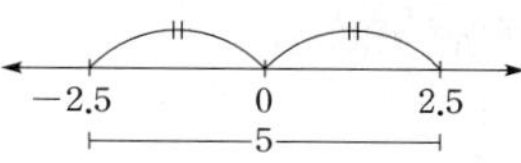

$\therefore A=-2.5$, $B=2.5$
A를 나타내는 점으로부터 거리가 7.5인 점에 대응하는 수는
수직선의 오른쪽에 있는 점에 대응하면 $-2.5+7.5=5$
수직선의 왼쪽에 있는 점에 대응하면 $-2.5-7.5=-10$

12 $a=3+(-1)=3-1=2$
$b=-2-(-7)=-2+7=5$
$a<|x|<b$에서 $2<|x|<5$이므로 $|x|=3$, 4
따라서 정수 x는 -4, -3, 3, 4의 4개이다.

13 ① 조건 (가)에서 $|x|>3$, 즉 $x>3$ 또는 $x<-3$
　　그런데 조건 (나)에서 $x>3$이므로 $x>3$
② 조건 (나)에서 $y>3$이므로 $y<-3$은 불가능
③ 문제에서 y와 z는 서로 다른 수이므로 조건 (다)에서
　　$z=-y$이고, $y>3$이므로 $z<-3$
④ 조건 (다)에서 $|y|=|z|$이고 조건 (라)에서 $|x|>|z|$이
　　므로 $|x|>|y|$
　　그런데 $x>3$, $y>3$이므로 $x>y$
⑤ $x>3$, $z<-3$이므로 $x>z$
따라서 옳은 것은 ①, ③이다.

14 $-1<a<0$이므로 $a=-\dfrac{1}{2}$이라 하면
① $|a|=\dfrac{1}{2}$　　② $\dfrac{1}{a}=-2$　　③ $-\dfrac{1}{a}=2$
④ $a^2=\dfrac{1}{4}$　　⑤ $a^3=-\dfrac{1}{8}$
따라서 가장 큰 수는 ③이다.

15 $\dfrac{a}{5}$의 절댓값이 1보다 작으므로
$\left|\dfrac{a}{5}\right|<1$, $-1<\dfrac{a}{5}<1$, $-\dfrac{5}{5}<\dfrac{a}{5}<\dfrac{5}{5}$
따라서 a는 -4, -3, -2, -1, 0, 1, 2, 3, 4의 9개이다.

16 ① $(-3)^3=-27$
② $-(-1)^6=-1$
③ $-3^2=-9$
④ $-(-2)^3=-(-8)=8$
⑤ $\left(-\dfrac{1}{2}\right)^4=\dfrac{1}{16}$
따라서 가장 작은 수는 ①이다.

17 $x<0$, $y>0$이면 $-x>0$, $-y<0$이다.

① $x+y$의 부호는 알 수 없다.
② $x-y<0$　　③ $y-x>0$
④ $x\times y<0$　　⑤ $x\div y<0$
따라서 항상 양수인 것은 ③이다.

18 $a\times b<0$이므로 a, b의 부호는 다르고 $a>b$이므로
$a>0$, $b<0$
또, $a\times c<0$에서 a, c의 부호가 다르므로 $c<0$
$\therefore a>0$, $b<0$, $c<0$

19 $|a|+|b|=|a+b|$이면 두 수 a, b의 부호가 같다.

20 ① a가 음수이면 $a\times 3<a$
② $ab<0$, $a>b$이면 $a>0$, $b<0$이다.
④ $\dfrac{b}{a}=2$이고 $\dfrac{c}{b}=5$이면 $\dfrac{c}{a}=\dfrac{b}{a}\times\dfrac{c}{b}=2\times 5=10$
⑤ $|a|>|b|$일 때, a, b의 부호를 알 수 없으므로 a, b의 대
　　소를 판별할 수 없다.

21 $2\circ 6=\dfrac{2-6}{2}=-2$이므로
$(2\circ 6)\circ 4=(-2)\circ 4=\dfrac{-2-4}{2}=-3$

22 소괄호 → 중괄호 순으로 계산하고, 곱셈과 나눗셈을 덧
셈과 뺄셈보다 먼저 계산한다.
$\therefore ㉢ → ㉣ → ㉡ → ㉠$

23 (주어진 식)$=-1\times(-8)+\left(-\dfrac{3}{4}+\dfrac{1}{4}\right)-\dfrac{1}{2}$
$\qquad\qquad\quad =8-\dfrac{1}{2}-\dfrac{1}{2}=7$

24 (주어진 식)$=9\times 4\div(8+1)-3$
$\qquad\qquad\quad =36\times\dfrac{1}{9}-3$
$\qquad\qquad\quad =1$

25 (주어진 식)$=\left(-\dfrac{1}{4}\right)\times(-2)-(-6)\times\left(-\dfrac{2}{3}\right)$
$\qquad\qquad\quad =\dfrac{1}{2}-4$
$\qquad\qquad\quad =-\dfrac{7}{2}$

26 $\dfrac{17}{5}=3+\dfrac{2}{5}$, $\dfrac{5}{2}=2+\dfrac{1}{2}$이므로
$\dfrac{17}{5}=3+\dfrac{2}{5}=3+\dfrac{1}{\dfrac{5}{2}}=3+\dfrac{1}{2+\dfrac{1}{2}}$

따라서 $a=3$, $b=2$, $c=2$이므로
$a+b+c=3+2+2=7$

27 어떤 수를 x라 하면 $x\times4-2=26$
$\therefore x=(26+2)\div4=28\div4=7$
따라서 바르게 계산하면
$7\div4+2=\dfrac{7}{4}+2=\dfrac{15}{4}$

28 $\dfrac{1}{2}$, 1, 3, a, b, 360, 2520

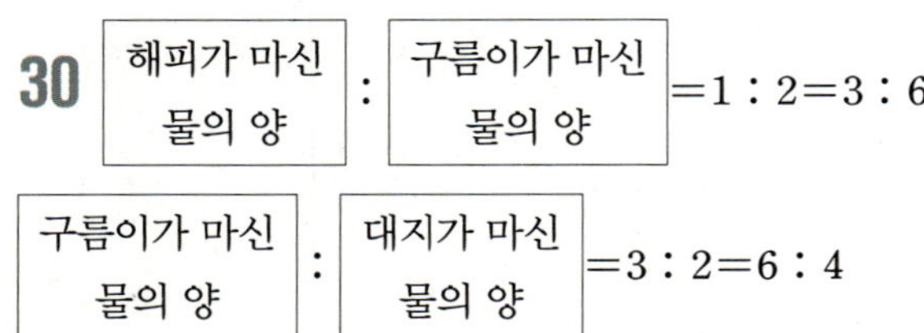

이므로 $a=3\times4=12$, $b=a\times5=12\times5=60$이다.
$$\therefore (-a)^2\div\left(-\dfrac{1}{b}\right)=(-12)^2\div\left(-\dfrac{1}{60}\right)$$
$$=144\div\left(-\dfrac{1}{60}\right)$$
$$=144\times(-60)$$
$$=-8640$$

29 할인받은 금액은 $9000-7740=1260$(원)이므로
할인율을 구하면 $\dfrac{1260}{9000}\times100=14(\%)$

30

해피가 마신 물의 양	:	구름이가 마신 물의 양	$=1:2=3:6$

구름이가 마신 물의 양	:	대지가 마신 물의 양	$=3:2=6:4$

이므로

해피가 마신 물의 양	:	구름이가 마신 물의 양	:	대지가 마신 물의 양

$=3:6:4$
따라서 구름이가 마신 물의 양은
$1300\times\dfrac{6}{3+6+4}=1300\times\dfrac{6}{13}=600(\text{ml})$

---

1 문자의 사용과 식의 계산

1 STEP
주제별 실력다지기
61~67쪽

1 ㄱ, ㄷ, ㅅ **2** ⑤ **3** ③

4 $\left(\dfrac{7}{10}x+2y\right)$ g **5** ㄱ, ㄷ, ㄹ

6 $2(ab+bc+ca)$ cm² **7** $20x+2y+1$ **8** -89

9 -3 **10** ③ **11** $-\dfrac{26}{3}$ **12** $-\dfrac{31}{6}$

13 -1 **14** ㄱ, ㄷ, ㄹ

15 동류항 : $3x$, $\dfrac{x}{3}$, $-\dfrac{5}{2}x$, 계수의 합 : $\dfrac{5}{6}$

16 4명 **17** $a=3$, $b\neq-6$ **18** 30

19 ④ **20** 1 **21** -10

22 (1) $8x-y$ (2) $-3a+\dfrac{13}{2}$ (3) $9x-19$
　　 (4) $-111x+27y-153$ **23** 90

24 $10x+58$ **25** $13a-10$ **26** $-7x+14$

27 $-3x-10$ **28** -6 **29** $4x-\dfrac{10}{3}y+2$

---

1 ㄴ. $3\times x\div(-2)\times y=3\times x\times\left(-\dfrac{1}{2}\right)\times y=-\dfrac{3xy}{2}$

ㄹ. $2x\div\dfrac{3}{4}y=2x\times\dfrac{4}{3y}=\dfrac{8x}{3y}$

ㅁ. $a\div a\div a\div a=a\times\dfrac{1}{a}\times\dfrac{1}{a}\times\dfrac{1}{a}=\dfrac{1}{a^2}$

ㅂ. $a\times(-0.1)=-0.1a$
따라서 옳은 것은 ㄱ, ㄷ, ㅅ이다.

2 $a\div(b\div c)=a\div\dfrac{b}{c}=a\times\dfrac{c}{b}=\dfrac{ac}{b}$

① $a\div(b\times c)=a\div bc=a\times\dfrac{1}{bc}=\dfrac{a}{bc}$

② $a\div b\div c=a\times\dfrac{1}{b}\times\dfrac{1}{c}=\dfrac{a}{bc}$

③ $a\times b\div c=ab\times\dfrac{1}{c}=\dfrac{ab}{c}$

④ $a \times (b \times c) = a \times bc = abc$

⑤ $a \div b \times c = a \times \dfrac{1}{b} \times c = \dfrac{ac}{b}$

3 ① $x \div 3 - (-1) \times y \div \dfrac{1}{2} = \dfrac{x}{3} + y \times 2 = \dfrac{x}{3} + 2y$

② $x \div (-1) - 3 \times y = \dfrac{x}{-1} - 3y = -x - 3y$

③ $x \times (-y) + (-2)^2 \times z = -xy + 4z$

④ $x \times x \times (-2) - y \div (-3) = -2x^2 + \dfrac{y}{3}$

⑤ $a - b \times c \div 3 = a - bc \times \dfrac{1}{3} = a - \dfrac{bc}{3}$

4 카카오 함유량이 70 %인 초콜렛 x g에 함유된 카카오의 양은 $\dfrac{70}{100} \times x \,(\text{g})$

카카오 함유량이 y %인 초콜렛 200 g에 함유된 카카오의 양은 $\dfrac{y}{100} \times 200 \,(\text{g})$

따라서 두 초콜렛을 녹여서 만든 초콜렛에 함유된 카카오의 양은

$\dfrac{70}{100} \times x + \dfrac{y}{100} \times 200 = \dfrac{7}{10}x + 2y \,(\text{g})$

5 ㄱ. 정가가 a원인 피자를 3할 할인한 금액은 정가의 7할이므로 $\dfrac{7}{10}a$원이다.

이것을 b개 구입한 금액은 $\dfrac{7}{10}ab$원이므로 7000원을 냈을 때의 거스름돈은 $\left(7000 - \dfrac{7}{10}ab\right)$원

ㄴ. 정가가 a원인 책을 30% 할인하면 정가의 70 %로 구입한 것이므로 $\dfrac{7}{10}a$원

이 책을 x권 구입했을 때의 값은 $\dfrac{7}{10}ax$원

ㄷ. 십의 자리의 숫자가 a, 소수 첫째 자리의 숫자가 b인 수는

$10a + \dfrac{1}{10}b = 10a + 0.1b$

ㄹ. 4개에 n원이면 1개에 $\dfrac{n}{4}$원이므로 과자 5개의 값은

$\dfrac{5}{4}n$원

ㅂ. 5명이 x원씩 모은 돈은 $5x$원이므로 y원짜리 물건을 사고 남은 돈은 $(5x - y)$원

따라서 옳지 않은 것은 ㄱ, ㄷ, ㄹ이다.

> **TIP** 정가가 a원인 상품을 b할 할인한 값 구하기
>
> $a - \dfrac{b}{10}a = a\left(1 - \dfrac{b}{10}\right)$
>
> **예** 정가가 10000원인 물건을 1할 할인한 가격은
>
> $10000 \times \left(1 - \dfrac{1}{10}\right) = 9000 \,(원)$

6 가로, 세로의 길이가 각각 a cm, b cm인 직사각형 2개의 넓이는 $2ab$ cm²

가로, 세로의 길이가 각각 b cm, c cm인 직사각형 2개의 넓이는 $2bc$ cm²

가로, 세로의 길이가 각각 c cm, a cm인 직사각형 2개의 넓이는 $2ca$ cm²

따라서 구하는 직육면체의 겉넓이는

$2ab + 2bc + 2ca = 2(ab + bc + ca) \,(\text{cm}^2)$

7 백의 자리의 숫자가 x, 십의 자리의 숫자가 y, 일의 자리의 숫자가 7인 세 자리의 자연수는

$100x + 10y + 7$

이 수를 5로 나누었을 때의 몫을 구해야 하므로 이 수를 5로 묶으면

$100x + 10y + 7 = 5(20x + 2y + 1) + 2$

따라서 몫은 $20x + 2y + 1$이다.

8 $a = 7$, $b = -3$이므로

$-2a^2 - 3b = -2 \times 7^2 - 3 \times (-3)$
$\qquad\qquad = -98 + 9 = -89$

9 $x = -1$, $y = 3$, $z = -3$이므로

$\dfrac{y}{x} - \dfrac{xy - z}{z} = \dfrac{3}{-1} - \dfrac{(-1) \times 3 - (-3)}{-3}$
$\qquad\qquad\qquad = -3 - 0 = -3$

10 $x = -1$일 때, $-x = -(-1) = 1$
① $x^3 = (-1)^3 = -1$
② $-x^2 = -(-1)^2 = -1$
③ $(-x)^2 = x^2 = (-1)^2 = 1$
④ $-(-x)^3 = -(-x^3) = x^3 = (-1)^3 = -1$
⑤ $-(-x)^2 = -x^2 = -(-1)^2 = -1$

11 $a = \dfrac{3}{2}$, $b = -\dfrac{5}{2}$이므로

$\dfrac{2}{a} + \dfrac{25}{b} = 2 \div a + 25 \div b = 2 \div \dfrac{3}{2} + 25 \div \left(-\dfrac{5}{2}\right)$
$\qquad\quad = 2 \times \dfrac{2}{3} + 25 \times \left(-\dfrac{2}{5}\right) = \dfrac{4}{3} - 10 = -\dfrac{26}{3}$

12 $a = \dfrac{1}{2}$, $b = -\dfrac{1}{3}$이므로

$\dfrac{-3a^2 - b^2}{a + b} = \dfrac{-3 \times \left(\dfrac{1}{2}\right)^2 - \left(-\dfrac{1}{3}\right)^2}{\dfrac{1}{2} - \dfrac{1}{3}}$

$$= \dfrac{-3 \times \dfrac{1}{4} - \dfrac{1}{9}}{\dfrac{1}{6}}$$

$$= \dfrac{-\dfrac{3}{4} - \dfrac{1}{9}}{\dfrac{1}{6}} = \dfrac{-\dfrac{31}{36}}{\dfrac{1}{6}}$$

$$= -\dfrac{31}{36} \div \dfrac{1}{6} = -\dfrac{31}{36} \times 6$$

$$= -\dfrac{31}{6}$$

TIP $\dfrac{(\text{분수})}{(\text{분수})}$ 계산하기

$$\dfrac{\frac{d}{c}}{\frac{b}{a}} = \dfrac{d}{c} \div \dfrac{b}{a} = \dfrac{d}{c} \times \dfrac{a}{b} = \dfrac{ad}{bc} \Rightarrow \dfrac{\frac{d}{c}}{\frac{b}{a}} \underset{\text{곱}}{\overset{\text{곱}}{\rightrightarrows}} \dfrac{ad}{bc}$$

⟪예⟫ $\dfrac{\frac{1}{5}}{\frac{2}{3}} = \dfrac{1 \times 3}{5 \times 2} = \dfrac{3}{10}$

---

13 $X = \dfrac{1}{3}$, $Y = \dfrac{1}{2}$, $Z = -\dfrac{1}{6}$ 이므로

$\dfrac{1}{X} = 3$, $\dfrac{1}{Y} = 2$, $\dfrac{1}{Z} = -6$

$$\dfrac{2Z}{X} - \dfrac{1}{Y} - \dfrac{X}{Z} = 2Z \times \dfrac{1}{X} - \dfrac{1}{Y} - X \times \dfrac{1}{Z}$$

$$= 2 \times \left(-\dfrac{1}{6}\right) \times 3 - 2 - \dfrac{1}{3} \times (-6)$$

$$= -1 - 2 + 2 = -1$$

14 $-\dfrac{x^2}{3} + \dfrac{7}{2}x - 8 = -\dfrac{1}{3}x^2 + \dfrac{7}{2}x - 8$이므로

ㄴ. x^2의 계수는 $-\dfrac{1}{3}$이다.

ㅁ. x^2항이 최고차항이므로 이차식이다.

ㅂ. 항은 $-\dfrac{1}{3}x^2$, $\dfrac{7}{2}x$, -8이다.

ㅅ. 다항식이다.

따라서 옳은 것은 ㄱ, ㄷ, ㄹ이다.

15 동류항은 $3x$, $\dfrac{x}{3}$, $-\dfrac{5}{2}x$이므로 이 세 항의 계수의 합은

$$3 + \dfrac{1}{3} - \dfrac{5}{2} = \dfrac{5}{6}$$

16 송이: $xy^2 = xyy$, $x^2y = xxy$이므로 이 두 항은 동류항
이 아니다.

길동: $x^2 + x^3$은 x^3항이 최고차항이므로 x에 대한 3차식이다.

종군: x의 계수는 2, y의 계수는 -3이므로 그 합은
$2 + (-3) = -1$이다.

따라서 옳은 말을 한 사람은 희영, 낙천, 민선, 종군으로 4명
이다.

17 (주어진 식)$= -2ax^2 + 3x + ax + 2 + 6x^2 + bx - 3$
$$= (-2a+6)x^2 + (3+a+b)x - 1$$

따라서 이 식이 x에 대한 일차식이 되려면
$-2a+6 = 0$, $3+a+b \neq 0$이므로
$a = 3$, $b \neq -6$

18 x^2의 계수가 1, x의 계수가 a, 상수항이 c인 이차식은
$x^2 + ax + c$이므로 $x^b + (c-2)x - (b+1)$과 비교하면
$b = 2$, $a = c - 2$, $c = -(b+1)$
$c = -(2+1) = -3$, $a = -3 - 2 = -5$
$\therefore abc = (-5) \times 2 \times (-3) = 30$

19 ① 5차 　② 5차 　③ 3차
④ 7차 　⑤ 4차

20 종이가 한 장일 때의 넓이는 $1\ \text{cm}^2$이고 종이가 한 장씩
늘어날 때마다 종이의 $\dfrac{1}{4}$씩 겹쳐지므로 넓이는 $\dfrac{3}{4}\ \text{cm}^2$씩 늘
어난다. 즉, x장이 포개진 도형의 넓이는

$$1 + \dfrac{3}{4}(x-1) = \dfrac{3}{4}x + \dfrac{1}{4}\ (\text{cm}^2)$$

따라서 x의 계수는 $\dfrac{3}{4}$, 상수항은 $\dfrac{1}{4}$이므로 그 합은

$$\dfrac{3}{4} + \dfrac{1}{4} = 1$$

21 어두운 부분의 넓이는 전체
사각형의 넓이에서 직각삼각형
4개의 넓이를 뺀 것과 같다.

$$10 \times 8 - \left(\dfrac{1}{2} \times 4 \times 3\right)$$
$$- \left\{\dfrac{1}{2} \times 4(10-x)\right\}$$
$$- \left\{\dfrac{1}{2} \times x(12-2x)\right\} - \left\{\dfrac{1}{2} \times 7(2x-4)\right\}$$
$$= 80 - 6 - 2(10-x) - x(6-x) - 7(x-2)$$
$$= 80 - 6 - 20 + 2x - 6x + x^2 - 7x + 14$$
$$= x^2 - 11x + 68$$

따라서 x^2의 계수는 1, x의 계수는 -11이므로 그 합은
$1 - 11 = -10$

22 (1) $(7x - 4y) \div \dfrac{2}{3} - (2x - 4y) \div \dfrac{4}{5}$

$$= (7x - 4y) \times \dfrac{3}{2} - (2x - 4y) \times \dfrac{5}{4}$$

$$= \dfrac{21}{2}x - 6y - \dfrac{5}{2}x + 5y$$

$$= 8x - y$$

(2) $(6a-3)-\left\{\dfrac{1}{2}(6a-3)+2(3a-4)\right\}$

$\quad=6a-3-\left(3a-\dfrac{3}{2}+6a-8\right)$

$\quad=6a-3-3a+\dfrac{3}{2}-6a+8$

$\quad=-3a+\dfrac{13}{2}$

(3) $-3x-\{7-(3x-4)\}+9x-8$

$\quad=-3x-(7-3x+4)+9x-8$

$\quad=-3x-7+3x-4+9x-8$

$\quad=9x-19$

(4) $-3[7x-2\{y-3(5x+2)\}-7(y-6)]+9$

$\quad=-3\{7x-2(y-15x-6)-7y+42\}+9$

$\quad=-3(7x-2y+30x+12-7y+42)+9$

$\quad=-3(37x-9y+54)+9$

$\quad=-111x+27y-162+9$

$\quad=-111x+27y-153$

23 $5(a-2b+1)-3[4-5\{3b-2(a-b-3)\}]$

$\quad=5a-10b+5-3\{4-5(3b-2a+2b+6)\}$

$\quad=5a-10b+5-3(4-15b+10a-10b-30)$

$\quad=5a-10b+5-12+45b-30a+30b+90$

$\quad=-25a+65b+83$

따라서 a의 계수는 -25, b의 계수는 65이므로 이 두 수의 차는

$65-(-25)=90$

24 $A=3x-1$, $B=-2x-7$이므로

$3(A-B)-5(A+B)$

$=3A-3B-5A-5B$

$=-2A-8B$

$=-2(3x-1)-8(-2x-7)$

$=-6x+2+16x+56$

$=10x+58$

25 $x=3a-6$, $y=2a-8$, $z=4a-16$이므로

$12\left(\dfrac{x-y}{3}-\dfrac{y-z}{2}-\dfrac{z-x}{4}\right)$

$=4(x-y)-6(y-z)-3(z-x)$

$=4x-4y-6y+6z-3z+3x$

$=7x-10y+3z$

$=7(3a-6)-10(2a-8)+3(4a-16)$

$=21a-42-20a+80+12a-48$

$=13a-10$

26 어떤 식을 $\boxed{}$라고 하면

$\boxed{}+(2x-3)=-3x+8$

$\boxed{}=-3x+8-2x+3=-5x+11$

따라서 바르게 계산한 식은

$-5x+11-(2x-3)=-5x+11-2x+3$

$\qquad\qquad\qquad\qquad=-7x+14$

27 $A+(-2x-7)=-3x-11$이므로

$A=-3x-11+2x+7=-x-4$

따라서 바르게 계산한 식은

$A-(-2x-7)=-x-4+2x+7$

$\qquad\qquad\qquad=x+3$

$\therefore B=x+3$

$\therefore A-2B=-x-4-2(x+3)$

$\qquad\qquad=-x-4-2x-6$

$\qquad\qquad=-3x-10$

28 어떤 식을 $\boxed{}$라고 하면

$\boxed{}-\dfrac{x-3}{2}=4x-3$, $\boxed{}-\dfrac{x}{2}+\dfrac{3}{2}=4x-3$

$\boxed{}=4x-3+\dfrac{x}{2}-\dfrac{3}{2}=\dfrac{9}{2}x-\dfrac{9}{2}$

이때 바르게 계산한 식은

$\dfrac{9}{2}x-\dfrac{9}{2}-\left(\dfrac{x}{2}-3\right)=\dfrac{9}{2}x-\dfrac{9}{2}-\dfrac{x}{2}+3=4x-\dfrac{3}{2}$

따라서 $4x-\dfrac{3}{2}$에서 x의 계수는 4, 상수항은 $-\dfrac{3}{2}$이므로 이 두 수의 곱은

$4\times\left(-\dfrac{3}{2}\right)=-6$

29 어떤 식을 $\boxed{}$라고 하면

$\dfrac{3}{2}x-2(y-1)-\boxed{}=-\left(x+\dfrac{2}{3}y\right)+2$

$\dfrac{3}{2}x-2y+2-\boxed{}=-x-\dfrac{2}{3}y+2$

$\boxed{}=\dfrac{3}{2}x-2y+2+x+\dfrac{2}{3}y-2$

$\qquad\;=\dfrac{5}{2}x-\dfrac{4}{3}y$

따라서 바르게 계산한 식은

$\dfrac{3}{2}x-2(y-1)+\dfrac{5}{2}x-\dfrac{4}{3}y$

$=\dfrac{3}{2}x-2y+2+\dfrac{5}{2}x-\dfrac{4}{3}y$

$=4x-\dfrac{10}{3}y+2$

실력 높이기

---

1 ⑤   **2** ①, ②   **3** ㄱ, ㄷ, ㄹ

4 $\dfrac{47}{2}ab$ **5** $M=\dfrac{ax+by}{a+b}$

6 $(5000x-50ax)$원 또는 $50x(100-a)$원

7 $\left(\dfrac{1}{10}a+9\right)$문제   **8** $\dfrac{5}{6}$ **9** 2

10 $-\dfrac{5}{6}$ **11** $-\dfrac{1}{6}$ **12** $\dfrac{1}{5}$

13 4   **14** $16:4:1$ **15** $16x$

16 $(420-38a)$ cm   **17** $a=1,\ 2x-1$

18 0   **19** $-\dfrac{19}{12}x+\dfrac{33}{4}$ **20** -16

21 -3 **22** $5x+y+15$ **23** $-x-6$

---

1   ① $x\div(y\div z)=\dfrac{xz}{y}$ (거짓)

② $x\div y\times z=\dfrac{xz}{y}$ (거짓)

③ $(x\div y)\div z=\dfrac{x}{yz}$ (거짓)

④ $x\div y\times z\div w=\dfrac{xz}{yw}$ (거짓)

⑤ $x\div(y\div z)\div w=\dfrac{xz}{yw}$ (참)

2   ③ $x\div(y\div z)-(-3)\div(x+y)=x\div\dfrac{y}{z}+\dfrac{3}{x+y}$

$\qquad =x\times\dfrac{z}{y}+\dfrac{3}{x+y}$

$\qquad =\dfrac{xz}{y}+\dfrac{3}{x+y}$

④ $(a+b)\div c-a\times a\times b\div(-3)=\dfrac{a+b}{c}+\dfrac{a^2b}{3}$

⑤ $(-0.1)\times a\times b\div 1\dfrac{2}{3}=(-0.1)\times a\times b\div\dfrac{5}{3}$

$\qquad =\left(-\dfrac{1}{10}\right)\times a\times b\times\dfrac{3}{5}$

$\qquad =-\dfrac{3}{50}ab$

3   ㄴ. $\left(a+\dfrac{b}{1000}\right)$ kg 또는 $(1000a+b)$ g

ㄷ. $300\times\dfrac{x}{100}=3x(\text{g})$

ㄹ. $a\left(1-\dfrac{25}{100}\right)=\dfrac{75}{100}a=\dfrac{3}{4}a(\text{원})$

ㅁ. $1000\times\left(a\times\dfrac{1}{10}+b\times\dfrac{1}{100}\right)=100a+10b(\text{원})$

ㅂ. $(\text{시간})=\dfrac{(\text{거리})}{(\text{속력})}$ 이므로 x km의 거리를 시속 3 km로

걸어갈 때의 걸리는 시간은 $\dfrac{x}{3}$시간

ㅅ. $(8 \text{ kg의 } a\,\%)=8\times\dfrac{a}{100}=0.08a(\text{kg})$

따라서 옳은 것은 ㄱ, ㄷ, ㄹ이다.

4   삼각형 PQD의 넓이는 전체 사각형의 넓이에서 직각삼각형 3개의 넓이를 뺀 것과 같으므로

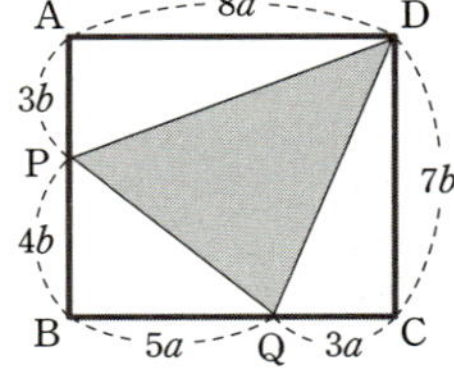

(삼각형 PQD의 넓이)

$=8a\times 7b-\left(\dfrac{1}{2}\times 8a\times 3b\right)$

$\qquad -\left(\dfrac{1}{2}\times 5a\times 4b\right)-\left(\dfrac{1}{2}\times 3a\times 7b\right)$

$=56ab-12ab-10ab-\dfrac{21}{2}ab$

$=\dfrac{47}{2}ab$

5 $(\text{평균})=\dfrac{(\text{점수의 총합})}{(\text{학생의 총수})}$ 이므로

$(\text{점수의 총합})=(\text{평균})\times(\text{학생의 총수})$

남학생 a명의 평균이 x점이므로 남학생의 총점은 ax점

여학생 b명의 평균이 y점이므로 여학생의 총점은 by점

따라서 반 전체의 평균 M점은

$M=\dfrac{ax+by}{a+b}$

6 서술형

표현 단계   5명의 학생들이 매월 1000원씩 x달 동안 모은 돈은

$\qquad 5\times 1000\times x=5000x(\text{원})$이다.

변형 단계 $(\text{고아원에 보낼 금액})=5000x\times\dfrac{a}{100}=50ax(\text{원})$

풀이 단계   복지 단체에 보낼 금액은

$\qquad 5000x-(\text{고아원에 보낼 금액})=5000x-50ax(\text{원})$

확인 단계 $(5000x-50ax)$원 또는 $50x(100-a)$원

7   12문제를 맞힌 학생 수가 a명이므로 9문제를 맞힌 학생 수는 $(30-a)$명이다.

즉, 전체 학생의 맞힌 문제 수의 총합은

$12 \times a + 9 \times (30-a) = 12a + 270 - 9a = 3a + 270$(문제)

따라서 이 반 전체 학생의 맞힌 문제 수의 평균은

$$\frac{3a+270}{30} = \frac{1}{10}a + 9$$(문제)

8 $a = -\dfrac{1}{2},\ b = \dfrac{1}{3},\ c = \dfrac{1}{4}$에서 $\dfrac{1}{b} = 3,\ \dfrac{1}{c} = 4$이므로

$$\begin{aligned}
\frac{a}{b^2} + \frac{b}{c^2} &= a \times \frac{1}{b^2} + b \times \frac{1}{c^2} \\
&= a \times \left(\frac{1}{b}\right)^2 + b \times \left(\frac{1}{c}\right)^2 \\
&= -\frac{1}{2} \times 9 + \frac{1}{3} \times 16 \\
&= -\frac{9}{2} + \frac{16}{3} \\
&= \frac{-27+32}{6} = \frac{5}{6}
\end{aligned}$$

9 서술형

표현 단계 $a = \dfrac{2}{3},\ b = -\dfrac{3}{4},\ c = \dfrac{1}{5}$

변형 단계 $a = \dfrac{2}{3}$이므로 $\dfrac{2}{a} = \dfrac{2}{\frac{2}{3}} = 2 \div \dfrac{2}{3} = 2 \times \dfrac{3}{2} = 3$

$b = -\dfrac{3}{4}$이므로

$$-\frac{3}{b} = -\frac{3}{-\frac{3}{4}} = -3 \div \left(-\frac{3}{4}\right)$$
$$= -3 \times \left(-\frac{4}{3}\right) = 4$$

$c = \dfrac{1}{5}$이므로 $\dfrac{1}{c} = \dfrac{1}{\frac{1}{5}} = 1 \div \dfrac{1}{5} = 1 \times 5 = 5$

$abc = \dfrac{2}{3} \times \left(-\dfrac{3}{4}\right) \times \dfrac{1}{5} = -\dfrac{1}{10}$이므로

$$\frac{1}{abc} = \frac{1}{-\frac{1}{10}} = 1 \div \left(-\frac{1}{10}\right)$$
$$= 1 \times (-10) = -10$$

풀이 단계 $\dfrac{2}{a} - \dfrac{3}{b} + \dfrac{1}{c} + \dfrac{1}{abc} = 3 + 4 + 5 + (-10)$

확인 단계 $= 2$

10 $\dfrac{2x-1}{3} - \dfrac{3x+1}{2} = \dfrac{4x-2-9x-3}{6}$
$$= \frac{-5x-5}{6} = -\frac{5}{6}(x+1)$$

$\therefore \square = -\dfrac{5}{6}$

11 서술형

표현 단계 주어진 식을 정리하여 동류항끼리 묶는다.

$a : x$의 계수, $b : y$의 계수, $c :$ 상수항

변형 단계 $\dfrac{-x+y}{2} - \dfrac{2y-3x-3}{3} + \dfrac{2x-5}{6}$

$$\begin{aligned}
&= \frac{3(-x+y)}{6} - \frac{2(2y-3x-3)}{6} + \frac{2x-5}{6} \\
&= \frac{-3x+3y}{6} - \frac{4y-6x-6}{6} + \frac{2x-5}{6} \\
&= \frac{5x-y+1}{6} = \frac{5}{6}x - \frac{1}{6}y + \frac{1}{6}
\end{aligned}$$

풀이 단계 $\dfrac{5}{6}x - \dfrac{1}{6}y + \dfrac{1}{6} = ax + by + c$이므로

$$a = \frac{5}{6},\ b = -\frac{1}{6},\ c = \frac{1}{6}$$이다.

확인 단계 $a + \dfrac{c}{b} = \dfrac{5}{6} + \dfrac{\frac{1}{6}}{-\frac{1}{6}} = \dfrac{5}{6} + (-1) = -\dfrac{1}{6}$

12 서술형

표현 단계 $\dfrac{1}{x} + \dfrac{1}{y} = \dfrac{4}{3}$에서 $\dfrac{x+y}{xy} = \dfrac{4}{3}$

변형 단계 $(x+y) : xy = 4 : 3$이므로

$x+y = 4k$라 하면 $xy = 3k\ (k \neq 0)$

풀이 단계
$$\begin{aligned}
\frac{x(2-3y)+2y}{xy-(2x+2y)} &= \frac{2x-3xy+2y}{xy-(2x+2y)} \\
&= \frac{2(x+y)-3xy}{xy-2(x+y)} \\
&= \frac{2 \times 4k - 3 \times 3k}{3k - 2 \times 4k} \\
&= \frac{8k-9k}{3k-8k} = \frac{-k}{-5k}
\end{aligned}$$

확인 단계 $= \dfrac{1}{5}$

13 한 줄씩 늘어날 때마다 흰색 바둑돌은 1개씩, 검은색 바둑돌은 2개씩 증가한다. 이것을 표로 나타내면 다음과 같다.

	1번째 줄	2번째 줄	3번째 줄	4번째 줄	…	n번째 줄
흰색 바둑돌의 개수	1	2	3	4	…	n
검은색 바둑돌의 개수	1	3	5	7	…	$2n-1$

위의 표로부터 n번째 줄의 흰색 바둑돌과 검은색 바둑돌의 개수의 합은

$n + (2n-1) = 3n - 1$

따라서 일차항의 계수는 3, 상수항은 -1이므로 이 두 수의 차는

$3 - (-1) = 4$

14 원 O_3의 반지름을 a라 하면 두 원 O_2, O_1의 반지름은 각각 $2a$, $4a$이다.

세 원 O_1, O_2, O_3의 넓이 S_1, S_2, S_3를 각각 구하면

$$S_1=(4a)^2\pi=16a^2\pi, \quad S_2=(2a)^2\pi=4a^2\pi, \quad S_3=a^2\pi$$
$$\therefore S_1:S_2:S_3=16a^2\pi:4a^2\pi:a^2\pi$$
$$=16:4:1$$

15 주어진 규칙에 의해 빈칸을 모두 채워 넣으면 다음과 같다.

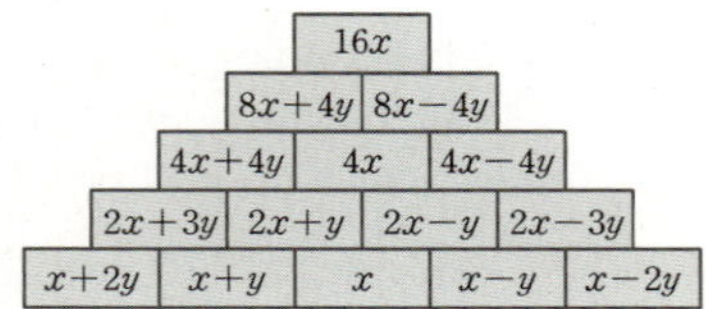

따라서 (가)에 들어갈 식은 $16x$이다.

16 다음 그림과 같이 색종이를 한 장씩 이어 붙일 때마다 가로의 길이는 $(10-a)$ cm씩 늘어난다.

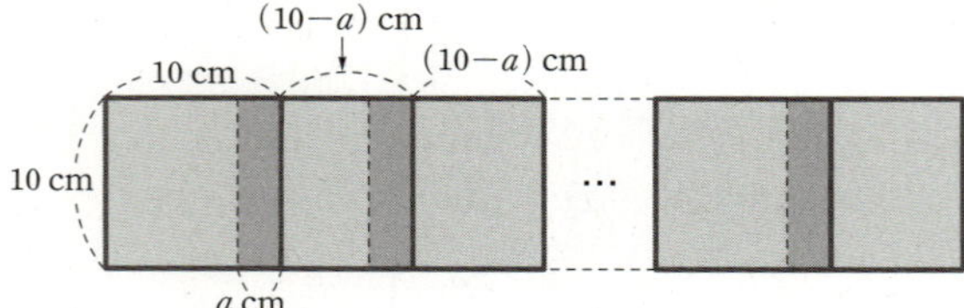

색종이 1장에 19장의 색종이를 이어 붙여 만든 완성된 띠의 가로의 길이는
$$10+19\times(10-a)=200-19a\,(\text{cm})$$
따라서 완성된 띠의 둘레의 길이는
$$2\{10+(200-19a)\}=2(210-19a)=420-38a\,(\text{cm})$$

17 (주어진 식)$=(2a^2-2)x^2+(a+1)x-1$
$$=2(a^2-1)x^2+(a+1)x-1$$
이 식이 x에 대한 일차식이어야 하므로 $a^2-1=0$이고 $a+1\neq0$이어야 한다.
$a^2-1=0$에서 $a^2=1$이므로 $a=1$ 또는 -1
그런데 $a+1\neq0$, 즉 $a\neq-1$이어야 하므로 $a=1$
따라서 구하는 일차식은 $2x-1$

18 $a(x-3)-(bx+7)=ax-3a-bx-7$
$$=(a-b)x-3a-7$$
x의 계수는 $a-b=-3$, 상수항은 $-3a-7=2$이므로
$-3a-7=2$에서 $-3a=-9$ $\quad\therefore a=-3$
$a-b=-3$에서 $-3-b=-3$ $\quad\therefore b=0$
$$\therefore ab-b^2=0$$

19 $A=2x+3$, $B=3x-9$, $C=-x-4$이므로
$$\frac{1}{3}(A-B)-\frac{1}{4}(2B-C-A)$$
$$=\frac{4}{12}(A-B)-\frac{3}{12}(2B-C-A)$$

$$=\frac{1}{12}(4A-4B-6B+3C+3A)$$
$$=\frac{1}{12}(7A-10B+3C)$$
$$=\frac{1}{12}\{7(2x+3)-10(3x-9)+3(-x-4)\}$$
$$=\frac{1}{12}(14x+21-30x+90-3x-12)$$
$$=\frac{1}{12}(-19x+99)$$
$$=-\frac{19}{12}x+\frac{33}{4}$$

20 $-7x+4y-[9y-\{-3y+4x-(-x+3y)\}-4x]-7x$
$$=-7x+4y-\{9y-(-3y+4x+x-3y)-4x\}-7x$$
$$=-7x+4y-(9y+3y-4x-x+3y-4x)-7x$$
$$=-7x+4y-(-9x+15y)-7x$$
$$=-7x+4y+9x-15y-7x$$
$$=-5x-11y$$
따라서 x의 계수는 -5, y의 계수는 -11이므로 그 합은
$$-5-11=-16$$

> **TIP** 상수항이 없는 식에서 계수의 합 구하기
> $ax+by$의 x, y 계수의 합은 $x=1$, $y=1$을 대입하면 된다.
> 예 $5x-4y-(-2x+y)$에서 x, y의 계수의 합은 $x=1$, $y=1$을 대입하면
> $5-4-(-2+1)=1-(-1)=2$

21 주어진 식을 각각 정리하면 다음과 같다.
$$[x^2,\,2x,\,x]=\frac{x^2}{2x}+\frac{2x}{x}+\frac{x^2}{x}$$
$$=\frac{x}{2}+2+x=\frac{3}{2}x+2$$
$$\left[-\frac{1}{2},\,\frac{1}{3},\,\frac{1}{6}\right]=\frac{-\dfrac{1}{2}}{\dfrac{1}{3}}+\frac{\dfrac{1}{3}}{\dfrac{1}{6}}+\frac{-\dfrac{1}{2}}{\dfrac{1}{6}}$$
$$=-\frac{1}{2}\div\frac{1}{3}+\frac{1}{3}\div\frac{1}{6}+\left(-\frac{1}{2}\right)\div\frac{1}{6}$$
$$=-\frac{1}{2}\times3+\frac{1}{3}\times6+\left(-\frac{1}{2}\right)\times6$$
$$=-\frac{3}{2}+2-3$$
$$=-\frac{5}{2}$$
따라서 $\dfrac{3}{2}x+2=-\dfrac{5}{2}$이므로 $\dfrac{3}{2}x=-\dfrac{5}{2}-2$
$$\frac{3}{2}x=-\frac{9}{2}$$
$$\therefore x=-3$$

22 서술형
표현 단계 어떤 다항식을 A라 하면
바르게 계산한 식 : $2x+3y+7+A$
잘못 계산한 식 : $2x+3y+7-A=-x+5y-1$

변형 단계 $A=2x+3y+7-(-x+5y-1)$
$$=2x+3y+7+x-5y+1$$
$$=3x-2y+8$$
풀이 단계 바르게 계산하면
$$2x+3y+7+A=2x+3y+7+3x-2y+8$$
확인 단계 $\qquad\qquad\qquad =5x+y+15$

23 $A+(3x-1)=2x-5$
$$\therefore A=2x-5-3x+1=-x-4$$
$B-(3x-5)=x+2$
$$\therefore B=x+2+3x-5=4x-3$$
$3x-7-C=7x-8$
$$\therefore C=3x-7-7x+8=-4x+1$$
$$\therefore A+B+C=-x-4+4x-3-4x+1=-x-6$$

3 STEP
최고 실력 완성하기

73~75쪽

1 $2xy+4x-5y-20$ **2** $6x+8y-44$

3 $a=\dfrac{75-b-c}{c}$ **4** 3 **5** $\dfrac{67}{6}$

6 $\dfrac{73}{21}$ **7** $\dfrac{-5x+35y}{6}$ **8** -1

9 $a=1, b=2$ **10** 45 **11** $\dfrac{9a+b}{10}$ %

12 두 사람이 제시한 방법은 같다.

13 (가): $100x+y-60$, (나): $100x+y$

14 (가): 1046, (나): 1106

1 직사각형 ABCD에서 가로의 길이는 5 cm 줄이고, 세로의 길이는 4 cm 늘려서 만든 직사각형 AEFG의 넓이는 $(x-5)(y+4)$ cm²
직사각형 AEFG와 직사각형 ABCD의 넓이의 합은
$(x-5)(y+4)+xy=xy-5y+4x-20+xy$
$$=2xy+4x-5y-20\,(\text{cm}^2)$$
$$\therefore S=2xy+4x-5y-20$$

2 길의 넓이 A m²는 전체 직사각형 모양의 땅의 넓이에서 밭의 넓이를 뺀 것과 같으므로

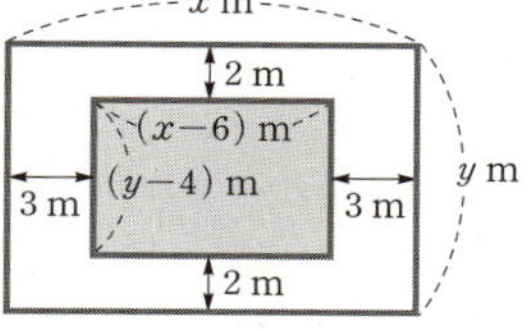

$A=xy-(x-6)(y-4)$
$$=xy-(xy-4x-6y+24)$$
$$=4x+6y-24$$
밭의 둘레의 길이 B m²는
$B=2(x-6)+2(y-4)$
$$=2x+2y-20$$
$$\therefore A+B=(4x+6y-24)+(2x+2y-20)$$
$$=6x+8y-44$$

3 한 학생이 전학 오기 전의 학생 수가 a명, 수학 점수의 평균이 b점이므로 수학 점수의 총점은 ab점이다. 한 학생이 전학 온 후의 학생 수는 $(a+1)$명, 수학 점수의 평균은 $(b+c)$점이므로 수학 점수의 총점은 $(a+1)(b+c)$점이다. 전학 온 학생의 수학 점수가 75점이므로 수학 점수의 총점은 $(ab+75)$점이다.
$ab+75=(a+1)(b+c)$, $ab+75=ab+b+ac+c$
$ab-ab+ac=75-b-c$, $ac=75-b-c$
$$\therefore a=\frac{75-b-c}{c}$$

4 $\dfrac{1}{a}+\dfrac{1}{b}=\dfrac{a+b}{ab}=3$이므로 $a+b=3ab$
$$\therefore \frac{a+3ab+b}{2ab}=\frac{3ab+3ab}{2ab}=\frac{6ab}{2ab}=\frac{6}{2}=3$$

5 $x:y=3:7$에서 $3y=7x$이므로 $y=\dfrac{7}{3}x$
$$\therefore \frac{2x^2+y^2}{3x^2-xy}=\frac{2x^2+\dfrac{49}{9}x^2}{3x^2-x\times\dfrac{7}{3}x}=\frac{\left(2+\dfrac{49}{9}\right)x^2}{\left(3-\dfrac{7}{3}\right)x^2}$$

$$=\frac{\dfrac{67}{9}}{\dfrac{2}{3}}=\frac{67}{9}\div\frac{2}{3}=\frac{67}{9}\times\frac{3}{2}=\frac{67}{6}$$

$x:y=3:7$이므로
$x=3k, y=7k$ (단, k는 0이 아닌 상수)라 하면
$$\frac{2x^2+y^2}{3x^2-xy}=\frac{2(3k)^2+(7k)^2}{3(3k)^2-(3k)\times(7k)}$$
$$=\frac{18k^2+49k^2}{27k^2-21k^2}$$
$$=\frac{67k^2}{6k^2}=\frac{67}{6}$$

6 $a=\dfrac{1}{3}$, $b=-\dfrac{3}{2}$, $c=\dfrac{1}{4}$이므로

$$\dfrac{a-b}{a+c}-ab+\dfrac{c}{b}=\dfrac{\dfrac{1}{3}-\left(-\dfrac{3}{2}\right)}{\dfrac{1}{3}+\dfrac{1}{4}}-\dfrac{1}{3}\times\left(-\dfrac{3}{2}\right)+\dfrac{\dfrac{1}{4}}{-\dfrac{3}{2}}$$

$$=\dfrac{\dfrac{11}{6}}{\dfrac{7}{12}}+\dfrac{1}{2}+\dfrac{1}{4}\div\left(-\dfrac{3}{2}\right)$$

$$=\dfrac{11}{6}\div\dfrac{7}{12}+\dfrac{1}{2}+\dfrac{1}{4}\times\left(-\dfrac{2}{3}\right)$$

$$=\dfrac{11}{6}\times\dfrac{12}{7}+\dfrac{1}{2}-\dfrac{1}{6}$$

$$=\dfrac{22}{7}+\dfrac{1}{2}-\dfrac{1}{6}=\dfrac{73}{21}$$

7 $a=\dfrac{x-y}{3}$, $b=\dfrac{x-3y}{2}$이므로

$$3a-2b-\{3(a+b)-5a\}=3a-2b-(-2a+3b)$$

$$=3a-2b+2a-3b$$

$$=5a-5b$$

$$=5\times\dfrac{x-y}{3}-5\times\dfrac{x-3y}{2}$$

$$=\dfrac{10x-10y-15x+45y}{6}$$

$$=\dfrac{-5x+35y}{6}$$

8 $x-\dfrac{1}{y}=1$, $-1-\dfrac{1}{z}=y$이므로

$$x=1+\dfrac{1}{y}=\dfrac{y+1}{y}$$

$$-\dfrac{1}{z}=y+1\text{에서 } z=\dfrac{-1}{y+1}$$

$$\therefore xyz=\dfrac{y+1}{y}\times y\times\dfrac{-1}{y+1}=-1$$

9 $A=-3(2a-3b)+7(a-b)$

$$=-6a+9b+7a-7b=a+2b$$

$$B=\dfrac{1}{2}(4a-7)+\dfrac{4}{3}(2a-3b)+\dfrac{7}{4}b+\dfrac{7}{2}$$

$$=\dfrac{24a-42+32a-48b+21b+42}{12}$$

$$=\dfrac{56a-27b}{12}$$

$$\therefore A-12B=a+2b-12\times\dfrac{56a-27b}{12}$$

$$=a+2b-56a+27b$$

$$=-55a+29b=3$$

그런데 a, b는 모두 3 미만의 자연수이므로 이를 만족하는 a, b의 값은

$$a=1,\ b=2$$

10 세 수 x, y, z에 대하여
$N(x)N(y)N(z)=10$을 만족하는 경우는
$N(x)N(y)N(z)=1\times1\times10$,
$N(x)N(y)N(z)=1\times2\times5$
의 두 가지이다.
그런데 각 자리의 숫자의 곱이 1인 두 자리의 자연수는 11의 하나뿐이므로 $N(x)N(y)N(z)=1\times1\times10$의 경우는 x, y, z가 서로 다른 세 수라는 조건에 맞지 않는다.
즉, $N(x)N(y)N(z)=10=1\times2\times5$
서로 다른 세 수 x, y, z에 대하여
$N(x)=1$, $N(y)=2$, $N(z)=5$라고 하자.
각 자리의 숫자의 곱이 1인 두 자리의 자연수는 11, 각 자리의 숫자의 곱이 2인 두 자리의 자연수는 12 또는 21, 각 자리의 숫자의 곱이 5인 두 자리의 자연수는 15 또는 51이다. 즉,
(i) $x+y+z$의 값이 최소가 되는 경우
   $x=11$, $y=12$, $z=15$
   $\therefore x+y+z=11+12+15=38$
(ii) $x+y+z$의 값이 최대가 되는 경우
   $x=11$, $y=21$, $z=51$
   $\therefore x+y+z=11+21+51=83$
(i), (ii)에서 $x+y+z$의 최댓값과 최솟값의 차는
$83-38=45$

11 (i) B비커

즉, A비커의 소금물 100 g을 B비커에 넣은 후 B비커의 소금의 양은

$$\dfrac{b}{100}\times100+\dfrac{a}{100}\times100=a+b\,(\text{g})$$

$$\therefore (\text{B비커의 소금물의 농도})=\dfrac{a+b}{200}\times100$$

$$=\dfrac{a+b}{2}(\%)$$

(ii) A비커

즉, B비커의 소금물 50 g을 A비커에 넣은 후 A비커의 소금의 양은

$$\dfrac{a}{100}\times200+\dfrac{\dfrac{a+b}{2}}{100}\times50=2a+\dfrac{a+b}{4}=\dfrac{9a+b}{4}\,(\text{g})$$

$$\therefore (\text{A비커의 소금물의 농도})=\dfrac{\dfrac{9a+b}{4}}{250}\times100$$

$$=\dfrac{9a+b}{10}(\%)$$

12 상품의 가격을 x원이라고 하면

김과장의 의견에 따른 상품의 할인 가격은

$$\left(x+\frac{10}{100}x\right)-\frac{20}{100}\left(x+\frac{10}{100}x\right)=\frac{11}{10}x-\frac{11}{50}x$$
$$=\frac{44}{50}x=\frac{22}{25}x(원)$$

박과장의 의견에 따른 상품의 할인 가격은

$$\left(x-\frac{20}{100}x\right)+\frac{10}{100}\left(x-\frac{20}{100}x\right)=\frac{4}{5}x+\frac{2}{25}x$$
$$=\frac{22}{25}x(원)$$

따라서 두 사람이 제시한 방법은 같다.

13 (가): $\{(태어난\ 달)\times5+12\}\times20+(태어난\ 날)-300$
$$=(5x+12)\times20+y-300$$
$$=100x+y-60$$

(나): $100x+y-60+60=100x+y$

> **TIP** $(5x+12)\times20+y-300+60=100x+240+y-300+60$
> $$=100x+y$$
> 즉, $100\times(태어난\ 달)+(태어난\ 날)$이므로 단순히 태어난 달에 100을 곱하고 태어난 날을 더한 수를 사칙연산으로 복잡하게 만들어 상대방이 눈치채지 못하도록 대화한 것 뿐이며, 실제로 위의 대화를 통해 얻어진 세 자리 또는 네 자리의 수에서 앞 두 자리 수는 태어난 달을, 뒤의 두 자리의 수는 태어난 날을 나타낸다.

14 (가): $100x+y-60=100\times11+6-60=1046$
(나): $100x+y=100\times11+6=1106$

1
주제별 실력다지기 78~84쪽

---

1 방정식 : ㄱ, ㄴ, ㅂ, ㅅ, ㅇ, ㅌ 항등식 : ㄹ, ㅁ, ㅋ　**2** 18

3 5　　**4** ③　　**5** 최상위만세

6 $m=-7,\ n=2$　　**7** $k\neq3$　　**8** $y=-2$

9 (1) $x=2$　(2) $x=2$　(3) $x=19$　(4) $x=1$

10 $x=-\dfrac{11}{17}$　**11** $x=1$　**12** 3　**13** $-\dfrac{2}{3}$

14 12　**15** $\dfrac{5}{4}$　**16** 4　**17** $\dfrac{8}{9}$

18 -1　**19** -16　**20** -1　**21** -1

22 2　**23** -1　**24** $\dfrac{3}{2}$　**25** 8

26 2, 4, 6, 8　**27** 0　**28** $a\neq-1,\ a\neq0$

29 1　**30** $x=-1$

1　ㄱ. $2x+6=6$은 $x=0$일 때만 참이 되므로 방정식이다.

ㄴ. $3-x=x$는 $x=\dfrac{3}{2}$일 때만 참이 되므로 방정식이다.

ㄷ. $3x-2=3x+2$를 만족하는 x가 존재하지 않으므로 거짓인 등식이다. 방정식도 항등식도 아니다.

ㄹ. $-2x-6+2x=-6$은 x의 값에 관계없이 항상 참이 되므로 항등식이다.

ㅁ. $3x+5=3x+5$는 x의 값에 관계없이 항상 참이 되므로 항등식이다.

ㅂ. $\dfrac{1}{2}x+2=\dfrac{1}{3}x-7$은 $x=-54$일 때만 참이 되므로 방정식이다.

ㅅ. $3x+5=2x-5$는 $x=-10$일 때만 참이 되므로 방정식이다.

ㅇ. $3x=0$은 $x=0$일 때만 참이 되므로 방정식이다.

ㅈ. 등호가 없으므로 방정식도 항등식도 아니다. 부등식이다.

ㅊ. 등호가 없으므로 방정식도 항등식도 아니다. 부등식이다.

ㅋ. $x^2+x=x^2+x$는 x의 값에 관계없이 항상 참이 되므로 항등식이다.

ㅌ. $3y=y-4$는 $y=-2$일 때만 참이 되므로 방정식이다.

따라서 방정식은 ㄱ, ㄴ, ㅂ, ㅅ, ㅇ, ㅌ이고, 항등식은 ㄹ, ㅁ, ㅋ이다.

2 $4x-a(x-1)=\dfrac{1}{2}b-2x$

즉, $(4-a)x+a=-2x+\dfrac{1}{2}b$가 x에 대한 항등식이므로

$4-a=-2$, $a=\dfrac{1}{2}b$ $\quad \therefore a=6$, $b=12$

$\therefore a+b=18$

> **TIP** $ax+b=0$이 x에 대한 항등식이 되기 위한 조건
> $a=0$, $b=0$
> **예** $(a+1)x+b-3=0$이 항등식이기 위한 a, b의 값은
> $a+1=0$, $b-3=0$, 즉 $a=-1$, $b=3$

3 주어진 방정식의 해가 $x=2$이므로 이것을 주어진 방정식에 대입하면 등호는 성립한다.

즉, $(2k+3)\times2-3a=bk+3$에서 $4k+6-3a=bk+3$

이 식이 k에 대한 항등식이므로 $b=4$, $6-3a=3$

$3a=3$ $\quad \therefore a=1$

$\therefore a+b=1+4=5$

4 ③ $ac=bc$이면 $c\ne0$일 때만 $a=b$이다.

5 ㄱ. $a=2b$의 양변에 1을 더하면

$a+1=2b+1$

또는 $a=2b$의 양변에 2를 더하면

$a+2=2(b+1)$ (거짓)

ㄴ. $\dfrac{x}{2}=\dfrac{y}{3}$의 양변에 6을 곱하면

$3x=2y$ (거짓)

ㄷ. $a+b=c$의 양변에 a를 더하면

$2a+b=a+c$ (참)

ㄹ. $ac=bc$이면 $c\ne0$일 때만 $a=b$이다. (거짓)

ㅁ. $a-c=b-c$의 양변에 $2c$를 더하면

$a+c=b+c$ (참)

ㅂ. $a+b=x+y$의 양변에서 $b+x$를 빼면

$a-x=y-b$ (참)

ㅅ. $3a=2b$의 양변을 6으로 나눈 후 양변에서 $\dfrac{b}{3}$를 빼면

$\dfrac{a}{2}=\dfrac{b}{3}$, $\dfrac{a}{2}-\dfrac{b}{3}=0$ (거짓)

ㅇ. $x=y$의 양변에서 y를 빼면

$x-y=0$ (참)

ㅈ. $a=b=0$일 때, $\dfrac{a}{b}=1$이 성립하지 않는다. (거짓)

ㅊ. $\dfrac{a}{5}=\dfrac{b}{5}$의 양변에 15를 곱하면

$3a=3b$ (참)

따라서 옳은 것은 ㄷ, ㅁ, ㅂ, ㅇ, ㅊ이므로 구하는 문장은 최상위만세이다.

6 $\dfrac{1}{2}x-7=3$에서

$\dfrac{1}{2}x-7+7=3+7$

$\dfrac{1}{2}x-7-(-7)=3-(-7)$ $\quad \therefore m=-7$

$\dfrac{1}{2}x=10$에서

$\dfrac{1}{2}x\times2=10\times2$, $x=20$ $\quad \therefore n=2$

7 $kx+7=3x-5$, 즉 $(k-3)x+12=0$이 x에 대한 일차방정식이 되려면 x의 계수가 0이 아니어야 하므로

$k-3\ne0$ $\quad \therefore k\ne3$

8 $(2a-1)x^2+(b-2)x+1=0$이 x에 대한 일차방정식이므로 $2a-1=0$, $b-2\ne0$이어야 한다.

$\therefore a=\dfrac{1}{2}$, $b\ne2$

즉, $(b-2)x+1=0$의 해가 $x=1$이므로

$x=1$을 $(b-2)x+1=0$에 대입하면

$(b-2)+1=0$, $b-1=0$ $\quad \therefore b=1$

따라서 y의 계수가 $\dfrac{1}{2}$이고, 상수항이 1인 y에 대한 일차방정식은 $\dfrac{1}{2}y+1=0$이므로

$\dfrac{1}{2}y=-1$ $\quad \therefore y=-2$

9 (1) $\dfrac{x+1}{2}-\dfrac{2x-1}{6}=1$의 양변에 6을 곱하면

$3x+3-2x+1=6$, $x+4=6$

$\therefore x=2$

(2) $0.15x-0.07=0.03x+0.17$의 양변에 100을 곱하면

$15x-7=3x+17$

$12x=24$ $\quad \therefore x=2$

(3) $3:4=(x-7):(x-3)$에서

$4(x-7)=3(x-3)$, $4x-28=3x-9$

$\therefore x=19$

(4) $3\{5x-(1-x)\}+2x-4=13$에서

$3(5x-1+x)+2x-4=13$

$3(6x-1)+2x-4=13$, $18x-3+2x-4=13$

$20x-7=13$, $20x=20$

$\therefore x=1$

10 $5x-\left(x-\dfrac{1-2x}{3}\right)=\dfrac{x-3}{2}$에서

$5x-x+\dfrac{1-2x}{3}=\dfrac{x-3}{2}$, $4x+\dfrac{1-2x}{3}=\dfrac{x-3}{2}$

양변에 6을 곱하면

$24x+2-4x=3x-9$, $20x+2=3x-9$

$17x=-11$ $\quad$ $\therefore x=-\dfrac{11}{17}$

11 $3x-2=4$에서 $3x=6$, $x=2$ $\quad$ $\therefore a=2$

$3a-7x+8=8x-1$에서 $15x=3a+9$에 $a=2$를 대입하면

$15x=6+9=15$ $\quad$ $\therefore x=1$

12 $0.1(x-2)=0.2x-0.8$의 양변에 10을 곱하면

$x-2=2x-8$, $x=6$ $\quad$ $\therefore a=6$

$|a-3|-|12-2a|$에 $a=6$을 대입하면

$|6-3|-|12-12|=3-0=3$

13 $x-7=-4$에서 $x=-4+7=3$이고, 이 해를 방정식

$2(x-a)=a+8$에 대입하면

$2(3-a)=a+8$, $6-2a=a+8$

$3a=-2$ $\quad$ $\therefore a=-\dfrac{2}{3}$

14 주어진 문제는 '일차방정식 $1.3x-\dfrac{21}{5}=1$의 해가 일차

방정식 $7-x=a-3(x-1)$을 만족한다.'는 것과 같은 문제

이다.

따라서 일차방정식 $1.3x-\dfrac{21}{5}=1$의 양변에 10을 곱하면

$13x-42=10$, $13x=52$ $\quad$ $\therefore x=4$

이 해를 방정식 $7-x=a-3(x-1)$에 대입하면

$7-4=a-3(4-1)$ $\quad$ $\therefore a=12$

15 x에 대한 방정식 $\dfrac{2x-3}{4}+a=\dfrac{x+2a}{3}$의 해가 2이므

로 $x=2$를 대입하면

$\dfrac{4-3}{4}+a=\dfrac{2+2a}{3}$, $\dfrac{1}{4}+a=\dfrac{2+2a}{3}$

양변에 12를 곱하면

$3+12a=8+8a$, $4a=5$

$\therefore a=\dfrac{5}{4}$

16 x에 대한 방정식 $\dfrac{x-4}{6}=\dfrac{2x+a}{4}-1$

즉, $\dfrac{1}{6}(x-4)=\dfrac{1}{4}(2x+a)-1$의 해가 $-\dfrac{1}{2}$이므로

$x=-\dfrac{1}{2}$을 대입하면

$\dfrac{1}{6}\times\left(-\dfrac{1}{2}-4\right)=\dfrac{1}{4}\times\left\{2\times\left(-\dfrac{1}{2}\right)+a\right\}-1$

$\dfrac{1}{6}\times\left(-\dfrac{9}{2}\right)=\dfrac{1}{4}(-1+a)-1$

$-\dfrac{3}{4}=\dfrac{1}{4}(-1+a)-1$

양변에 4를 곱하면

$-3=-1+a-4$ $\quad$ $\therefore a=2$

$\therefore a^2=4$

17 $\dfrac{3x-1}{4}=1$의 양변에 4를 곱하면

$3x-1=4$, $3x=5$ $\quad$ $\therefore x=\dfrac{5}{3}$

$\dfrac{5}{3}$와 절댓값이 같고 부호는 서로 반대인 수는 $-\dfrac{5}{3}$이므로

$6k+x=3k+1$의 해는 $x=-\dfrac{5}{3}$이다.

$x=-\dfrac{5}{3}$를 $6k+x=3k+1$에 대입하면

$6k-\dfrac{5}{3}=3k+1$, $3k=\dfrac{8}{3}$ $\quad$ $\therefore k=\dfrac{8}{9}$

18 (가) $\dfrac{1}{2}(x-3)=3x+\dfrac{7}{2}$의 양변에 2를 곱하면

$\quad x-3=6x+7$, $5x=-10$

$\quad \therefore x=-2$

이때 세 방정식의 해가 같으므로 $x=-2$를 나머지 두 방정

식에 각각 대입하여 a, b를 구하면 다음과 같다.

(나) $x+bx=2(x+8)$에 $x=-2$를 대입하면

$\quad -2-2b=12$, $2b=-14$ $\quad$ $\therefore b=-7$

(다) $x-a=-8$에 $x=-2$를 대입하면

$\quad -2-a=-8$ $\quad$ $\therefore a=6$

$\therefore a+b=6-7=-1$

19 ㉠ $4-5x=-6$에서

$5x=10$ $\quad$ $\therefore x=2$

㉡의 해가 ㉠의 해의 3배이므로 ㉡의 해는 6, 즉 $x=6$이다.

$mx-2n-8=0$에 $x=6$을 대입하면

$6m-2n-8=0$, $6m-2n=8$

$\therefore -12m+4n=-2(6m-2n)=-2\times8=-16$

20 $a+3b-5(2a+6b-3)=24$에서 $a+3b=A$라고 하면

$A-5(2A-3)=24$, $A-10A+15=24$

$-9A=9$ $\quad$ $\therefore A=-1$

$\therefore a+3b=-1$

21 $x+y-4=3(x+y-2)$에서 $x+y=A$라고 하면

$A-4=3(A-2)$, $A-4=3A-6$

$2A=2$ $\therefore A=1$

$\therefore -x-y=-(x+y)=-A=-1$

22 $(7x-4)\text{◎}(3x-8)=4$에서

$\dfrac{7x-4+3x-8}{2}=4,\ 10x-12=8,\ 10x=20$

$\therefore x=2$

23 $2\triangle x=2x+2+x=3x+2$이므로

$(3x+2)\triangle 3=3(3x+2)+3x+2+3$

$\qquad\qquad\quad =9x+6+3x+5=12x+11$

즉, $12x+11=-1$이므로 $12x=-12$ $\therefore x=-1$

24 (가) $5x*8=5$에서 $5x+8-2=5$

$\qquad 5x=-1$ $\therefore x=-\dfrac{1}{5}$

(나) $ax*a=-x*1$에서

$\qquad ax+a-2=-x+1-2,\ ax+x=1-a$

(가), (나)의 해가 같으므로

$x=-\dfrac{1}{5}$을 대입하면 $-\dfrac{1}{5}a-\dfrac{1}{5}=1-a$

양변에 5를 곱하면 $-a-1=5-5a$

$4a=6$ $\therefore a=\dfrac{3}{2}$

25 $x-\dfrac{1}{3}(x+2a)=-6$의 양변에 3을 곱하면

$3x-x-2a=-18,\ 2x=2a-18$

$\therefore x=a-9$

x는 음의 정수이므로 $x=a-9<0$

$\therefore a<9$

그런데 a는 자연수이므로 이를 만족하는 a의 값은 1, 2, 3, 4, 5, 6, 7, 8이다.

따라서 a의 개수는 8이다.

26 $x-4=\dfrac{1}{5}(x-2a)$의 양변에 5를 곱하면

$5x-20=x-2a,\ 4x=-2a+20$

$\therefore x=-\dfrac{1}{2}a+5$

$x,\ a$는 모두 자연수이므로

$x=-\dfrac{1}{2}a+5>0$ $\therefore \dfrac{1}{2}a<5$　　　　······ ㉠

이때 a는 ㉠을 만족하는 짝수이어야 한다.

따라서 구하는 상수 a의 값은 2, 4, 6, 8이다.

27 $5x-5=ax+b$의 해가 모든 수이므로 주어진 식은 x에 대한 항등식이다.

즉, $a=5,\ b=-5$ $\therefore a+b=0$

28 $x-\dfrac{2x-a}{a}=3x+1$에서 분모는 0이 될 수 없으므로

$a\neq 0$

또, $x-\dfrac{2x-a}{a}=3x+1$에서

$x-\dfrac{2}{a}x+1=3x+1,\ \left(-\dfrac{2}{a}-2\right)x=0$이 한 개의 해를 가지려면 x의 계수가 0이 아니어야 하므로

$-\dfrac{2}{a}-2\neq 0,\ -\dfrac{2}{a}\neq 2$ $\therefore a\neq -1$

따라서 $a\neq -1,\ a\neq 0$

29 $(3a-4)x+b+8=ax+3b$의 해가 두 개 이상이므로 이 방정식은 해가 무수히 많다.

즉, $3a-4=a,\ b+8=3b$

$\therefore a=2,\ b=4$

이때 $6(x-2)=c(2x+4)$의 해가 존재하지 않으므로

$6x-12=2cx+4c$에서

$6=2c,\ -12\neq 4c$

$\therefore c=3$

$\therefore a-b+c=2-4+3=1$

30 $2x+b=ax+1$에서 $(2-a)x=1-b$이고, 이 방정식의 해가 존재하지 않으므로

$2-a=0,\ 1-b\neq 0$ $\therefore a=2,\ b\neq 1$

따라서 $3x+a=-a(x+1)-1$에 $a=2$를 대입하면

$3x+2=-2(x+1)-1$

$3x+2=-2x-2-1$에서

$5x=-5$ $\therefore x=-1$

2 STEP
실력 높이기

1 ⑤	**2** -7	**3** 22	**4** 6
5 $x=-23$	**6** $-\dfrac{1}{4}$	**7** 1, 2, 3, 4	**8** 6, 12
9 83	**10** -1	**11** $x=5$	**12** $x=40$
13 $x=\dfrac{7}{3}$	**14** $a=-3,\ b=1$	**15** 2	
16 33	**17** $\dfrac{125}{343}$	**18** 3	**19** -1
20 3	**21** $\dfrac{64}{48}$	**22** $x=12$	**23** 9
24 4	**25** $-\dfrac{15}{4}$		

26 해가 모든 수일 조건 : $a=0,\ b=4$,

해가 없을 조건 : $a=0,\ b\neq 4$

---

1 ① $-2a=3b$의 양변을 6으로 나누면 $-\dfrac{a}{3}=\dfrac{b}{2}$

② $ax=b$에서 $a\neq 0$일 때 양변을 a로 나누면 $x=\dfrac{b}{a}$

③ $x=-2y$의 양변에 1을 더하면 $x+1=-2y+1$

④ $\dfrac{x}{y}=3$의 양변에 y를 곱하면 $x=3y$

⑤ $x=y$의 양변에 x를 더하면 $x+x=x+y$

  $\therefore 2x=x+y$

2 $3x-7=11$을 $\square x=\triangle$의 꼴로 바꾸기 위해 양변에서 c를 빼면 $3x-7-c=11-c$이므로

$-7-c=0$, 즉 $c=-7$

3 $x+\dfrac{2x-3}{2}=\dfrac{x+3}{3}+\dfrac{5}{6}$의 양변에 6을 곱하면

$6x+6x-9=2x+6+5$

$10x=20,\ x=2$ $\therefore a=2$

$0.7x-3=0.4x-9$의 양변에 10을 곱하면

$7x-30=4x-90,\ 3x=-60$

$x=-20$ $\therefore b=-20$

$\therefore a-b=2-(-20)=22$

---

4 서술형

표현 단계 두 방정식의 해가 같으므로

방정식 $0.2(x-1)=0.5(2x+5)-0.3$의 해를 구하여 방정식 $2x+1=ax+13$에 대입한다.

변형 단계 $0.2(x-1)=0.5(2x+5)-0.3$의 양변에 10을 곱하면

$2(x-1)=5(2x+5)-3$

$2x-2=10x+25-3$

$-8x=24$ $\therefore x=-3$

풀이 단계 $x=-3$을 $2x+1=ax+13$에 대입하면

$2\times(-3)+1=a\times(-3)+13$

$-5=-3a+13,\ 3a=18$

확인 단계 $\therefore a=6$

5 $1+\dfrac{3}{x}+\dfrac{5}{2x}-\dfrac{5}{3x}=\dfrac{5}{6}\ (x\neq 0)$의 양변에 $6x$를 곱하면

$6x+18+15-10=5x$

$\therefore x=-23$

6 $\dfrac{3}{x-y}-4=\dfrac{2}{x-y}\ (x\neq y)$의 양변에 $x-y$를 곱하면

$3-4(x-y)=2,\ 4(x-y)=1$

$x-y=\dfrac{1}{4}$ $\therefore y-x=-\dfrac{1}{4}$

7 $x-\dfrac{1}{3}(x+4a)=-6$의 양변에 3을 곱하면

$3x-x-4a=-18,\ 2x=4a-18$

$\therefore x=2a-9$

해가 음의 정수이므로

$2a-9<0,\ 2a<9$ $\therefore a<\dfrac{9}{2}$

그런데 a는 자연수이므로 가능한 a의 값은 1, 2, 3, 4이다.

8 서술형

표현 단계 x에 대한 방정식 $2(9-3x)=a$의 해를 구하면

변형 단계 $2(9-3x)=a$에서 $18-6x=a,\ 6x=18-a$

  $\therefore x=\dfrac{18-a}{6}=3-\dfrac{a}{6}$

풀이 단계 방정식의 해가 자연수이므로 $3-\dfrac{a}{6}$는 자연수이다.

확인 단계 따라서 자연수 a의 값은 6, 12이다.

9 $0.2x-0.4=2(3-0.3x)$에서

$0.2x-0.4=6-0.6x$

양변에 10을 곱하면

$2x-4=60-6x$, $8x=64$ $\therefore x=8$

이때 8의 역수 $\dfrac{1}{8}$이 $ax-7=3x+3$의 해이므로

$x=\dfrac{1}{8}$을 대입하면

$\dfrac{1}{8}a-7=\dfrac{3}{8}+3$, $\dfrac{1}{8}a=\dfrac{3}{8}+10=\dfrac{83}{8}$

$\therefore a=83$

10

표현 단계 $a+4b=2(a-b)$에서 $a=6b$이므로

변형 단계 $\dfrac{3a+2b}{a-b}=\dfrac{3\times 6b+2b}{6b-b}=\dfrac{20b}{5b}=4$

풀이 단계 $x=4$를 $\dfrac{x+21}{5}-ax=\dfrac{x-a}{3}$에 대입하면

$\dfrac{4+21}{5}-4a=\dfrac{4-a}{3}$, $5-4a=\dfrac{4-a}{3}$

양변에 3을 곱하면

$15-12a=4-a$, $11a=11$

$\therefore a=1$

확인 단계 $\therefore -a^2+a-1=-1+1-1=-1$

11 $(2a+b):(a-b)=2:3$에서

$2(a-b)=3(2a+b)$

$2a-2b=6a+3b$

$\therefore 4a=-5b$ ...... ㉠

$\dfrac{x}{a}=-\dfrac{4}{b}$의 양변에 ab를 곱하면

$bx=-4a$ ...... ㉡

㉠, ㉡에서 $bx=5b$

$\therefore x=5$

12 $\dfrac{1}{2}x-\dfrac{1}{3}\left\{x-\dfrac{1}{2}x+\dfrac{1}{10}\left(\dfrac{1}{3}x-\dfrac{1}{12}x\right)\right\}=13$에서

$\dfrac{1}{2}x-\dfrac{1}{3}\left\{x-\dfrac{1}{2}x+\dfrac{1}{10}\left(\dfrac{4}{12}x-\dfrac{1}{12}x\right)\right\}=13$

$\dfrac{1}{2}x-\dfrac{1}{3}\left(x-\dfrac{1}{2}x+\dfrac{1}{40}x\right)=13$

$\dfrac{1}{2}x-\dfrac{1}{3}\left(\dfrac{40}{40}x-\dfrac{20}{40}x+\dfrac{1}{40}x\right)=13$

$\dfrac{1}{2}x-\dfrac{1}{3}\times\dfrac{21}{40}x=13$

$\dfrac{1}{2}x-\dfrac{7}{40}x=13$

양변에 40을 곱하면

$20x-7x=520$

$13x=520$

$\therefore x=40$

13

표현 단계 $ax+7=4x+7$의 해가 모든 수이므로 항등식이다.

변형 단계 즉, $a=4$

풀이 단계 $a=4$를 $x-\dfrac{1}{a}(x-1)=\dfrac{1}{2}a$에 대입하면

$x-\dfrac{1}{4}(x-1)=2$

양변에 4를 곱하면

$4x-x+1=8$, $3x=7$

확인 단계 $\therefore x=\dfrac{7}{3}$

14 $(a+3)x=b-1$의 해가 2개 이상이라는 것은 해가 모든 수라는 뜻이다. 즉, $0\times x=0$의 꼴이 되어야 하므로

$a+3=0$, $b-1=0$

$\therefore a=-3$, $b=1$

15 $x:(1-2x)=2:(a-4)$에서

$2(1-2x)=x(a-4)$, $2-4x=ax-4x$

$ax=2$

주어진 식이 일차방정식이므로 $a\neq 0$가 되어 양변을 a로 나누면

$x=\dfrac{2}{a}$ ...... ㉠

또, $\dfrac{x+1}{3}-\dfrac{x-1}{2}=\dfrac{b}{6}$에서 양변에 6을 곱하면

$2x+2-3x+3=b$, $-x+5=b$

$\therefore x=5-b$ ...... ㉡

㉠, ㉡에 의하여 $\dfrac{2}{a}=5-b$

양변에 a를 곱하면

$5a-ab=2$

16 $5:(x-7)=2:(x-1)$에서

$2(x-7)=5(x-1)$

$2x-14=5x-5$, $3x=-9$

$\therefore x=-3$

이때 방정식 $x-\dfrac{a-x}{x}=9$와 해가 같으므로 $x=-3$을 대입하면

$-3-\dfrac{a-(-3)}{-3}=9$, $-3+\dfrac{a+3}{3}=9$, $\dfrac{a+3}{3}=12$

양변에 3을 곱하면

$a+3=36$ $\therefore a=33$

17 $3-\{x-(2-x)\}-x=4x$에서

$3-(x-2+x)-x=4x$

$5-3x=4x,\ 7x=5$

$a>0$이므로 $a=7,\ b=5$

$\therefore \left(\dfrac{b}{a}\right)^3=\left(\dfrac{5}{7}\right)^3=\dfrac{125}{343}$

18 서술형

표현 단계 $k=0,\ 1,\ 2$일 때의 방정식의 해가 각각 $a_0,\ a_1,\ a_2$이
므로

변형 단계 $k=0$일 때, $3(x-0)-1=5-0$에서

$\qquad 3x=6,\ x=2=a_0$

$\qquad k=1$일 때, $3(x-1)-1=5-2$에서

$\qquad 3x=7,\ x=\dfrac{7}{3}=a_1$

$\qquad k=2$일 때, $3(x-2)-1=5-4$에서

$\qquad 3x=8,\ x=\dfrac{8}{3}=a_2$

풀이 단계 $\therefore\ |a_0-a_1-a_2|=\left|2-\dfrac{7}{3}-\dfrac{8}{3}\right|=\left|\dfrac{6}{3}-\dfrac{7}{3}-\dfrac{8}{3}\right|$

$\qquad\qquad\qquad\qquad =\left|-\dfrac{9}{3}\right|=|-3|$

확인 단계 $\qquad\qquad\qquad =3$

19 방정식 $3-2x=1$을 풀면 $x=1$이므로 $5a-7x=2$의
해는 -1이다.

따라서 $x=-1$을 $5a-7x=2$에 대입하면

$5a-7\times(-1)=2,\ 5a=-5 \qquad \therefore a=-1$

20 서술형

표현 단계 $0\le x<5$일 때 식을 정리하면

변형 단계 $x\ge0$이므로 $|x|=x$

$\qquad x-5<0$이므로 $|x-5|=-(x-5)=-x+5$

풀이 단계 $2|x|+|x-5|=8$에서

$\qquad\quad 2x-x+5=8$

확인 단계 $\therefore\ x=3$

> **TIP** 절댓값이 있는 방정식의 풀이는 $|x|=\begin{cases} x & (x\ge0) \\ -x & (x<0) \end{cases}$을 이용
>
> **예** $|x-1|=3$을 풀면
> (ⅰ) $x-1\ge0$일 때
> $\quad |x-1|=x-1$이므로
> $\quad x-1=3 \quad \therefore x=4$
> (ⅱ) $x-1<0$일 때
> $\quad |x-1|=-(x-1)$
> $\qquad\qquad =-x+1$
> $\quad$이므로 $-x+1=3$
> $\quad \therefore x=-2$
> (ⅰ), (ⅱ)에서 $x=-2$ 또는 $x=4$

21 약분해서 $\dfrac{4}{3}$가 되는 분수를 $\dfrac{4k}{3k}$ (단, k는 정수)라고 하자.

$\dfrac{4k+5}{3k-2}=\dfrac{3}{2}$에서

$2(4k+5)=3(3k-2),\ 8k+10=9k-6$

$\therefore k=16$

따라서 약분하기 전의 어떤 분수는 $\dfrac{4\times16}{3\times16}=\dfrac{64}{48}$이다.

22 서술형

표현 단계 $\dfrac{2}{3}x+a=-x+b$에서

변형 단계 $a=0$일 때, $x=18$이므로

$\qquad \dfrac{2}{3}\times18+0=-18+b,\ 12=-18+b$

$\qquad \therefore b=30$

$\qquad b=0$일 때, $x=-6$이므로

$\qquad \dfrac{2}{3}\times(-6)+a=-(-6)+0,\ -4+a=6$

$\qquad \therefore a=10$

풀이 단계 $\dfrac{2}{3}x+10=-x+30$을 바르게 계산하면

$\qquad 2x+30=-3x+90,\ 5x=60$

확인 단계 $\therefore\ x=12$

23 $x\circ4=4x-x-4=3x-4$

$3\circ(x+2)=3(x+2)-3-(x+2)=2x+1$

$x\circ4-\{3\circ(x+2)\}=4x$에서

$3x-4-(2x+1)=4,\ 3x-4-2x-1=4$

$x-5=4 \qquad \therefore x=9$

24 $(x-3)\circledcirc7=x-3+7-7(x-3)$

$\qquad\qquad\qquad =x+4-7x+21$

$\qquad\qquad\qquad =-6x+25$

이므로

$\{(x-3)\circledcirc7\}\circledcirc2=(-6x+25)\circledcirc2$

$\qquad\qquad\qquad\qquad =-6x+25+2-2(-6x+25)$

$\qquad\qquad\qquad\qquad =-6x+27+12x-50$

$\qquad\qquad\qquad\qquad =6x-23$

즉, $6x-23=1,\ 6x=24$

$\therefore\ x=4$

25 서술형

표현 단계 $[a,\ b]=-ax+b$이므로

변형 단계 $[2,\ -3]=-2x-3$

$\qquad [-1,\ 2]=x+2$

$\qquad [3,\ 2]=-3x+2$

풀이 단계 $[2,\ -3]-5[-1,\ 2]=[3,\ 2]$

$\qquad -2x-3-5(x+2)=-3x+2$

$$-2x-3-5x-10=-3x+2$$
$$-7x-13=-3x+2$$
$$-4x=15$$

<u>확인 단계</u> $\therefore x=-\dfrac{15}{4}$

26 $a(x-2)=b-4$에서

$ax-2a=b-4$, $ax=2a+b-4$

(i) 해가 모든 수일 조건

　주어진 방정식이 $0\times x=0$의 꼴이어야 한다.

　$a=0$, $2a+b-4=0$

　$\therefore a=0$, $b=4$

(ii) 해가 없을 조건

　주어진 방정식이 $0\times x=(0$이 아닌 수$)$의 꼴이어야 한다.

　$a=0$, $2a+b-4\neq0$

　$\therefore a=0$, $b\neq4$

(i), (ii)에서 해가 모든 수일 조건은 $a=0$, $b=4$, 해가 없을 조건은 $a=0$, $b\neq4$이다.

3 STEP
최고 실력 완성하기

91~94쪽

1 $\begin{cases} a=0\text{이면 해는 모든 수} \\ a\neq0\text{이면 } x=2 \end{cases}$	**2** -5	**3** $x=2$	
4 3	**5** 5	**6** $x=40$	**7** 8
8 ⑤	**9** $x=2$	**10** $x=3$	**11** $\dfrac{19}{7}$
12 풀이 참조	**13** (1) 풀이 참조　(2) 풀이 참조		

1 $a(x-2)=0$에서 $ax=2a$

(i) $a=0$일 때

　$0\times x=0$의 꼴이므로 해는 모든 수이다.

(ii) $a\neq0$일 때

　양변을 a로 나누면 $x=2$

(i), (ii)에서 주어진 방정식의 해는 다음과 같다.

$\begin{cases} a=0\text{이면 해는 모든 수} \\ a\neq0\text{이면 } x=2 \end{cases}$

2 $\begin{vmatrix} -3 & 7 \\ x & x+1 \end{vmatrix}=\begin{vmatrix} 5x-1 & 3 \\ x-2 & -1 \end{vmatrix}$에서

$-3(x+1)-7x=-(5x-1)-3(x-2)$

$-3x-3-7x=-5x+1-3x+6$

$-10x-3=-8x+7$, $-2x=10$

$\therefore x=-5$

3 절댓값 기호 안의 수가 양수일 경우와 음수일 경우로 나누어 생각한다.

(i) $x-1\geq0$일 때

　$|x-1|=x-1$이므로

　$x-1=2x-3$　$\therefore x=2$

(ii) $x-1<0$일 때

　$|x-1|=-(x-1)=-x+1$이므로

　$-x+1=2x-3$, $3x=4$　$\therefore x=\dfrac{4}{3}$

　그런데 $x<1$이므로 해가 될 수 없다.

(i), (ii)에서 구하는 방정식의 해는 $x=2$

4 $\dfrac{x}{3}=\dfrac{y}{4}=\dfrac{z}{5}=k$(단, $k\neq0$)라고 하면

$x=3k$, $y=4k$, $z=5k$ $\qquad\qquad$ …… ㉠

$(2x-y+z)A=x+2y+2z$에 ㉠을 대입하면

$(6k-4k+5k)A=(3k+8k+10k)$

$7kA=21k$　$\therefore A=3$

5 $<9,\ 12>=9$, $<2x-1,\ 2x-7>=2x-7$이므로

$\dfrac{<9,\ 12>}{<2x-1,\ 2x-7>}=\dfrac{9}{2x-7}=3$

$3(2x-7)=9$, $6x-21=9$, $6x=30$

$\therefore x=5$

6 $3a+2b+c=20$에서

$2b+c=20-3a$이므로

$4b+2c=2(2b+c)=2(20-3a)=40-6a$

$3a+c=20-2b$이므로

$6a+2c=2(3a+c)=2(20-2b)=40-4b$

$3a+2b=20-c$이므로

$6a+4b=2(3a+2b)=2(20-c)=40-2c$

$\therefore \dfrac{x}{3a}+\dfrac{x}{2b}+\dfrac{x}{c}-6=\dfrac{4b+2c}{3a}+\dfrac{6a+2c}{2b}+\dfrac{6a+4b}{c}$

$\qquad\qquad =\dfrac{40-6a}{3a}+\dfrac{40-4b}{2b}+\dfrac{40-2c}{c}$

$$= \frac{40}{3a} + \frac{40}{2b} + \frac{40}{c} - 6$$

$$\therefore x = 40$$

7 $0.2(x+1) : a = 0.1(x-2) : 4$에서
$0.1a(x-2) = 0.8(x+1)$
양변에 10을 곱하면
$a(x-2) = 8(x+1)$, $ax-2a = 8x+8$
$(a-8)x = 8+2a$
이때 이를 만족하는 x가 존재하지 않으려면 이 식은
$0 \times x = (0$이 아닌 수$)$의 꼴이어야 한다.
즉, $a-8 = 0$, $8+2a \neq 0$ $\quad \therefore a = 8$

> **TIP** $a : b = c : d$이면 $bc = ad$이다.
> $a : b = c : d$이면 $\frac{a}{b} = \frac{c}{d}$이므로 양변에 bd를 곱하면 $ad = bc$이다.

8 방정식 $2(x-1) - 3 = -2x - 13$을 풀면
$2x - 2 - 3 = -2x - 13$
$4x = -8$ $\quad \therefore x = -2$
따라서 문제의 뜻에 따라 방정식 $3x+1 = x+a$는 $x = -2$
를 해로 가질 수 없으므로 대입하면 등호가 성립하지 않는다.
즉, $3 \times (-2) + 1 \neq (-2) + a$
$\therefore a \neq -3$

9 $\dfrac{1}{1 - \dfrac{1}{1 + \dfrac{1}{x}}} = 3$에서 $\dfrac{1}{1 - \dfrac{1}{\dfrac{x+1}{x}}} = 3$

$\dfrac{1}{1 - \dfrac{x}{x+1}} = 3$, $\dfrac{1}{\dfrac{x+1-x}{x+1}} = 3$

$\dfrac{1}{\dfrac{1}{x+1}} = 3$, $x+1 = 3$

$\therefore x = 2$

다른 풀이

$\dfrac{1}{1 - \dfrac{1}{1 + \dfrac{1}{x}}} = 3$이므로 $1 - \dfrac{1}{1 + \dfrac{1}{x}} = \dfrac{1}{3}$

즉, $\dfrac{1}{1 + \dfrac{1}{x}} = \dfrac{2}{3}$이므로

$1 + \dfrac{1}{x} = \dfrac{3}{2}$, $\dfrac{1}{x} = \dfrac{1}{2}$

$\therefore x = 2$

10 $\dfrac{2}{1 - \dfrac{x}{x-1}} = \dfrac{1}{-1 + \dfrac{x}{x+1}}$에서

$\dfrac{2}{1 - \dfrac{x}{x-1}} = \dfrac{2}{\dfrac{x-1-x}{x-1}} = \dfrac{2}{\dfrac{-1}{x-1}} = \dfrac{2(x-1)}{-1}$

$\qquad = -2(x-1) = 2 - 2x$

$\dfrac{1}{-1 + \dfrac{x}{x+1}} = \dfrac{1}{\dfrac{-x-1+x}{x+1}} = \dfrac{1}{\dfrac{-1}{x+1}}$

$\qquad = -(x+1) = -x-1$

따라서 $2 - 2x = -x - 11$이므로
$-x = -3$ $\quad \therefore x = 3$

11 $1 \triangle x = \dfrac{1+x}{2}$이므로

$-1 \triangle (1 \triangle x) = -1 \triangle \dfrac{1+x}{2}$

$\qquad = \dfrac{-1 + \dfrac{1+x}{2}}{2}$

$\qquad = \dfrac{\dfrac{-2+1+x}{2}}{2}$

$\qquad = \dfrac{x-1}{4}$

$-3\{-1 \triangle (1 \triangle x)\} = -3 \times \dfrac{x-1}{4}$이므로

$-\dfrac{3}{4}(x-1) = x-4$

양변에 4를 곱하면 $-3x + 3 = 4x - 16$
$-7x = -19$ $\quad \therefore x = \dfrac{19}{7}$

12 구하는 식은 $5x - 3y = 4$
x, y가 자연수일 때, $5x - 3y = 4$를 만족하는 x, y의 값을 각
각 구한다. 이때 x, y는 물을 뜨고 붓는 횟수를 나타낸다.

13 (1) 3 L 들이 물통으로 물을 3번 가득 떴고, 5 L 들이 물
통이 꽉 차도록 1번 부었다.
(2) ① 3 L 들이 물통에 물을 가득 떠서 5 L 들이 물통에 붓는
다.
② 3 L 들이 물통에 물을 가득 떠서 5 L 들이 물통에 부어
5 L 들이 물통을 가득 채운 후 모두 버리고, 3 L 들이
물통에 남은 1 L의 물을 5 L 들이 물통에 붓는다.
③ 3 L 들이 물통에 물을 가득 떠서 5 L 들이 물통에 부으
면 5 L 들이 물통엔 4 L의 물이 남게 된다.

1

주제별 실력다지기

97~103쪽

1 12세	**2** 400분 후	**3** 130	**4** 80
5 50분	**6** 2 km	**7** 15 km	**8** 30분 후
9 60 m	**10** 97.5 m/분	**11** 200 m	**12** 24 m
13 8 km	**14** 20 g	**15** $\dfrac{200}{7}$ g	**16** 500 g
17 50 g	**18** 9 %	**19** 8일	**20** 4일
21 1시간 12분	**22** 2시간 24분	**23** 31.25 %	
24 105000원	**25** 43000	**26** $\dfrac{220}{3}$	**27** 9
28 145	**29** 420	**30** 1시 $38\dfrac{2}{11}$ 분	
31 5시 $16\dfrac{4}{11}$ 분 또는 5시 $38\dfrac{2}{11}$ 분			

1 아버지의 나이는 아들의 나이의 3배보다 8세 많으므로 아들의 나이를 x세라 하면 아버지의 나이는 $(3x+8)$세이다. 이때 아들의 나이는 아버지의 나이의 절반보다 10세 적으므로

$$x=\frac{1}{2}(3x+8)-10$$

$$x=\frac{3}{2}x+4-10, \ \frac{1}{2}x=6$$

$$\therefore x=12$$

따라서 아들의 나이는 12세이다.

2 두 양초 A, B가 각각 x분 후에 몇 cm씩 짧아지는지 구하면 다음 표와 같다.

A(cm)			B(cm)		
10분	1분	x분	10분	1분	x분
0.1	0.01	$0.01x$	0.3	0.03	$0.03x$

불을 붙이고 x분 후에
양초 A의 남은 길이는 $(30-0.01x)$ cm,
양초 B의 남은 길이는 $(25-0.03x)$ cm이다.

x분 후에 양초 A의 길이가 양초 B의 길이의 2배가 된다고 하면

$$30-0.01x=2(25-0.03x)$$

$$30-0.01x=50-0.06x$$

$$0.05x=20 \quad \therefore x=400$$

따라서 불을 붙이고 400분 후이다.

3 합격한 남학생 수를 $5x$, 여학생 수를 $4x$라 하고 주어진 조건을 표로 나타내면 다음과 같다.

합격		불합격	
남	여	남	여
$5x$명	$4x$명	20명	20명

이때 지원자의 남녀 비율이 7 : 6이므로

$$(5x+20):(4x+20)=7:6$$

$$7(4x+20)=6(5x+20)$$

$$28x+140=30x+120, \ 2x=20$$

$$\therefore x=10$$

따라서 입학 지원자 수는

$$(5x+20)+(4x+20)=9x+40=130$$

4 A 상자의 바둑돌의 개수를 $8x$, B 상자의 바둑돌의 개수를 $9x$라 하고 주어진 조건을 표로 나타내면 다음과 같다.

A 상자		B 상자	
$8x$개		$9x$개	
흰 바둑돌	검은 바둑돌	흰 바둑돌	검은 바둑돌
$\left(8x\times\dfrac{7}{10}\right)$개	$\left(8x\times\dfrac{3}{10}\right)$개	$\left(9x\times\dfrac{2}{9}\right)$개	$\left(9x\times\dfrac{7}{9}\right)$개

바둑돌을 모두 모아 보면 흰 바둑돌보다 검은 바둑돌이 18개 더 많으므로

$$8x\times\frac{7}{10}+9x\times\frac{2}{9}=8x\times\frac{3}{10}+9x\times\frac{7}{9}-18$$

$$\frac{28}{5}x+2x=\frac{12}{5}x+7x-18, \ \frac{9}{5}x=18$$

$$\therefore x=10$$

따라서 A 상자의 바둑돌의 개수는

$$8x=80$$

5 A 지점에서 B 지점까지 가는 데 걸린 시간을 x분이라 고 하고 주어진 조건을 표로 나타내면 다음과 같다.

	A→B	B→C
총 소요 시간	90분	
	x분	$(90-x)$분
속력	80 m/분	100 m/분
거리	$80x$ m	$100(90-x)$ m

두 지점 A, C 사이의 거리가
8 km, 즉 8000 m이므로

$80x+100(90-x)=8000$

$8x+900-10x=800$

$2x=100$ $\therefore x=50$

따라서 A 지점에서 B 지점까지 가는 데 걸린 시간은 50분이다.

> **TIP** 거리, 속력, 시간에 대한 문제를 풀 때 각각의 단위가 다른 경우 방정
> 식을 세우기 전에 단위를 통일해야 한다.
> 즉, 속력의 단위가 m/분이므로 8 km를 8000 m로 놓고 방정식을 세운다.

6 집과 학교 사이의 거리를 x km라 하고 주어진 조건을
표로 나타내면 다음과 같다.

이동 수단	자전거	걷기
속력	12 km/시	4 km/시
시간	$\dfrac{x}{12}$시간	$\dfrac{x}{4}$시간

자전거로 가는 데 걸리는 시간과 걸어서 가는 데 걸리는 시간
이 20분, 즉 $\dfrac{1}{3}$시간 차이나므로

$\dfrac{x}{4}-\dfrac{x}{12}=\dfrac{1}{3}$, $3x-x=4$, $2x=4$

$\therefore x=2$

따라서 집과 학교 사이의 거리는 2 km이다.

7 집과 역 사이의 거리를 x km라 하고 주어진 조건을 표
로 나타내면 다음과 같다.

속력	30 km/시	15 km/시
시간	$\dfrac{x}{30}$시간	$\dfrac{x}{15}$시간

속력에 따른 도착 시
간이 30분, 즉

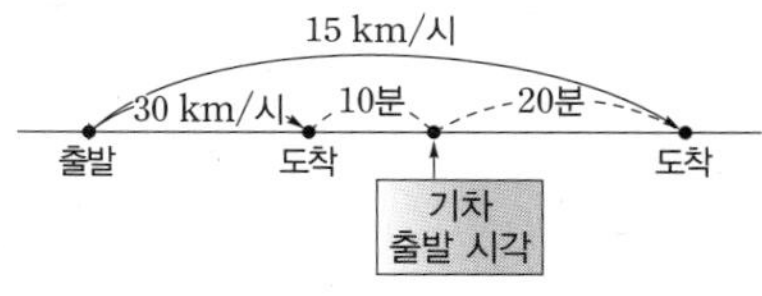

$\dfrac{1}{2}$시간 차이나므로

$\dfrac{x}{15}-\dfrac{x}{30}=\dfrac{1}{2}$, $2x-x=15$

$\therefore x=15$

따라서 집과 역 사이의 거리는 15 km이다.

8 동생이 출발한 지 x시간 후에 형과 동생이 만난다고 하자.

	속력	시간	거리
형	5 km/시	$\left(x+\dfrac{1}{2}\right)$시간	$5\left(x+\dfrac{1}{2}\right)$ km
동생	10 km/시	x시간	$10x$ km

동생이 출발한 지 x
시간 후에 형과 동
생이 움직인 거리는
같아지므로

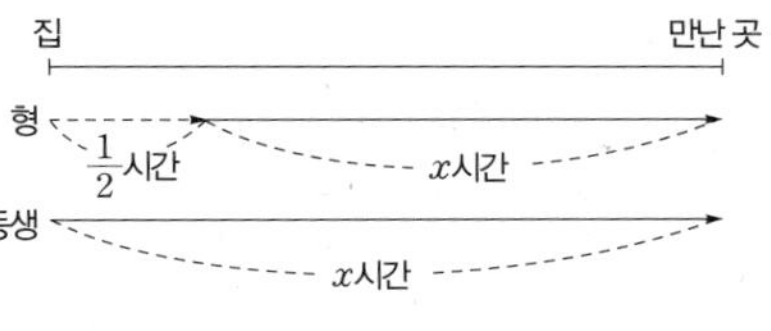

$5\left(x+\dfrac{1}{2}\right)=10x$

$5x+\dfrac{5}{2}=10x$, $5x=\dfrac{5}{2}$

$\therefore x=\dfrac{1}{2}$

따라서 형과 동생은 동생이 출발한 지 $\dfrac{1}{2}$시간, 즉 30분 후에
만난다.

9 유진이와 선영이의 걷는 속력의 비가 3 : 2이므로 유진
이의 속력을 $3x$ m/분, 선영이의 속력을 $2x$ m/분이라 하고
주어진 조건을 표로 나타내면 다음과 같다.

	속력	시간	걸은 거리
유진	$3x$ m/분	10분	$(3x\times10)$ m
선영	$2x$ m/분	10분	$(2x\times10)$ m

두 사람이 서로 마주보고 걸으면 두 사람이 걸은 거리의 합이
떨어져 있는 전체 거리가 되므로

$3x\times10+2x\times10=1000$, $5x=100$

$\therefore x=20$

따라서 유진이가 1분 동안 걸은 거리는

$3x=60(\text{m})$

10 나연이의 속력을 x m/분이라 하면 희영이의 속력은
65 m/분이므로

(ⅰ) 반대 방향으로 돌면 둘이 움직인
　　거리의 합은 운동장 한 바퀴이다.

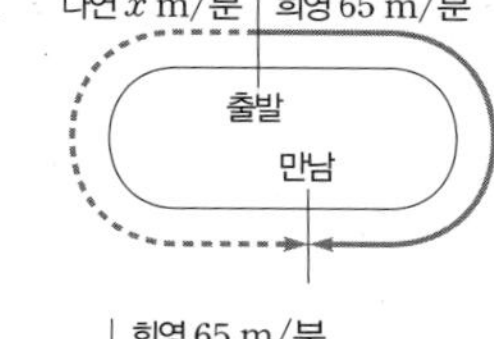

　　즉, $65\times6+x\times6=$(한 바퀴)

(ⅱ) 같은 방향으로 돌면 둘이
　　움직인 거리의 차가 운동
　　장 한 바퀴이다. 즉,

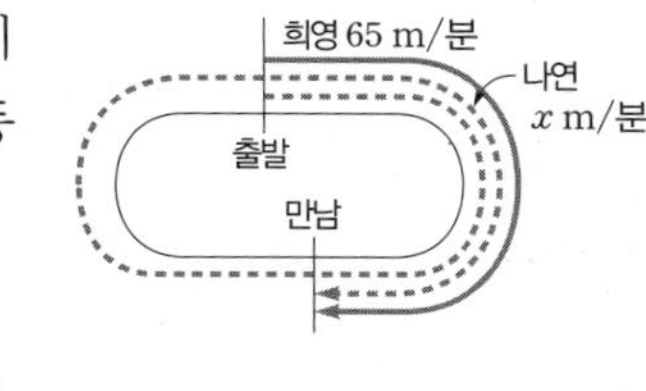

　　$x\times30-65\times30$

　　$=$(한 바퀴)

(ⅰ), (ⅱ)에서

$65\times6+6x=30x-65\times30$

$65\times6+65\times30=24x$, $2340=24x$

$\therefore x=97.5$

따라서 나연이의 속력은 97.5 m/분이다.

11 여객 열차의 길이를 x m라 하면 다음 그림에서 여객 열
차의 속력은 $\dfrac{200+x}{10}$ m/초이다.

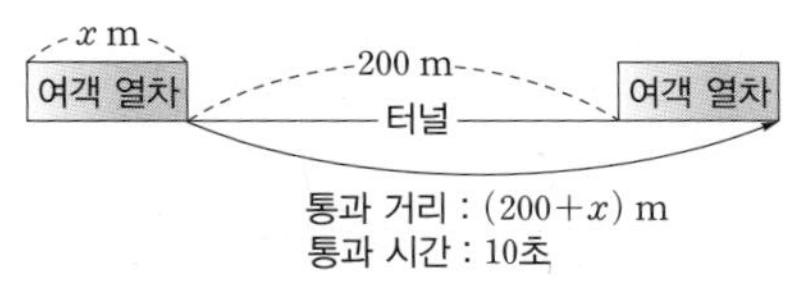

	길이	속력	시간
여객 열차	x m	$\dfrac{200+x}{10}$ m/초	5초
화물 열차	100 m	20 m/초	5초

여객 열차와 화물 열차가 스쳐 지나갈 때,
(두 열차의 길이의 합)=(두 열차가 움직인 거리의 합)
이므로
$$x+100=\frac{200+x}{10}\times5+20\times5$$
$$x+100=100+\frac{1}{2}x+100, \ \frac{1}{2}x=100$$
$$\therefore x=200$$
따라서 여객 열차의 길이는 200 m이다.

12 기차의 길이를 x m라 하자.

(i) 기차가 철교를 완전히 통과하려면 기차 머리가 철교에 들어설 때부터 기차 꼬리가 철교를 빠져나올 때까지 기차가 움직여야 하므로 다음 그림과 같다.

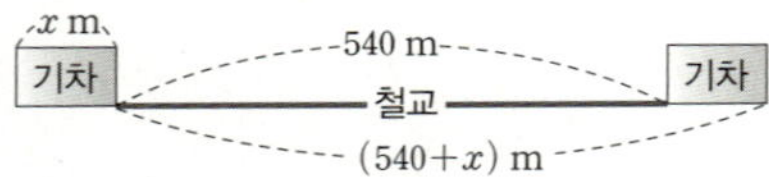

(ii) 기차가 터널을 통과하여 보이지 않게 되는 것은 기차 꼬리가 터널에 들어설 때부터 기차 머리가 터널을 빠져나오기 직전까지이므로 다음 그림과 같다.

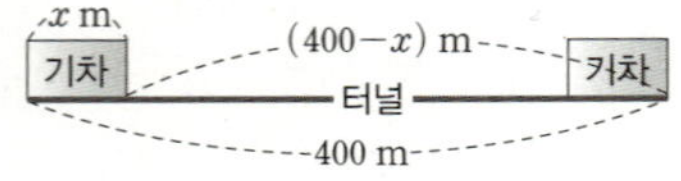

이때 기차의 속력은 일정하므로
$$\frac{540+x}{30}=\frac{400-x}{20}$$
$$1080+2x=1200-3x, \ 5x=120$$
$$\therefore x=24$$
따라서 기차의 길이는 24 m이다.

> **TIP** (1) 기차가 철교를 완전히 통과하는 데 이동한 거리는
> (기차의 길이)+(철교의 길이)
> (2) 기차가 터널을 지날 때, 보이지 않는 동안 이동한 거리는
> (터널의 길이)−(기차의 길이)

13 두 사람이 만날 때까지 걸린 시간을 x분이라 하자.

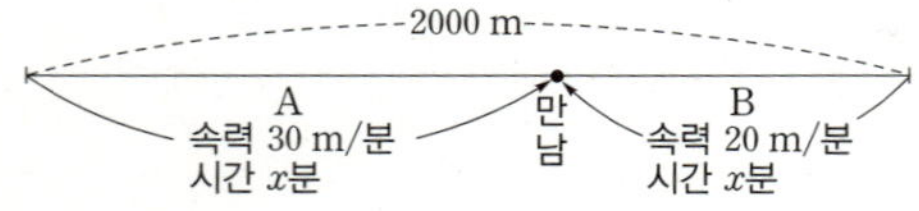

	속력	시간	걸은 거리
A	30 m/분	x분	$30x$ m
B	20 m/분	x분	$20x$ m

서로 마주보고 걷는 경우 두 사람이 만날 때까지 걸은 거리의

합이 떨어져 있는 전체 거리가 되므로
$$30x+20x=2000, \ 50x=2000$$
$$\therefore x=40$$
즉, A와 B가 만나려고 걸어가는 시간 동안 강아지는 뛴 것이므로 강아지가 뛰어간 거리는
$$200\times40=8000(m)$$
따라서 8000 m, 즉 8 km이다.

14 더 넣은 소금의 양을 x g이라 하자.

$$\boxed{\begin{array}{c}4\,\% \\ 300\,g\end{array}} + \boxed{x\,g} = \boxed{\begin{array}{c}10\,\% \\ (300+x)\,g\end{array}}$$

양변의 소금의 양은 같으므로
$$\frac{4}{100}\times300+x=\frac{10}{100}\times(300+x)$$
$$1200+100x=3000+10x, \ 90x=1800$$
$$\therefore x=20$$
따라서 더 넣은 소금의 양은 20 g이다.

> **TIP** (처음 소금물의 소금의 양)+(더 넣은 소금의 양)=(나중 소금물의 소금의 양)임을 이용하여 방정식을 세운다.
> 이때 소금을 더 넣으면 소금물의 양도 변하고 소금의 양도 변한다.
> 즉, (처음 소금물의 양)+(더 넣은 소금의 양)=(나중 소금물의 양)이다.

15 물 x g이 증발되어 날아간다고 하자.

$$\boxed{\begin{array}{c}6\,\% \\ 200\,g\end{array}} - \boxed{\begin{array}{c}0\,\% \\ x\,g\end{array}} = \boxed{\begin{array}{c}7\,\% \\ (200-x)\,g\end{array}}$$

물을 증발시켜도 소금의 양은 변하지 않으므로 양변의 소금의 양은 같다.
$$\frac{6}{100}\times200-0=\frac{7}{100}\times(200-x)$$
$$1200=1400-7x, \ 7x=200$$
$$\therefore x=\frac{200}{7}$$
따라서 증발되어 날아가는 물의 양은 $\dfrac{200}{7}$ g이 되어야 한다.

16 4 %의 소금물의 양을 x g이라 하자.

$$\boxed{\begin{array}{c}5\,\% \\ 300\,g\end{array}} + \boxed{\begin{array}{c}4\,\% \\ x\,g\end{array}} + \boxed{50\,g} = \boxed{\begin{array}{c}10\,\% \\ (350+x)\,g\end{array}}$$

양변의 소금의 양은 같으므로
$$\frac{5}{100}\times300+\frac{4}{100}\times x+50=\frac{10}{100}\times(350+x)$$
$$1500+4x+5000=3500+10x, \ 6x=3000$$
$$\therefore x=500$$
따라서 섞은 4 %의 소금물의 양은 500 g이다.

17 떠낸 소금물의 양을 x g이라 하면 x g만큼 물을 붓고 10 %의 소금물을 섞어 총 520 g의 소금물을 만들었으므로

섞는 10 %의 소금물의 양은 120 g이다.

$$\frac{4}{100}\times(400-x)+0+\frac{10}{100}\times120=\frac{5}{100}\times520$$

$$1600-4x+1200=2600,\ 4x=200$$

$$\therefore\ x=50$$

따라서 처음에 떠낸 4 %의 소금물의 양은 50 g이다.

18 처음 소금물의 양을 a g, 농도를 x %라 하자.

양변의 소금의 양은 같으므로

$$\frac{x}{100}\times a+\frac{5}{100}\times3a=\frac{6}{100}\times4a,\ x+15=24$$

$$\therefore\ x=9$$

따라서 처음에 있던 소금물의 농도는 9 %이다.

19 전체 일의 양을 1이라 하자.

(i) A는 하루에 전체 일의 $\frac{1}{30}$ 을 한다.

(ii) B는 하루에 전체 일의 $\frac{1}{24}$ 을 한다.

둘이서 함께 일을 하는 기간을 x일이라 하면

$$\frac{1}{30}\times12+\left(\frac{1}{30}+\frac{1}{24}\right)\times x=1$$

$$48+9x=120,\ 9x=72$$

$$\therefore\ x=8$$

따라서 A, B 둘이서 함께 일을 하는 기간은 8일이다.

20 전체 일의 양을 1이라 하자.

(i) A는 하루에 전체 일의 $\frac{1}{12}$ 을 한다.

(ii) B는 하루에 전체 일의 $\frac{1}{16}$ 을 한다.

B가 x일 동안 일했다고 하면

$$\frac{1}{12}\times9+\frac{1}{16}\times x=1,\ 12+x=16$$

$$\therefore\ x=4$$

따라서 B가 일한 기간은 4일이다.

21 수조에 가득 찬 물의 양을 1이라 하자.

(i) 은정이와 현정이는 1시간에 각각 전체의 1, $\frac{1}{3}$ 을 채운다.

(ii) 나연이는 1시간에 전체의 $\frac{1}{2}$ 을 퍼낸다.

수조에 물을 가득 채우는 데 걸리는 시간을 x시간이라 하면

$$\left(1+\frac{1}{3}-\frac{1}{2}\right)\times x=1,\ \frac{5}{6}x=1$$

$$\therefore\ x=\frac{6}{5}$$

따라서 $\frac{6}{5}=1\frac{1}{5}$(시간), 즉 1시간 12분이 걸린다.

22 물통에 가득 찬 물의 양을 1이라 하자.

(i) A 호스, B 호스는 1시간에 각각 전체의 $\frac{1}{3}$, $\frac{1}{4}$ 을 넣는다.

(ii) C 호스는 1시간에 전체의 $\frac{1}{6}$ 을 뺀다.

물통에 물을 가득 채우는 데 걸리는 시간을 x시간이라 하면

$$\left(\frac{1}{3}+\frac{1}{4}-\frac{1}{6}\right)\times x=1,\ \frac{5}{12}x=1$$

$$\therefore\ x=\frac{12}{5}$$

따라서 $\frac{12}{5}=2\frac{2}{5}$(시간), 즉 2시간 24분이 걸린다.

23 원가 1000원에 x %의 이익을 붙여 정가를 정한다면 정가는 $\left\{1000\times\left(1+\frac{x}{100}\right)\right\}$원이다.

정가의 20 %를 할인하여 판매하므로 판매가는 $\left\{1000\times\left(1+\frac{x}{100}\right)\times\frac{80}{100}\right\}$원이다.

이때 원가의 5 %의 이익이 남으려면

$$1000\times\left(1+\frac{x}{100}\right)\times\frac{80}{100}=1000\times\frac{105}{100}$$

$$800+8x=1050,\ 8x=250$$

$$\therefore\ x=31.25$$

따라서 31.25 %의 이익을 붙여야 한다.

24 원가를 x원이라 하면 원가에 3할의 이익을 붙여 정가를 정하므로 정가는 $\left(x\times\frac{130}{100}\right)$원이다.

정가의 700원을 할인하여 판매하므로 판매가는 $\left(\frac{130}{100}x-700\right)$원이다.

이때 원가의 10 %의 이익을 얻으므로

$$\frac{130}{100}x-700=x\times\frac{110}{100}$$

$$13x-7000=11x,\ 2x=7000$$

$$\therefore\ x=3500$$

그런데 이익은 원가의 10 %이므로 물건 1개당 이익은 350원이다.

따라서 300개 팔았을 때의 이익금은

$$350\times300=105000(원)$$

25 원가 2000원에 x %의 이익을 붙여 정가를 정한다면 정가는 $\left\{2000\times\left(1+\frac{x}{100}\right)\right\}$원이다.

정가의 20 %를 할인해서 팔아 원가의 8 %의 이익을 얻으므로
$$2000 \times \left(1+\frac{x}{100}\right) \times \frac{80}{100} = 2000 \times \frac{108}{100}$$
$$1600+16x=2160,\ 16x=560$$
$$\therefore x=35$$
$$\therefore a=2000 \times \left(1+\frac{35}{100}\right)=2700$$
이때 한 개 팔았을 때의 이익금은
$$2000 \times \frac{8}{100}=160(원)$$
따라서 100개 팔았을 때의 이익금은
$$b=160 \times 100=16000$$
$$\therefore 10a+b=27000+16000=43000$$

26 원가를 a원이라 하고 원가에 x %의 이익을 붙여 정가를 정하므로 정가는 $a\left(1+\frac{x}{100}\right)$원이다.

정가의 25 %를 할인하여 판매하므로 판매가는
$$\left\{a\left(1+\frac{x}{100}\right) \times \frac{75}{100}\right\}원이다.$$
이때 원가의 30 %의 이익을 얻었으므로
$$a\left(1+\frac{x}{100}\right) \times \frac{75}{100}=a \times \frac{130}{100}$$
$$75\left(1+\frac{x}{100}\right)=130,\ 75+\frac{3}{4}x=130,\ \frac{3}{4}x=55$$
$$\therefore x=\frac{220}{3}$$

27 학생 수를 x라 하면 연필의 수는
$$4x+5=5x-4 \qquad \therefore x=9$$
따라서 학생 수는 9이다.

28 테이블 수를 x라 하면 사람 수는
$$4x+5=5(x-6),\ 4x+5=5x-30$$
$$\therefore x=35$$
따라서 참석한 사람 수는
$$4x+5=145$$

29 의자 수가 y이므로 학생 수는
$$4y+12=5(y-25)+1,\ 4y+12=5y-124$$
$$\therefore y=136$$
따라서 학생 수는
$$x=4y+12=4 \times 136+12=556$$
$$\therefore x-y=556-136=420$$

30 1시 x분에 시침과 분침이 반대 방향으로 일직선이 된다고 할 때, 공식에 의해
$$\left|30 \times 1-\frac{11}{2}x\right|^{\circ}=180^{\circ}$$

이때 시침보다 분침이 움직인 각이 더 크므로
$$\frac{11}{2}x-30=180,\ \frac{11}{2}x=210$$
$$\therefore x=\frac{420}{11}$$
따라서 구하는 시각은 1시 $38\frac{2}{11}$분이다.

31 5시 x분에 시침과 분침이 이루는 각의 크기가 60°라 할 때, 공식에 의해
$$\left|30 \times 5-\frac{11}{2}x\right|^{\circ}=60^{\circ}$$
$$150-\frac{11}{2}x=60\ 또는\ 150-\frac{11}{2}x=-60$$
$$\frac{11}{2}x=90\ 또는\ \frac{11}{2}x=210$$
$$\therefore x=\frac{180}{11}\ 또는\ x=\frac{420}{11}$$
따라서 5시 $16\frac{4}{11}$분 또는 5시 $38\frac{2}{11}$분이다.

2 STEP
실력 높이기

1 24000원	**2** 23	**3** 380	**4** 73점
5 목요일, 금요일		**6** 950	**7** 9 km
8 시속 12 km	**9** 100 m	**10** 40 m	**11** 40 g
12 120 g	**13** 18.6	**14** 36 g	**15** 9일
16 3일	**17** 오후 3시 24분		
18 1000원	**19** 3250원	**20** 62	**21** 117
22 615	**23** 774	**24** $32\frac{8}{11}$분	

1 전체 금액을 x원이라 하자.

(ⅰ) 큰 아들이 받은 용돈은
$$20000+(x-20000) \times \frac{1}{4}=\frac{1}{4}x+15000(원)$$

(ⅱ) 작은 아들이 받은 용돈은
$$x-\left(\frac{1}{4}x+15000\right)=\frac{3}{4}x-15000(원)$$

큰 아들이 받은 용돈이 작은 아들이 받은 용돈의 2배이므로

$$\frac{1}{4}x+15000=2\left(\frac{3}{4}x-15000\right)$$

$$\frac{1}{4}x+15000=\frac{3}{2}x-30000, \ \frac{5}{4}x=45000$$

$$\therefore x=36000$$

따라서 큰 아들이 받은 용돈은

$$20000+16000\times\frac{1}{4}=24000(원)$$

2 서술형

표현 단계 십의 자리의 숫자를 x라 하면 일의 자리의 숫자가 3인 두 자리의 정수는 $10x+3$이다.

이때 십의 자리의 숫자와 일의 자리의 숫자를 서로 바꾸어 놓은 수는 $30+x$이다.

변형 단계 $30+x=(10x+3)+9$

풀이 단계 $30+x=10x+12$

$$9x=18 \qquad \therefore x=2$$

확인 단계 따라서 십의 자리의 숫자가 2이므로 처음 수는 23이다.

3 합격자가 140명이고 합격자의 남녀의 비가 5 : 2이므로

$$(남자 합격자 수)=140\times\frac{5}{7}=100$$

$$(여자 합격자 수)=140\times\frac{2}{7}=40$$

주어진 상황을 표로 정리하면 다음과 같다.

지원자			
합격자		불합격자	
남	여	남	여
100명	40명	a명	a명

지원자의 남녀의 비는 3 : 2이므로

$$(100+a):(40+a)=3:2$$

$$3(40+a)=2(100+a), \ 120+3a=200+2a$$

$$\therefore a=80$$

따라서 전체 지원자 수는

$$b=140+2a=140+160=300$$

$$\therefore a+b=380$$

4 서술형

표현 단계 최저 합격 점수를 x점이라 하면

- 전체 평균 : 60점
- 합격자의 평균 : $(x+15)$점
- 불합격자의 평균 : $(x-25)$점

변형 단계 전체 : 100 %

합격률 : 30 %

불합격률 : 70 %

$$100\times60=30(x+15)+70(x-25)$$

풀이 단계 $600=3x+45+7x-175$

$$10x=730 \qquad \therefore x=73$$

확인 단계 따라서 최저 합격 점수는 73점이다.

5 묶인 네 수 중 왼쪽 위의 수를 x라 하면 네 수는 다음과 같다.

x	$x+1$
$x+7$	$x+8$

네 수의 합이 80이므로

$$x+(x+1)+(x+7)+(x+8)=80$$

$$4x+16=80 \qquad \therefore x=16$$

16일은 목요일이므로 묶인 날짜에 해당하는 요일은 목요일과 금요일이다.

6 서술형

표현 단계 작년의 여학생 수를 x라 하면 작년의 남학생 수는 $(1800-x)$이다.

올해의 학생 수의 증가와 감소를 비교하여 식을 세운다.

변형 단계 올해 증가한 남학생 수는 $\frac{8}{100}(1800-x)$,

올해 감소한 여학생 수는 $\frac{5}{100}x$이므로

$$\frac{8}{100}(1800-x)-\frac{5}{100}x=14$$

풀이 단계 $8(1800-x)-5x=1400$

$$14400-8x-5x=1400$$

$$13x=13000 \qquad \therefore x=1000$$

확인 단계 따라서 올해의 여학생 수는

$$1000\times\frac{95}{100}=950$$

> **TIP** 구하려는 것은 올해의 여학생 수이지만 작년 학생 수에 대한 정보가 주어졌으므로 작년의 여학생 수를 x로 놓고 방정식을 세운다.

7 오른쪽 그림과 같이 평지의 거리를 x km, 경사길의 거리를 y km라 하고 주어진 상황을 표로 정리하면 다음과 같다.

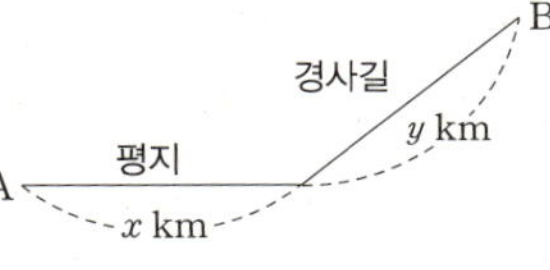

	A→B		B→A	
	속력	시간	속력	시간
평지	8 km/시	$\frac{x}{8}$시간	9 km/시	$\frac{x}{9}$시간
경사길	4 km/시	$\frac{y}{4}$시간	12 km/시	$\frac{y}{12}$시간

A 지점에서 B 지점까지 갈 때 걸린 시간은 1시간 30분, 즉 $\dfrac{3}{2}$시간이므로

$\dfrac{x}{8}+\dfrac{y}{4}=\dfrac{3}{2}$, $x+2y=12$

$\therefore x=12-2y$ …… ㉠

B 지점에서 A 지점으로 돌아올 때 걸린 시간은 55분, 즉 $\dfrac{55}{60}$시간이므로

$\dfrac{x}{9}+\dfrac{y}{12}=\dfrac{55}{60}$, $20x+15y=165$ …… ㉡

㉠을 ㉡에 대입하면

$20(12-2y)+15y=165$

$240-40y+15y=165$

$25y=75$ $\therefore y=3$

㉠에서 $x=12-2\times3=6$

$\therefore x+y=9$

따라서 A 지점에서 B 지점까지의 거리는 9 km이다.

8

표현 단계 배의 속력을 시속 x km라 하고 (거리)=(속력)×(시간)임을 이용하여 식을 세운다.

변형 단계 강을 거슬러 올라갈 때의

$\begin{cases} \text{속력은 시속 } (x-3)\ \text{km} \\ \text{시간은 } \dfrac{40}{60}=\dfrac{2}{3}(\text{시간}) \\ \text{거리는 } 6\ \text{km} \end{cases}$

(거리)=(속력)×(시간)이므로 $(x-3)\times\dfrac{2}{3}=6$

풀이 단계 $2(x-3)=18$

$x-3=9$ $\therefore x=12$

확인 단계 따라서 배의 속력은 시속 12 km이다.

> **TIP** 배가 가는 방향과 강물이 흐르는 방향에 따라 배의 실제 속력이 달라진다. 즉, 배가 강을 거슬러 올라갈 때의 배의 속력은 (배의 원래 속력)−(강물의 속력)이다.

9

꿈나라 열차의 길이를 x m라 하고 주어진 상황을 표로 정리하면 다음과 같다.

	열차의 길이	속력
꿈나라 열차	x m	$\dfrac{140+x}{8}$ m/초
별나라 열차	80 m	$\dfrac{160+80}{16}=15$(m/초)

두 열차가 서로 반대 방향으로 달려 완전히 지나치려면 두 열차의 길이의 합이 두 열차가 움직인 거리의 합과 같아야 하므로

$x+80=\dfrac{140+x}{8}\times4+15\times4$

$x+80=70+\dfrac{1}{2}x+60$, $\dfrac{1}{2}x=50$

$\therefore x=100$

따라서 꿈나라 열차의 길이는 100 m이다.

10

표현 단계 기차의 길이를 x m라 하면 길이가 200 m인 철교를 완전히 지날 때의 기차의 이동 거리는 $(200+x)$ m, 길이가 340 m인 터널 속에서 보이지 않을 때의 기차가 이동 거리는 $(340-x)$ m

변형 단계 철교를 지날 때 기차의 속력은 초속 $\dfrac{200+x}{12}$ m, 터널을 지날 때 기차의 속력은 초속 $\dfrac{340-x}{15}$ m이므로

$\dfrac{200+x}{12}=\dfrac{340-x}{15}$

풀이 단계 $5(200+x)=4(340-x)$

$1000+5x=1360-4x$

$9x=360$ $\therefore x=40$

확인 단계 따라서 기차의 길이는 40 m이다.

11

퍼낸 설탕물 한 컵의 양을 x g이라 하면 x g만큼 물을 붓고 6 %의 설탕물을 섞어 총 400 g의 설탕물을 만들었으므로 섞는 6 %의 설탕물의 양은 100 g이다.

양변의 설탕의 양은 같으므로

$\dfrac{10}{100}\times(300-x)+\dfrac{6}{100}\times100=\dfrac{8}{100}\times400$

$3000-10x+600=3200$

$10x=400$

$\therefore x=40$

따라서 처음에 컵으로 퍼낸 설탕물의 양은 40 g이다.

12

서로 옮겨 담은 소금물의 양을 x g이라 하면

(i) A 그릇

즉, 소금물을 옮겨 담은 후의 A 그릇의 소금의 양은

$\dfrac{12}{100}\times300-\dfrac{12}{100}\times x+\dfrac{8}{100}\times x$

$\therefore$ (A 그릇의 소금물의 농도)

$=\dfrac{\dfrac{12}{100}\times300-\dfrac{12}{100}\times x+\dfrac{8}{100}\times x}{300}\times100$

$=\dfrac{1}{300}(3600-4x)(\%)$

(ii) B 그릇

$$\boxed{\substack{8\,\% \\ 200\,\text{g}}} - \boxed{\substack{8\,\% \\ x\,\text{g}}} + \boxed{\substack{12\,\% \\ x\,\text{g}}} = \boxed{200\,\text{g}}$$

즉, 소금물을 옮겨 담은 후의 B 그릇의 소금의 양은

$$\frac{8}{100}\times 200 - \frac{8}{100}\times x + \frac{12}{100}\times x$$

$\therefore$ (B 그릇의 소금물의 농도)

$$=\frac{\dfrac{8}{100}\times 200 - \dfrac{8}{100}\times x + \dfrac{12}{100}\times x}{200}\times 100$$

$$=\frac{1}{200}(1600+4x)\,(\%)$$

두 그릇의 소금물의 농도가 같으므로

$$\frac{1}{300}(3600-4x)=\frac{1}{200}(1600+4x)$$

$$7200-8x=4800+12x,\ 20x=2400$$

$$\therefore x=120$$

따라서 서로 옮겨 담은 소금물의 양은 120 g이다.

13 12 %의 소금물 600 g이 들어 있는 A 그릇에서 200 g을 퍼서 B 그릇으로 옮기면 A 그릇에는 12 %의 소금물 400 g이 남아 있다.

또, B 그릇에는

(6 %의 소금물 600 g) + (12 %의 소금물 200 g)이 들어 있으므로

$$\boxed{\substack{6\,\% \\ 600\,\text{g}}} + \boxed{\substack{12\,\% \\ 200\,\text{g}}} = \boxed{800\,\text{g}}$$

(B 그릇의 소금물의 농도)

$$=\frac{\dfrac{6}{100}\times 600 + \dfrac{12}{100}\times 200}{800}\times 100=\frac{15}{2}\,(\%)$$

한편, $\dfrac{15}{2}$ %의 소금물 800 g이 들어 있는 B 그릇에서 100 g을 퍼서 A 그릇으로 옮기면 A 그릇에는

$\left(12\,\%의\ 소금물\ 400\,\text{g}\right) + \left(\dfrac{15}{2}\,\%의\ 소금물\ 100\,\text{g}\right)$이 들어 있으므로

$$\boxed{\substack{12\,\% \\ 400\,\text{g}}} + \boxed{\substack{\frac{15}{2}\,\% \\ 100\,\text{g}}} = \boxed{500\,\text{g}}$$

(A 그릇의 소금물의 농도)

$$=\frac{\dfrac{12}{100}\times 400 + \dfrac{\frac{15}{2}}{100}\times 100}{500}\times 100=11.1\,(\%)$$

따라서 $a=11.1,\ b=\dfrac{15}{2}$이므로

$$a+b=18.6$$

14 서술형

표현 단계 컵으로 퍼낸 설탕물의 양을 x g이라 하고, 설탕의 양

을 비교한다.

즉, (설탕의 양)$=\dfrac{(농도)}{100}\times$(설탕물의 양)을 이용하여 식을 세운다.

변형 단계 $\dfrac{10}{100}\times 200 - \dfrac{10}{100}x + \dfrac{5}{100}\times 120 = \dfrac{7}{100}\times 320$

풀이 단계 $2000-10x+600=2240$

$$\qquad\quad 10x=2600-2240$$

$$\qquad\quad 10x=360 \qquad \therefore x=36$$

확인 단계 따라서 컵으로 퍼낸 설탕물의 양은 36 g이다.

15 전체 일의 양을 1이라 하면 A는 하루에 $\dfrac{1}{12}$, B는 하루에 $\dfrac{1}{20}$만큼 일을 하므로 A와 B가 협력하여 일을 x일 동안 했다고 하면

$$\frac{1}{12}\times 4 + \left(\frac{1}{12}+\frac{1}{20}\right)\times x = 1,\ \frac{8}{60}x=\frac{2}{3}$$

$$\therefore x=5$$

따라서 A가 일한 날은

$$4+5=9(일)$$

16 서술형

표현 단계 은성이가 x일 동안 일을 하였다면 다희는 3일, 나연이는 $(18-x)$일 동안 일을 하였다.

변형 단계 전체 일의 양을 1이라 하면 하루에 하는 일의 양은

다희 : $\dfrac{1}{10}$, 은성 : $\dfrac{1}{15}$, 나연 : $\dfrac{1}{30}$

$$\frac{3}{10}+\frac{1}{15}x+\frac{1}{30}(18-x)=1$$

풀이 단계 $9+2x+18-x=30$

$$\qquad\quad x+27=30 \qquad \therefore x=3$$

확인 단계 따라서 은성이는 3일 동안 일을 하였다.

17 수영장의 물 전체의 양을 1이라 하면 A 양수기로는 1시간에 전체의 $\dfrac{1}{8}$씩, B 양수기로는 1시간에 전체의 $\dfrac{1}{5}$씩 퍼낸다. 양수기 B만 사용한 시간을 x시간이라 하면 양수기 A, B를 함께 사용한 시간은 $(4-x)$시간이므로

$$\frac{1}{5}x+\left(\frac{1}{5}+\frac{1}{8}\right)\times(4-x)=1,\ \frac{1}{5}x+\frac{13}{40}(4-x)=1$$

$$8x+52-13x=40,\ 5x=12$$

$$\therefore x=\frac{12}{5}$$

따라서 양수기 B만 사용한 시각은 $\dfrac{12}{5}$시간, 즉 2시간 24분이므로 양수기 A를 사용하기 시작한 시각은 오후 3시 24분이다.

18 정가를 x원이라 하면 원가는 $(x-300)$원이다.

정가에서 15%를 할인하여 12개 판매한 이익금은 정가에서 200원씩 할인하여 18개를 판매한 이익금과 같으므로

$$\left\{\frac{85}{100}x-(x-300)\right\}\times 12=\{(x-200)-(x-300)\}\times 18$$

$$\frac{51}{5}x-12x+3600=1800,\ \frac{9}{5}x=1800$$

$$\therefore x=1000$$

따라서 정가는 1000원이다.

19 서술형

표현 단계   원가를 x원이라 하고, (정가)=(원가)+(이익)을 이
         용하여 식을 세운다.

변형 단계   (정가)=(원가)+(이익)

$$=x+0.3x=1.3x(원)$$

$$1.3x-500=1.1x$$

풀이 단계 $13x-5000=11x$

$$2x=5000 \qquad \therefore x=2500$$

확인 단계   원가가 2500원이므로 정가는

$$2500\times 1.3=3250(원)이다.$$

20 총 인원이 120명이므로 케이크를 구입한 사람의 수를 x라 하면 커피만 구입한 사람의 수는 $(120-x)$이다.

또, 커피를 구입한 사람이 86명이므로 케이크만 구입한 사람은 $120-86=34$(명)이 되어 두 가지를 모두 구입한 사람은 $(x-34)$명이다.

커피와 케이크 두 가지를 동시에 살 때의 가격은

$$(120+100)-(120+100)\times 0.1=220\times 0.9=198(원)이$$

므로

$$120(120-x)+100\times 34+198(x-34)=15904$$

$$14400-120x+3400+198x-6732=15904$$

$$78x=4836 \qquad \therefore x=62$$

따라서 케이크를 구입한 사람의 수는 62이다.

> **TIP** 커피를 구입한 사람 86명은 (커피만 구입한 사람)과 (커피와 케이크
> 를 동시에 구입한 사람)으로 이루어져있다.

21 모임에 참석한 사람 b명에게 사탕을 한 사람당 3개씩 나누어 주면 37개가 남으므로

$$a=3b+37$$

또, 한 사람당 5개씩 나누어 주면 마지막 한 사람은 2개만 받으므로

$$a=5(b-1)+2$$

즉, $3b+37=5(b-1)+2$에서 $40=2b \qquad \therefore b=20$

$$a=3b+37=3\times 20+37=97$$

$$\therefore a+b=117$$

22 의자 하나에 6명씩 앉으면 20명이 앉지 못하므로 학생 수 x는

$$x=6y+20$$

한 의자에 7명씩 앉으면 빈 의자가 9개 생기고 7명이 채워지지 않은 한 의자에는 5명이 앉게 되므로 학생 수 x는

$$x=7(y-10)+5$$

즉, $6y+20=7(y-10)+5$에서

$$6y+20=7y-65 \qquad \therefore y=85$$

$$x=6y+20=6\times 85+20=530$$

$$\therefore x+y=615$$

23 반의 수의 비가 $4:3$이므로 18명인 반의 수를 $4x$, 19명인 반의 수를 $3x$라 하고 주어진 상황을 표로 정리하면 다음과 같다.

반	18명인 반	19명인 반
반 수	$4x$	$3x$
	$7x$	
총	$18\times 4x$	$19\times 3x$
아이들 수	$18\times 4x+19\times 3x$	

한 반에 18명씩 아이들을 배정하면 교실이 1개 부족하므로 총 아이들의 수는

$$18(7x+1)=18\times 4x+19\times 3x$$

$$126x+18=72x+57x,\ 18=3x$$

$$\therefore x=6$$

따라서 아이들의 수는

$$18\times(7\times 6+1)=774$$

24 4시 y분일 때, 시침과 분침이 이루는 각은 공식에 의해

$$\left|30\times 4-\frac{11}{2}y\right|^{\circ}=90^{\circ}$$

즉, $120-\dfrac{11}{2}y=90$ 또는 $120-\dfrac{11}{2}y=-90$에서

$$\frac{11}{2}y=30 \text{ 또는 } \frac{11}{2}y=210$$

$$\therefore y=\frac{60}{11} \text{ 또는 } y=\frac{420}{11}$$

따라서 구하는 차는

$$\frac{420}{11}-\frac{60}{11}=\frac{360}{11}=32\frac{8}{11}(분)$$

3 STEP
최고 실력 완성하기

110~112쪽

1 오후 2시	**2** 600000원	**3** 57세	**4** 15문제
5 21, 22, 28, 29		**6** 2 : 3	
7 9시 $10\dfrac{4}{11}$분		**8** 10	**9** 38대
10 P 지점 : $\dfrac{220}{13}$ km, Q 지점 : $\dfrac{40}{13}$ km			
11 84세	**12** ㄴ, ㄷ, ㅁ		

---

1 물통의 전체 물의 양을 1이라 하면 물통 하나는 1시간에 $\dfrac{1}{4}$씩 비고, 다른 물통 하나는 1시간에 전체의 $\dfrac{1}{6}$씩 비므로 x시간 후에 한 물통에 남아 있는 물의 양이 다른 물통에 남아 있는 물의 양의 2배가 된다고 할 때

$$2\left(1-\dfrac{1}{4}x\right)=1-\dfrac{1}{6}x,\ 2-\dfrac{1}{2}x=1-\dfrac{1}{6}x$$
$$\therefore x=3$$

따라서 물이 가득 차 있던 때로부터 3시간이 걸리므로 구하는 시각은 오후 5시로부터 3시간 전인 오후 2시이다.

2 갑의 수입을 x원이라 하면 을의 수입은 $(900000-x)$원이고 두 사람이 같은 액수를 썼으므로

$$\dfrac{15}{100}\times x=\dfrac{30}{100}\times(900000-x)$$
$$x=1800000-2x,\ 3x=1800000$$
$$\therefore x=600000$$

따라서 갑의 수입은 600000원이다.

3 남자의 현재 나이를 x세라 하면 부인의 현재 나이는 $(x-4)$세이다.

(i) 현재로부터 6년 전, 남자의 나이는 $(x-6)$세이고 남자 인생의 절반을 결혼 생활을 했으므로 현재까지 남자의 결혼 생활 년 수는 $\dfrac{1}{2}(x-6)+6$(년)이다.

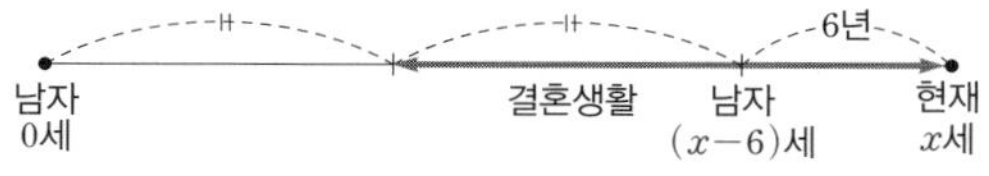

(ii) 현재로부터 13년 후, 부인의 나이는

$(x-4)+13=x+9$(세)이고 부인 인생의 $\dfrac{2}{3}$만큼 결혼 생활을 하는 것이므로 현재까지 부인의 결혼 생활 년 수는 $\dfrac{2}{3}(x+9)-13$(년)이다.

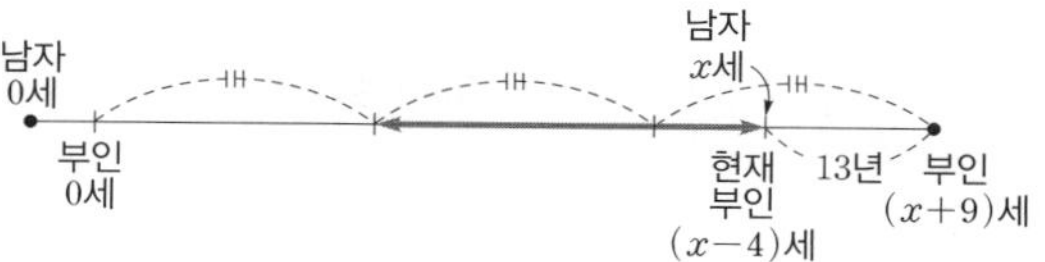

(i), (ii)에서 두 사람의 현재까지의 결혼 생활 년 수는 같으므로

$$\dfrac{1}{2}(x-6)+6=\dfrac{2}{3}(x+9)-13$$
$$3(x-6)+36=4(x+9)-78,\ 3x+18=4x-42$$
$$\therefore x=60$$

즉, 현재 남자는 60세이고, 54세 때 결혼 생활을 27년 했으므로 결혼 30주년인 것은 54세인 해로부터 3년 후이다.
따라서 이때 남자의 나이는 57세이다.

4 수경, 민선이가 맞힌 문제를 각각 x개, y개라 하고 주어진 상황을 표로 정리하면 다음과 같다.

구분	맞힌 문제	틀린 문제
수경	x개	$(25-x)$개
민선	y개	$(25-y)$개

수경이의 점수는 $4x-2(25-x)=70$이므로

$$6x=120 \quad \therefore x=20$$

민선이의 점수는 $4y-2(25-y)=40$이므로

$$6y=90 \quad \therefore y=15$$

따라서 민선이가 15문제를 맞혔으므로 수경이와 민선이가 동시에 맞힌 문제는 최대 15문제이다.

5 윗줄 왼쪽에 있는 수를 x라 하면 임의의 직사각형 안의 수는 오른쪽과 같다.

x	$x+1$
$x+7$	$x+8$

따라서 4개의 수의 합이 100이려면

$$x+(x+1)+(x+7)+(x+8)=100$$
$$4x=84 \quad \therefore x=21$$

따라서 네 수는 21, 22, 28, 29이다.

> **TIP** 달력 문제에서 x일 다음 날은 $(x+1)$일, x일로부터 일주일 후는 $(x+7)$일이다.

6 처음 A의 농도를 $x\,\%$, 처음 B의 농도를 $y\,\%$라 하자.
A의 소금물 100 g을 B로 옮기면 A에는 $x\,\%$ 소금물 400 g이 남아 있다.
또, B에는 $y\,\%$ 소금물 500 g과 $x\,\%$ 소금물 100 g이 들어 있으므로

$$\boxed{\begin{array}{c} y\,\% \\ 500\ \text{g} \end{array}} + \boxed{\begin{array}{c} x\,\% \\ 100\ \text{g} \end{array}} = \boxed{600\ \text{g}}$$

(B의 소금물의 농도)

$$=\dfrac{\dfrac{y}{100}\times 500+\dfrac{x}{100}\times 100}{600}\times 100=\dfrac{1}{6}(x+5y)(\%)$$

한편, 위와 같은 B에서 100 g을 A로 옮기면 A에는 $x\,\%$ 소금물 400 g과 $\dfrac{1}{6}(x+5y)\,\%$의 소금물 100 g이 들어 있으므로

(A의 소금물의 농도)

$$=\dfrac{\dfrac{x}{100}\times 400+\dfrac{\dfrac{1}{6}(x+5y)}{100}\times 100}{500}\times 100$$

$$=\dfrac{1}{6}(5x+y)(\%)$$

이때 $x>y$라 가정하면

$$(나중\ A,\ B의\ 농도의\ 차)=\dfrac{5x+y}{6}-\dfrac{x+5y}{6}$$

$$=\dfrac{2x-2y}{3}$$

$$(처음\ A,\ B의\ 농도의\ 차)=x-y$$

따라서 구하는 비는

$$\dfrac{2x-2y}{3}:(x-y)=(2x-2y):(3x-3y)=2:3$$

$x<y$라 가정해도 구하는 비는 같다.

7 9시 x분이 현재 시각일 때, 9시 $(x+6)$분에 시침과 분침이 일직선이 된다.

즉, 공식에 의해 $\left|30\times 9-\dfrac{11}{2}(x+6)\right|^{\circ}=180^{\circ}$이므로

$$270-\dfrac{11}{2}(x+6)=180\ \ 또는\ \ 270-\dfrac{11}{2}(x+6)=-180$$

$$\dfrac{11}{2}(x+6)=90\ \ 또는\ \ \dfrac{11}{2}(x+6)=450$$

그런데 $6<x+6<66$이므로

$$x+6=\dfrac{180}{11}\qquad \therefore x=\dfrac{114}{11}=10\dfrac{4}{11}$$

따라서 지금 시각은 9시 $10\dfrac{4}{11}$분이다.

8 선이가 이긴 횟수를 x, 진 횟수를 y라 하면 정미가 이긴 횟수는 y, 진 횟수는 x이므로

$$2x-y=13,\ -x+2y=4$$

두 식을 더하면 $x+y=17$

즉, 두 사람이 가위바위보를 한 횟수는 17이므로 선이가 진 횟수는 $(17-x)$이다.

$$2x-(17-x)=13,\ 3x-17=13,\ 3x=30$$

$$\therefore x=10$$

따라서 선이가 이긴 횟수는 10이다.

9 1분에 x대의 차가 주차장에 들어오고 처음 주차되어 있던 차가 a대라 하자.

(i) 9분에 평균 7대, 즉 1분에 평균 $\dfrac{7}{9}$대가 나가므로 오전 8시 12분, 즉 72분 후 주차장에 남게 되는 차의 대수는

$$a+x\times 72-\dfrac{7}{9}\times 72=0 \qquad \cdots\cdots\ \text{㉠}$$

(ii) 4분에 평균 2대, 즉 1분에 평균 $\dfrac{1}{2}$대가 나가므로 오전 9시 32분, 즉 152분 후 주차장에 남게 되는 차의 대수는

$$a+x\times 152-\dfrac{1}{2}\times 152=0 \qquad \cdots\cdots\ \text{㉡}$$

㉠$=$㉡에서 $80x=20$ $\qquad \therefore x=\dfrac{1}{4}$

㉠에서 $a+18=56$ $\qquad \therefore a=38$

따라서 처음 주차되어 있던 차는 38대이다.

10 (i) 선생님들

	학교 → P 지점	P 지점 → 야영장
거리	x km	$(20-x)$ km
속력	40 km/시	4 km/시
시간	$\dfrac{x}{40}$시간	$\dfrac{20-x}{4}$시간

즉, 선생님들이 야영장까지 가는 데 걸린 시간은

$\left(\dfrac{x}{40}+\dfrac{20-x}{4}\right)$시간

(ii) 학생들

	학교 → Q 지점	Q 지점 → 야영장
거리	y km	$(20-y)$ km
속력	4 km/시	40 km/시
시간	$\dfrac{y}{4}$시간	$\dfrac{20-y}{40}$시간

즉, 학생들이 야영장까지 가는 데 걸린 시간은

$\left(\dfrac{y}{4}+\dfrac{20-y}{40}\right)$시간

학생들과 선생님들이 동시에 도착했으므로

$$\dfrac{x}{40}+\dfrac{20-x}{4}=\dfrac{y}{4}+\dfrac{20-y}{40}$$

$\therefore x+y=20 \qquad \cdots\cdots\ \text{㉠}$

한편, 선생님 한 분이 승용차로 P 지점까지 갔다가 Q 지점으로 돌아온 시간과 학생들이 Q 지점까지 걸어온 시간이 같으므로

$$\dfrac{y}{4}=\dfrac{x+(x-y)}{40}$$

$\therefore 11y=2x \qquad \cdots\cdots\ \text{㉡}$

ⓒ에서 $x=\dfrac{11}{2}y$를 ⓐ에 대입하면

$\dfrac{11}{2}y+y=20$

$\therefore y=\dfrac{40}{13},\ x=\dfrac{220}{13}$

따라서 학교에서 P 지점까지의 거리는 $\dfrac{220}{13}$ km,

Q 지점까지의 거리는 $\dfrac{40}{13}$ km이다.

11 사망할 당시 디오판토스의 나이를 x세라 하면

$\dfrac{1}{6}x+\dfrac{1}{12}x+\dfrac{1}{7}x+5+\dfrac{1}{2}x+4=x$

$\left(1-\dfrac{1}{6}-\dfrac{1}{12}-\dfrac{1}{7}-\dfrac{1}{2}\right)x=9,\ \dfrac{3}{28}x=9\qquad \therefore x=84$

따라서 사망할 당시 디오판토스의 나이는 84세이다.

12 세 상자 A, B, C에 처음 들어 있던 사탕의 개수를 각각 a, b, c라 하면

A상자에서 꺼낸 사탕의 개수는 $\dfrac{1}{3}a$, A상자에 남아 있는 사탕의 개수는 $\dfrac{2}{3}a$

B상자에서 꺼낸 사탕의 개수는 $\left(b+\dfrac{1}{3}a\right)\times\dfrac{3}{7}=\dfrac{3}{7}b+\dfrac{1}{7}a$

B상자에 남아 있는 사탕의 개수는

$\left(b+\dfrac{1}{3}a\right)\times\dfrac{4}{7}=\dfrac{4}{7}b+\dfrac{4}{21}a$

C상자에 남아 있는 사탕의 개수는 $c+\dfrac{3}{7}b+\dfrac{1}{7}a$

이때 모든 상자에 들어 있는 사탕의 개수가 40이므로

A상자에서 $\dfrac{2}{3}a=40\qquad \therefore a=60$

B상자에서 $\dfrac{4}{7}b+\dfrac{4}{21}a=\dfrac{4}{7}b+\dfrac{4}{21}\times60=40$

$\dfrac{4}{7}b+\dfrac{80}{7}=40,\ 4b+80=280\qquad \therefore b=50$

C 상자에서 $c+\dfrac{3}{7}b+\dfrac{1}{7}a=c+\dfrac{3}{7}\times50+\dfrac{1}{7}\times60=40$

$7c+150+60=280\qquad \therefore c=10$

ㄱ. 처음 A 상자에 들어 있던 사탕의 개수는 60이다. (거짓)

ㄴ. 처음 B 상자에 들어 있던 사탕의 개수는 50이다. (참)

ㄷ. 처음 C 상자에 들어 있던 사탕의 개수는 10이다. (참)

ㄹ. A 상자에서 꺼내어 B 상자에 넣은 사탕의 개수는

$\dfrac{1}{3}a=\dfrac{1}{3}\times60=20$(거짓)

ㅁ. B 상자에서 꺼내어 C 상자에 넣은 사탕의 개수는

$\dfrac{3}{7}b+\dfrac{1}{7}a=\dfrac{3}{7}\times50+\dfrac{1}{7}\times60=30$ (참)

따라서 옳은 것은 ㄴ, ㄷ, ㅁ이다.

단원 종합 문제

1 ①, ⑤	**2** ①	**3** $\dfrac{1}{5}$
4 $(15000-0.75a-0.7b)$원	**5** $-x^2+25x$	**6** -67
7 $-\dfrac{16}{7}$	**8** 17	**9** $-3a+2$ **10** ④
11 -20	**12** 1, $\dfrac{2}{3}$	**13** 14 **14** 20
15 0		

16 $a=2,\ b=0$이면 해는 무수히 많다., $a=2,\ b\neq0$이면 해는 없다., $a\neq2$이면 $x=\dfrac{b}{a-2}$

17 -2	**18** 9시간	**19** 87.5 %
20 150 m	**21** 100 g	**22** 1800 m/분
23 186	**24** 400 g	**25** 5시간 $27\dfrac{3}{11}$분

1 ① $\dfrac{1}{3}x(6x-3)=\dfrac{1}{2}x(4x-2)+1$에서 $2x-1=2x$, $0\times x=1$이므로 일차방정식이 아니다.

② $2x-4=4-3(x-1)$에서 $5x-11=0$이므로 일차방정식이다.

③ $-x+7=7$에서 $x=0$이므로 일차방정식이다.

④ $x(x+1)-3=x^2-7$에서 $x^2+x-3=x^2-7$, $x+4=0$이므로 일차방정식이다.

⑤ $\dfrac{1}{2}x(x-4)=-2x-8$에서 $\dfrac{1}{2}x^2-2x=-2x-8$

$\dfrac{1}{2}x^2+8=0$이므로 일차방정식이 아니다.

2 $x=-1$일 때, $-(-x)^2=-1^2=-1$

① $\dfrac{1}{x}=\dfrac{1}{-1}=-1$

② $-\dfrac{1}{x}=-\dfrac{1}{-1}=1$

③ $x^2=(-1)^2=1$

④ $-x^3=-(-1)^3=1$

⑤ $(-x)^3=\{-(-1)\}^3=1$

3 $\dfrac{x-y}{x+y}=2$이면 $x-y=2(x+y)$

$x-y=2x+2y$ $\therefore x=-3y$

$\therefore \dfrac{x+y}{3x-y}=\dfrac{-3y+y}{3\times(-3y)-y}$

$\qquad\qquad =\dfrac{-2y}{-10y}=\dfrac{1}{5}$

4 정가가 a원인 노트의 25 % 할인된 가격은

$a-\dfrac{25}{100}a=\dfrac{75}{100}a=0.75a$(원)

정가가 b원인 필통의 30 % 할인된 가격은

$b-\dfrac{30}{100}b=\dfrac{70}{100}b=0.7b$(원)

따라서 거스름돈은

$(15000-0.75a-0.7b)$원

5 (가로 길의 넓이)$=15\times x=15x$

(세로 길의 넓이)$=10\times x=10x$

가로 길과 세로 길이 겹치는 부분의 넓이는 $x\times x=x^2$이므로

(길의 넓이)$=15x+10x-x^2$

$\qquad\qquad =-x^2+25x$

6 주어진 식을 정리하면

$2(A-B)-3(B-C)$

$=2A-2B-3B+3C$

$=2A-5B+3C$

A, B, C에 각각의 식을 대입하면

$2A-5B+3C$

$=2(-2x-1)-5(3x-7)+3(-x+4)$

$=-4x-2-15x+35-3x+12$

$=-22x+45$

이므로

$a=-22$, $b=45$

$\therefore a-b=-22-45=-67$

7 $\dfrac{-3x-5}{7}-(x-1)=\dfrac{-3x-5-7x+7}{7}$

$\qquad\qquad\qquad\qquad =\dfrac{-10x+2}{7}$

$\qquad\qquad\qquad\qquad =-\dfrac{10}{7}x+\dfrac{2}{7}$

이므로

$a=-\dfrac{10}{7}$, $b=\dfrac{2}{7}$

$\therefore -a^2-3b^2=-\left(-\dfrac{10}{7}\right)^2-3\times\left(\dfrac{2}{7}\right)^2$

$\qquad\qquad\quad =-\dfrac{100}{49}-3\times\dfrac{4}{49}$

$\qquad\qquad\quad =\dfrac{-100-12}{49}$

$\qquad\qquad\quad =-\dfrac{112}{49}=-\dfrac{16}{7}$

8 $16\left(\dfrac{1}{2}x-\dfrac{1}{4}y\right)-14\left(\dfrac{1}{2}x-\dfrac{3}{7}y-1\right)$

$\qquad =8x-4y-7x+6y+14$

$\qquad =x+2y+14$

따라서 $a=1$, $b=2$, $c=14$이므로

$a+b+c=1+2+14=17$

9 잘못 계산한 식은

$A+(3a-2)=-7a-8$

$\therefore A=-7a-8-(3a-2)$

$\qquad =-7a-8-3a+2$

$\qquad =-10a-6$

이때 바르게 계산한 식 B는

$B=A-(3a-2)$

$\quad =-10a-6-3a+2$

$\quad =-13a-4$

$\therefore -A+B=-(-10a-6)+(-13a-4)$

$\qquad\qquad =10a+6-13a-4$

$\qquad\qquad =-3a+2$

10 ① $3x=4y$의 양변을 12로 나누면 $\dfrac{x}{4}=\dfrac{y}{3}$이다.

② $x=y$, $a=b$에서 a, b가 같은 수이므로 양변에서 같은 수를 빼어도 등식은 성립한다.

$\quad\therefore x-a=y-b$

③ $a-5=b-3$의 양변에 12를 더하면

$\quad a+7=b+9$이다.

④ $a-b=x-y$의 양변에 $b+y$를 더하면

$\quad a+y=b+x$이다.

⑤ $7-x=3-y$의 양변에 2를 곱하면

$\quad 14-2x=6-2y$이다.

11 (가) $\dfrac{5x-3}{4}-x=-1+\dfrac{x}{3}$의 양변에 12를 곱하면

$\quad 15x-9-12x=-12+4x$

$\quad 15x-12x-4x=-12+9$

$\quad\therefore x=3$

(나) $9x=-a+7$에 $x=3$을 대입하면

$\quad 27=-a+7$

$\quad\therefore a=-20$

12 $x\triangle2=2x-x$, $5\triangle x=5x-5$이므로

$|(x\triangle2)+(5\triangle x)|=|2x-x+5x-5|$

$\qquad\qquad\qquad\qquad =|6x-5|=1$

(i) $6x-5 \geq 0$일 때

   $6x-5=1$이므로 $x=1$

(ii) $6x-5 < 0$일 때

   $6x-5=-1$이므로 $x=\dfrac{2}{3}$

(i), (ii)에서 $x=1$ 또는 $x=\dfrac{2}{3}$

13 (i) $x-2 \geq 5$, 즉 $x \geq 7$일 때

   $M(x-2, 5)=x-2$이므로

   $x-2+2x=40$, $3x=42$

   $\therefore x=14$

(ii) $x-2 < 5$, 즉 $x < 7$일 때

   $M(x-2, 5)=5$이므로

   $5+2x=40$, $2x=35$

   $\therefore x=17.5$

   그런데 $x < 7$이므로 해가 없다.

(i), (ii)에서 $x=14$

14 $10-x=-3(x+2)$에서 $10-x=-3x-6$

$2x=-16$　$\therefore x=-8$

또, $\dfrac{1}{4}a-\dfrac{1}{4}x=7$의 양변에 4를 곱하면

$a-x=28$　$\therefore x=a-28$

두 방정식의 해가 같으므로

$-8=a-28$　$\therefore a=20$

15 $\dfrac{x}{3}+\dfrac{x-\square}{2}=\dfrac{5x}{6}$의 양변에 6을 곱하면

$2x+3x-3\times\square=5x$, $-3\times\square=0$

이 식의 해가 무수히 많으므로 x에 대한 항등식이다.

$\therefore \square=0$

16 (i) $a-2=0$일 때, $b=0$이면 해는 무수히 많다.

(ii) $a-2=0$일 때, $b \neq 0$이면 해는 없다.

(iii) $a-2 \neq 0$일 때, $x=\dfrac{b}{a-2}$

17 $a:b:c=1:2:3$이므로

$a=t$, $b=2t$, $c=3t$ (t는 0이 아닌 상수)라 하면

$\dfrac{a^2+b^2+c^2}{ab+bc+ca}=\dfrac{t^2+4t^2+9t^2}{2t^2+6t^2+3t^2}=\dfrac{14}{11}=k$

$\dfrac{a+b+c}{a-b-c}=\dfrac{t+2t+3t}{t-2t-3t}=-\dfrac{3}{2}=l$

따라서 $11kx-2=20l$에 $k=\dfrac{14}{11}$, $l=-\dfrac{3}{2}$을 각각 대입하면

$11\times\dfrac{14}{11}x-2=20\times\left(-\dfrac{3}{2}\right)$

$14x-2=-30$, $14x=-28$

$\therefore x=-2$

18 희영이가 출발한 지 x시간 후에 민선이와 희영이가 만난다고 하자.

	속력	시간
민선	3 km/시	$(x+3)$시간
희영	4 km/시	x시간

희영이가 출발한 지 x시간 후에 두 사람이 움직인 거리는 같아지므로

$3(x+3)=4x$, $3x+9=4x$

$\therefore x=9$

따라서 희영이는 출발한 지 9시간만에 민선이를 만난다.

19 원가를 a원이라 하고 원가에 $x\,\%$의 이익을 붙여 정가를 정한다면 정가는 $a\left(1+\dfrac{x}{100}\right)$원이다.

정가의 $20\,\%$를 할인하여 판매하므로 판매가는

$\left\{a\left(1+\dfrac{x}{100}\right)\times\dfrac{80}{100}\right\}$원이다.

이때 원가의 $50\,\%$의 이익을 얻으므로

$a\left(1+\dfrac{x}{100}\right)\times\dfrac{80}{100}=a\left(1+\dfrac{50}{100}\right)$

$\dfrac{8}{100}x=7$　$\therefore x=87.5$

따라서 정가는 원가에 $87.5\,\%$의 이익을 붙인 것이다.

20 $\overline{BF}=x$ cm라 하면

$\overline{CF}=\overline{DE}=26-x$(cm)

$\overline{AE}=18-(26-x)$

　　$=x-8$(cm)

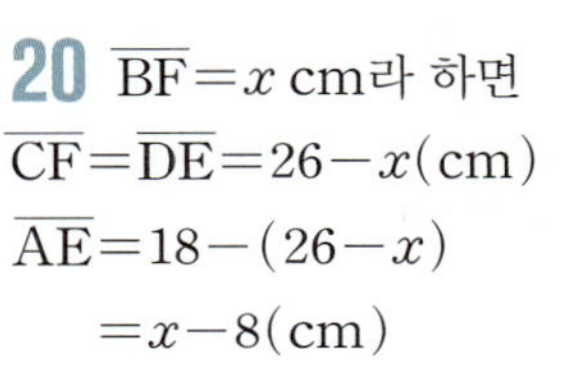

(사각형 ㉮의 넓이)

$=\dfrac{1}{2}\times\{(x-8)+x\}\times14$

$=14x-56$(cm²)

(사각형 ㉯의 넓이)$=(26-x)\times14$

　　　　　　　$=364-14x$(cm²)

사각형 ㉮와 사각형 ㉯의 넓이가 같으므로

$14x-56=364-14x$, $28x=420$

$\therefore x=15$

축척이 $\dfrac{1}{1000}$이므로

($\overline{BF}$의 실제 길이)$=15\times1000$

　　　　　　　$=15000$(cm)$=150$(m)

21 처음에 퍼낸 $8\,\%$의 소금물의 양을 x g이라 하고, 더 넣은 $26\,\%$의 소금물의 양을 $\square$ g이라 하면

$200-x+\square=300$이므로 $\square=100+x$이다.

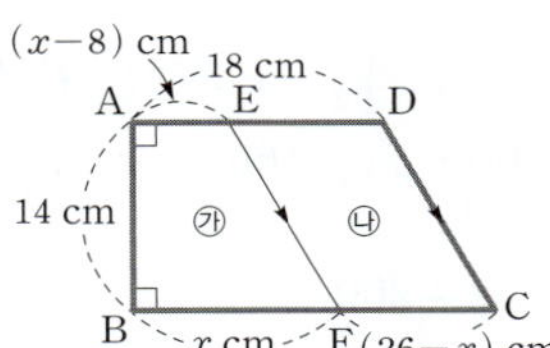

양변의 소금의 양은 같으므로

$$\frac{8}{100}\times 200-\frac{8}{100}\times x+\frac{26}{100}\times(100+x)=\frac{20}{100}\times 300$$

$$1600-8x+2600+26x=6000$$

$$18x=1800 \qquad \therefore\ x=100$$

따라서 처음에 퍼낸 8 %의 소금물의 양은 100 g이다.

22 기차 A의 길이를 a m라 하면 기차 A가 터널을 완전히 통과하려면 기차 머리가 터널에 들어설 때부터 기차 꼬리가 터널을 빠져나올 때까지 기차가 움직여야 하므로 다음 그림과 같다.

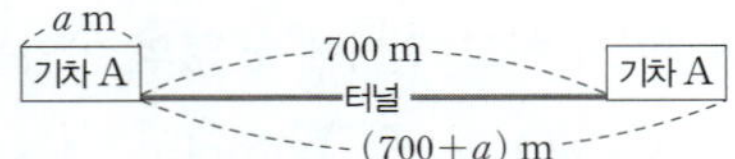

마찬가지로 기차 A가 다리를 건널 때는 다음과 같다.

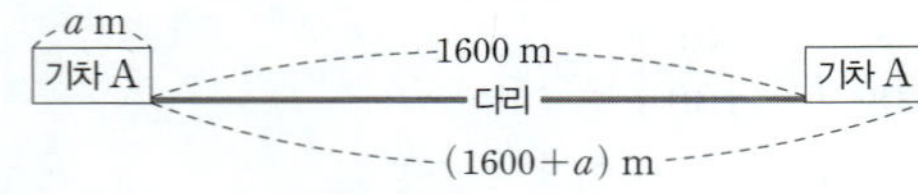

	움직인 거리	시간	속력
터널 통과	$(700+a)$ m	1분	$\dfrac{700+a}{1}$ m/분
다리 통과	$(1600+a)$ m	2분	$\dfrac{1600+a}{2}$ m/분

이때 기차 A의 속력은 일정하므로

$$\frac{700+a}{1}=\frac{1600+a}{2},\ 1400+2a=1600+a$$

$$\therefore\ a=200$$

즉, 기차 A의 길이는 200 m이고, 속력은 900 m/분이다.

기차 B의 속력을 x m/분이라 하면 기차 A, 기차 B가 서로 마주보고 달려 앞부분이 스치는 순간까지 달려온 거리의 합이 떨어져 있는 전체 거리가 된다.

$$900\times\frac{20}{60}+x\times\frac{20}{60}=900$$

$$300+\frac{x}{3}=900,\ \frac{x}{3}=600$$

$$\therefore\ x=1800$$

따라서 기차 B의 속력은 1800 m/분이다.

23 6명씩 앉는 의자와 5명씩 앉는 의자의 개수를 각각 $8x$, $9x$라 하면

전체 의자의 개수는 $17x$이므로 6명씩 앉았을 때의 학생 수는 $(17x-3)\times 6$

$8x$개의 의자에는 6명씩 앉고, $9x$개의 의자에는 5명씩 앉았을 때의 학생 수는

$$8x\times 6+9x\times 5$$

이때 학생 수는 같으므로

$$(17x-3)\times 6=8x\times 6+9x\times 5,\ 102x-18=93x$$

$$9x=18 \qquad \therefore\ x=2$$

따라서 1학년 학생 수는 $(17\times 2-3)\times 6=186$

24 사용하는 합금 A의 양을 x g이라 하면 사용하는 합금 B의 양은 $(1100-x)$ g이므로 주어진 조건을 표로 나타내면 다음과 같다.

	아연(g)	구리(g)
A	$\dfrac{3}{4}x$	$\dfrac{1}{4}x$
B	$\dfrac{5}{7}(1100-x)$	$\dfrac{2}{7}(1100-x)$

합금 C의 아연과 구리의 비가 $8:3$이므로

$$\left\{\frac{3}{4}x+\frac{5}{7}(1100-x)\right\}:\left\{\frac{1}{4}x+\frac{2}{7}(1100-x)\right\}=8:3$$

$$(21x+22000-20x):(7x+8800-8x)=8:3$$

$$8(-x+8800)=3(x+22000)$$

$$11x=4400$$

$$\therefore\ x=400$$

따라서 합금 C를 만들 때, 합금 A를 400 g 사용한다.

25 x시 y분일 때, 시침과 분침이 이루는 각의 크기를 A°라 하면 공식에 의해

$$A^\circ=\left|30x-\frac{11}{2}y\right|^\circ$$

나연이가 도서관에 도착한 시각을 오후 4시 M분이라 할 때, 시침과 분침이 이루는 각은 0°이므로

$$\left|30\times 4-\frac{11}{2}M\right|^\circ=0^\circ$$

$$120-\frac{11}{2}M=0,\ \frac{11}{2}M=120$$

$$\therefore\ M=\frac{240}{11}$$

즉, 나연이가 도서관에 도착한 시각은 오후 4시 $\dfrac{240}{11}$분이다.

나연이가 도서관에서 나온 시각을 오후 9시 M'분이라 할 때, 시침과 분침이 이루는 각은 0°이므로

$$\left|30\times 9-\frac{11}{2}M'\right|^\circ=0^\circ,\ 270-\frac{11}{2}M'=0$$

$$\frac{11}{2}M'=270 \qquad \therefore\ M'=\frac{540}{11}$$

즉, 나연이가 도서관에서 나온 시각은 오후 9시 $\dfrac{540}{11}$분이다.

따라서 나연이가 도서관에서 공부한 시간은

오후 4시 $\dfrac{240}{11}$분부터 오후 9시 $\dfrac{540}{11}$분까지 5시간 $\dfrac{300}{11}$분,

즉 5시간 $27\dfrac{3}{11}$분이다.

1 좌표평면과 그래프

1 주제별 실력다지기

119~124쪽

1 A(50) **2** ① **3** 1, 2

4 풀이 참조 **5** 8 **6** 10

7 (4, 1), (5, 2), (6, 3), (7, 4), (8, 5), (9, 6), (10, 7)

8 제4사분면 **9** 제2사분면 **10** 제3사분면, 제4사분면

11 C(-1, -2) **12** (2, 3) **13** -9

14 제1사분면 **15** ㄱ-①, ㄴ-②, ㄷ-⑤ **16** ⑤

17 ②, ④

---

1 보기의 내용을 수직선에 나타내면 다음과 같다.

$$\text{제과점} \quad \underset{-150}{} \qquad \underset{0}{\text{우리집}} \quad \overset{A}{} \quad \underset{100}{\text{치킨집}}$$

따라서 0과 100의 정중앙은 50이므로 수학 학원의 좌표를 기호로 나타내면 A(50)이다.

2 $-1 < a < 0$, $1 < b < 2$에서 $-2 < -b < -1$이므로
$-3 < a + (-b) < -1$
$\therefore -3 < a - b < -1$

3 점 P의 좌표를 a라고 하면 점 Q의 좌표는 $3-a$이므로
$a - (3-a) = -1$, $2a = 2$ $\therefore a = 1$
따라서 점 P의 좌표는 1, 점 Q의 좌표는 2이다.

다른 풀이

점 P의 좌표를 a, 점 Q의 좌표를 b라 하면
(점 P의 좌표)+(점 Q의 좌표)=3이므로
$a + b = 3$에서 $a = 3 - b$ …… ㉠
(점 P의 좌표)−(점 Q의 좌표)=−1이므로
$a - b = -1$에서 $a = -1 + b$ …… ㉡
㉠, ㉡에 의하여
$3 - b = -1 + b$, $2b = 4$ $\therefore b = 2$
$b = 2$를 ㉠에 대입하면
$a = 3 - 2 = 1$
따라서 점 P의 좌표는 1, 점 Q의 좌표는 2이다.

4 $x = 1$일 때, $y = 3, 6, 9$
$x = 2$일 때, $y = 6$
$x = 3$일 때, $y = 3, 6, 9$
따라서 순서쌍 (x, y)는 (1, 3), (1, 6), (1, 9), (2, 6), (3, 3), (3, 6), (3, 9)이므로 좌표평면 위에 나타내면 오른쪽 그림과 같다.

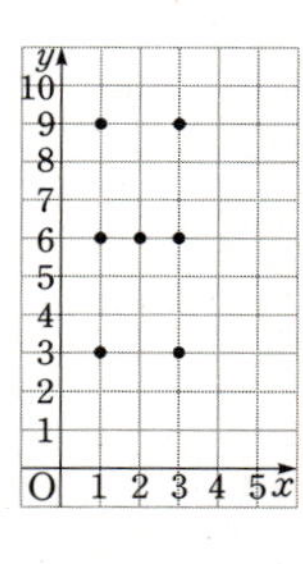

5 a가 정수이므로 $|a|$는 0 또는 자연수이다.
따라서 $1 < |a| < 4$인 자연수 $|a|$는 2 또는 3이므로
$a = \pm 2$ 또는 ± 3, $|b| = 2$에서 $b = \pm 2$
그러므로 구하는 순서쌍 (a, b)는
(2, 2), (2, −2), (−2, 2), (−2, −2), (3, 2), (3, −2), (−3, 2), (−3, −2)
의 8개이다.

6 $a = 1, 2, 3, 4$이고 $b = 1, 2, 3, 4, 5, 6$이므로 $a \geq b$를 만족하는 순서쌍 (a, b)는
(1, 1), (2, 1), (2, 2), (3, 1), (3, 2), (3, 3), (4, 1), (4, 2), (4, 3), (4, 4)
의 10개이다.

7 $x - y = 3$에서 $x = y + 3$이므로 $y = 1, 2, 3, 4, \cdots, 7$에 대하여 $x = 4, 5, 6, 7, \cdots, 10$이 각각 대응되므로 구하는 순서쌍은
(4, 1), (5, 2), (6, 3), (7, 4), (8, 5), (9, 6), (10, 7)

8 점 A(a, $4-a$)가 x축 위의 점이므로
(y좌표)=0에서 $4 - a = 0$ $\therefore a = 4$
또, 점 B($b+1$, b)가 y축 위의 점이므로
(x좌표)=0에서 $b + 1 = 0$ $\therefore b = -1$
따라서 점 (a, b)는 점 $(4, -1)$이고, 이 점이 속하는 사분면은 제4사분면이다.

9 점 $(b-a, ab)$가 제3사분면 위의 점이므로
(x좌표)<0, (y좌표)<0에서 $b - a < 0$, $ab < 0$
이때 $ab < 0$에서 a, b의 부호가 다르고 $b < a$이므로
$a > 0$, $b < 0$이다.
따라서 $b^2 > 0$, $-3b > 0$에서 $-b^2 < 0$, $a - 3b > 0$이 되어 점 $(-b^2, a-3b)$가 속하는 사분면은 제2사분면이다.

10 $a > 0$, $b < 0$이므로 $a + b$의 부호는 알 수 없고, $ab < 0$이다.
(i) $a + b > 0$, $ab < 0$일 때, 제4사분면 위의 점

(ii) $a+b=0$, $ab<0$일 때, y축 위의 점

(iii) $a+b<0$, $ab<0$일 때, 제3사분면 위의 점

따라서 점 $(a+b, ab)$가 속할 수 있는 사분면은 제3사분면, 제4사분면이다.

11 $A(-1, 2) \xrightarrow{\text{원점 대칭}} B(1, -2)$

$\xrightarrow{\text{$y$축 대칭}} C(-1, -2)$

> **TIP** x축, y축을 기준으로 각각 접어 보면 대칭인 점의 좌표의 부호가 바뀌는 것을 쉽게 확인할 수 있다.

12 점 (a, b)와 x축에 대하여 대칭인 점의 좌표는 $(a, -b)$이고 $(-3, 2)$와 같으므로 $a=-3$, $-b=2$에서 $a=-3$, $b=-2$

따라서 (b, a), 즉 $(-2, -3)$과 원점에 대하여 대칭인 점의 좌표는 $(2, 3)$이다.

13 점 P와 점 Q는 원점에 대하여 대칭이므로 x좌표와 y좌표의 절댓값은 각각 같고 부호는 반대이다.

점 $P(4x+2, 5-3y)$와 원점에 대하여 대칭인 점을 P'라고 하면

$P'(-4x-2, -5+3y)$

점 $P'(-4x-2, -5+3y)$와 점 $Q(-x, 2y+1)$은 같은 점이므로

$-4x-2=-x$에서 $-3x=2$ $\quad \therefore x=-\dfrac{2}{3}$

$-5+3y=2y+1$에서 $y=6$

$\therefore \dfrac{y}{x}=\dfrac{6}{-\dfrac{2}{3}}=-9$

14 두 점 P, Q가 모두 y축 위의 점이므로 x좌표가 0이다.

즉, $3a=a=0$에서 두 점은 $P(0, b)$, $Q(0, b-8)$이고 x축에 대하여 대칭이므로

$-b=b-8$, $-2b=-8$ $\quad \therefore b=4$

즉, $a+4=0+4=4$, $b-3=4-3=1$

따라서 점 $R(4, 1)$은 제1사분면 위의 점이다.

15 ㄱ. '덥다'는 기온이 높은 것에, '시원하다'는 기온이 낮은 것에 대응되므로 처음에 높은 기온에서 시작되어 정오에 기온이 잠시 내려간 후 밤까지 기온이 높은 그래프를 찾는다. 즉, ①이다.

ㄴ. '쌀쌀하다'는 기온이 낮은 것에, '더위에 쩔쩔매다'는 '덥다'는 이야기, 즉 기온이 높은 것에 대응되므로 처음에 낮은 기온에서 시작되어 점점 기온이 오르다가 저녁에 기온이 떨어지는 그래프를 찾는다. 즉, ②이다.

ㄷ. 처음에 낮은 기온에서 높은 기온으로 변하다가 한동안 온도 변화가 없고, 오후에 기온이 내려가는 그래프를 찾는다. 즉, ⑤이다.

16 ②, ③ 1시간 후부터 1시간 30분 사이의 그래프가 일직선으로 변화가 없는 것은 거리의 변화가 없는 것이므로 차가 멈춰있음을 알 수 있다.

즉, 1시간 후부터 30분간 휴게소에 들렀다고 볼 수 있다.

④ 걸린 시간 총 3시간 중 중간에 30분은 이동하지 않았으므로 차를 타고 이동한 시간은 2시간 30분이다.

⑤ 서울에서 휴게소까지 1시간 동안 70 km를 이동했고, 휴게소에서 대전까지 1.5시간 동안 90 km를 이동했으므로 처음엔 시속 70 km, 나중엔 시속 60 km로 이동했음을 알 수 있다.

즉, 서울에서 휴게소에 도착할 때까지의 속력이 휴게소에서 대전에 도착할 때까지의 속력보다 빠르다.

17 ① 14분~18분까지 4분간 0.2 km/분으로 최고 속력이었다.

② (거리)$=$(속력)$\times$(시간)이고, 14분~18분까지 4분간 최고 속도 0.2 km/분으로 달렸으므로 구하는 거리는

$0.2\times4=0.8(\text{km})=800(\text{m})$

③ 중간에 6분~10분까지 속력이 0이라는 것은 멈춰있다는 것이므로 쉬었다고 볼 수 있다.

따라서 달린 시간은 $20-4=16$(분)이다.

④, ⑤ 속력이 증가한 시간은 0분~3분, 10분~14분까지 각각 3분, 4분이므로 총 7분이고, 속력이 감소한 시간은 3분~6분, 18분~20분까지 각각 3분, 2분이므로 총 5분이다.

실력 높이기

1 150 **2** 7 **3** 15 **4** 5

5 21 **6** ③, ④ **7** 제3사분면

8 제4사분면 **9** 3 **10** 20 **11** 2

12 $\dfrac{7}{2}$

13 C$(2, -1)$, D$(2, 2)$ 또는 C$(-4, -1)$, D$(-4, 2)$

14 ③, ⑤ **15** ② **16** ③, ⑤ **17** ③

---

1 문제의 뜻대로 우리 집의 좌표를 0, 놀이터의 좌표를 -100이라고 하면 다음 그림과 같고, 우리 집에서 놀이터 방향으로 놀이터에서 $150\,\mathrm{m}$ 떨어진 곳에 꽃집이 있으므로 꽃집의 좌표는 -250이다.

$$\begin{array}{cccc}\text{꽃집} & \text{놀이터} & \text{우리 집} & \text{버스 정류장} \\ -250 & -100 & 0 & 150\end{array}$$

따라서 우리 집과 꽃집 사이의 거리는 $|-250|=250$이고, 이 거리만큼 놀이터에서 우리 집 방향으로 가면 버스 정류장이 있으므로 버스 정류장의 좌표는 150이다.

2 $x=1$일 때, 1이 y의 약수인 y는 2, 4, 6이다.
$x=2$일 때, 2가 y의 약수인 y는 2, 4, 6이다.
$x=3$일 때, 3이 y의 약수인 y는 6이다.
따라서 순서쌍 (x, y)는 $(1, 2)$, $(1, 4)$, $(1, 6)$, $(2, 2)$, $(2, 4)$, $(2, 6)$, $(3, 6)$의 7개이다.

3 $a=$(16 미만의 소수의 개수)이고, 16 미만의 소수는 2, 3, 5, 7, 11, 13의 6개이므로 $a=6$
또, $b=\left(\dfrac{49}{2}\text{ 미만의 소수의 개수}\right)$이고,
$\dfrac{49}{2}(=24.5)$ 미만의 소수는 2, 3, 5, 7, 11, 13, 17, 19, 23의 9개이므로 $b=9$
$\therefore a+b=6+9=15$

4 $a=$(30보다 작은 3의 배수의 개수)이고, 30보다 작은 3의 배수는 3, 6, 9, 12, $\cdots$, 27의 9개이므로 $a=9$

또, $b=$(15보다 작은 3의 배수의 개수)이고, 15보다 작은 3의 배수는 3, 6, 9, 12의 4개이므로 $b=4$
$\therefore a-b=9-4=5$

5 $5=$(a 이하의 짝수의 개수)이고, a 이하의 연속한 5개의 짝수는 2, 4, 6, 8, 10이므로 $a=10$ 또는 $a=11$
따라서 구하는 합은 $10+11=21$

6 $a<0$, $b<0$이고 $c>0$, $d<0$이므로
③ $ab>0$
④ a^2+a의 부호는 알 수 없다.
따라서 옳지 않은 것은 ③, ④이다.

7 서술형
표현 단계 x축 위의 점은 y좌표가 0이고, y축 위의 점은 x좌표가 0이다.
변형 단계 점 A$(-a-3, 2b-1)$은 x축 위의 점이므로 y좌표가 0이다.
$$2b-1=0, 2b=1 \quad \therefore b=\frac{1}{2}$$
점 B$\left(\dfrac{1}{2}a+b, a+b\right)$는 y축 위의 점이므로 x좌표가 0이다.
$\dfrac{1}{2}a+b=0$이고 $b=\dfrac{1}{2}$이므로
$$\frac{1}{2}a+\frac{1}{2}=0, \frac{1}{2}a=-\frac{1}{2} \quad \therefore a=-1$$
풀이 단계 점 C$(a-2b, 2ab)$에 $a=-1$, $b=\dfrac{1}{2}$을 대입하면
$$a-2b=-1-2\times\frac{1}{2}=-2$$
$$2ab=2\times(-1)\times\frac{1}{2}=-1\text{이므로}$$
$$\text{C}(-2, -1)$$
확인 단계 따라서 점 C가 속하는 사분면은 제3사분면이다.

8 $a<0$, $b<0$이므로 $ab>0$, $a+b<0$이다.
따라서 점 A$(ab, a+b)$가 속하는 사분면은 제4사분면이다.

9 두 점 A와 B가 원점에 대하여 대칭이므로
$3a+2=-(-5a+6)$에서
$3a+2=5a-6, 2a=8 \quad \therefore a=4$
$-2b-1=-(3b+2)$에서
$-2b-1=-3b-2 \quad \therefore b=-1$
$\therefore a+b=3$

10 서술형
표현 단계 점 P$(-2, 5)$에 대하여

$\therefore$ (삼각형 ABC의 넓이)

$$=\frac{1}{2}\times 4\times 10=20$$

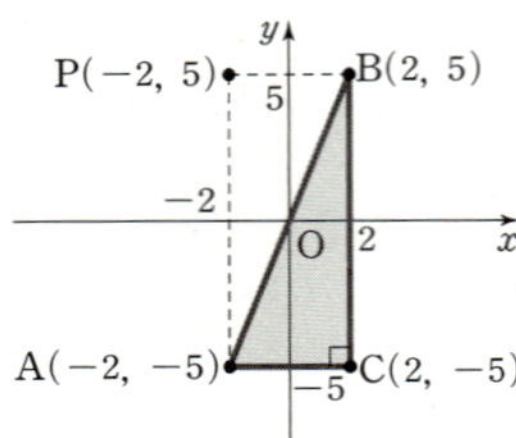

11 B$(2, -1)$, C$(2, 1)$이므로 오른쪽 그림에서

(삼각형 OBC의 넓이)

$$=\frac{1}{2}\times\overline{OD}\times\overline{BC}$$

$$=\frac{1}{2}\times 2\times 2=2$$

12 오른쪽 그림과 같이 세 점 A, B, C를 지나고 x축 및 y축에 각각 평행한 선을 그으면

P$(-2, 1)$, Q$(-2, -1)$, R$(2, 1)$이므로

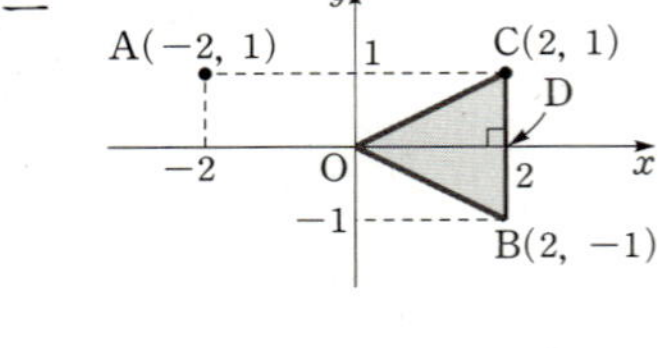

(사각형 PQCR의 넓이)

$$=4\times 2=8$$

(삼각형 APB의 넓이)$=\frac{1}{2}\times 3\times 1=\frac{3}{2}$

(삼각형 BQC의 넓이)$=\frac{1}{2}\times 4\times 1=2$

(삼각형 ACR의 넓이)$=\frac{1}{2}\times 1\times 2=1$

$\therefore$ (삼각형 ABC의 넓이)$=8-\left(\frac{3}{2}+2+1\right)=8-\frac{9}{2}=\frac{7}{2}$

13 구하는 정사각형 ABCD의 한 변의 길이는 두 점 A, B의 y좌표 사이의 거리이므로

$$2-(-1)=3$$

이때 구하는 정사각형 ABCD는 오른쪽 그림과 같이 두 가지가 존재한다.

따라서 구하는 좌표는

C$(2, -1)$, D$(2, 2)$ 또는

C$(-4, -1)$, D$(-4, 2)$

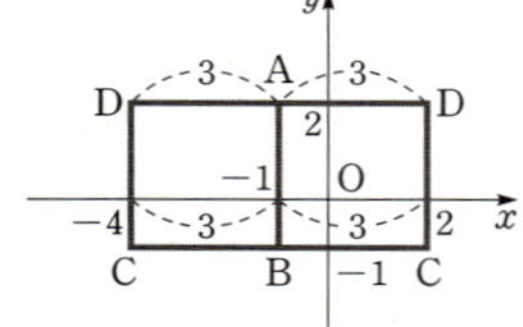

14 ① 저수지의 저수량이 줄어드는 것으로 볼 때 물을 빼고 있다는 것을 알 수 있다.

② 100톤에서 40톤으로 줄었으므로 총 60톤의 물을 빼냈다고 할 수 있다.

③ 저수지에서 물을 뺀 시간은 처음~2시간까지, 3시간~4시간까지이므로 각각 2시간, 1시간이다. 따라서 물을 뺀 시간은 총 3시간이다.

④ 처음~2시간까지 50톤의 물을 빼냈으므로 시간당 25톤의 물을 빼낸 것이고, 3시간~4시간까지는 10톤의 물을 빼냈으므로 처음엔 물을 많이 빼다가 나중엔 천천히 빼냈다고 할 수 있다.

⑤ 2시간~3시간까지 저수량의 변화가 없으므로 그 사이에는 물 빼는 작업을 멈추었다고 할 수 있다.

따라서 옳은 것은 ③, ⑤이다.

15 A 부분에 물을 채울 때는 처음에는 물의 높이가 서서히 오르다가 나중에 급격히 오르므로 그래프의 모양은 ⌡, B 부분에 물을 채울 때는 물의 높이가 일정하게 오르므로 그래프의 모양은 ╱, C 부분에 물을 채울 때는 처음에는 물의 높이가 급격히 오르다가 나중에는 서서히 오르므로 그래프의 모양은 ⌠이다.

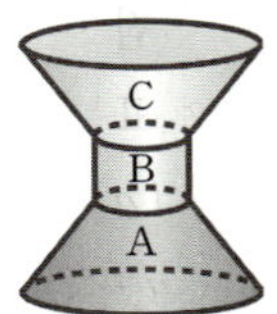

따라서 알맞은 그래프는 ②이다.

16 ① 그래프에서 현정이의 출발 시간은 좌표가 0.5이므로 은정이보다 30분 늦게 출발했다.

② 그래프가 x축과 평행한 곳에서는 거리의 증가, 감소가 없으므로 쉬었다고 볼 수 있다. 따라서 은정이는 2번 쉬었고 현정이는 쉬지 않았다.

③ 현정이는 수업이 끝나고 30분 후에 한강공원을 갔다가 2 km를 되돌아 온 후 다시 한강공원까지 갔다가 학교로 돌아왔다.

④ 갈 때는 은정이가 15 km를 3시간에, 현정이는 1.5시간에 갔으므로 현정이가 빨랐고, 올 때는 15 km를 은정이가 2시간, 현정이가 최대 5시간 걸렸으므로 은정이가 빨랐다고 볼 수 있다.

⑤ 현정이의 그래프에서 x축과 평행한 곳이 없으므로 머물지 않았다고 볼 수 있다.

따라서 옳지 않은 것은 ③, ⑤이다.

17 그래프의 기울어짐이 완만한 것은 물병의 폭이 넓어서 물의 높이가 천천히 높아지는 것이고, 그래프의 기울어짐이 급한 것은 물병의 폭이 좁음을 알 수 있다. 또, 물의 높이가 세 구간 $\overline{OA}$, $\overline{AB}$, $\overline{BC}$로 나뉜 것으로 봤을 때, 물병의 모양은 3단 케이크의 모양이며 그 길이는 $\overline{OA}$, $\overline{AB}$ 구간에 해당하는 부분의 높이가 각각 5 cm로 같고, $\overline{BC}$ 구간에 해당하는 부분의 높이는 10 cm로 길다.

따라서 가장 적절한 물병의 모양은 ③이다.

3 STEP
최고 실력 완성하기

1 8	**2** 8	**3** 6	**4** 4

1 점 $P(a, b)$와 점 A가 원점에 대하여 대칭이므로 점 A의 좌표는 $(-a, -b)$

점 $P(a, b)$와 점 B가 x축에 대하여 대칭이므로 점 B의 좌표는 $(a, -b)$

점 $P(a, b)$와 점 C가 y축에 대하여 대칭이므로 점 C의 좌표는 $(-a, b)$

이때 점 P를 제1사분면 위의 점이라 할 때, 네 점 P, A, B, C를 좌표평면 위에 나타내면 오른쪽 그림과 같으므로 사각형 ABPC는 가로의 길이가 $2|a|$, 세로의 길이가 $2|b|$인 직사각형이다.

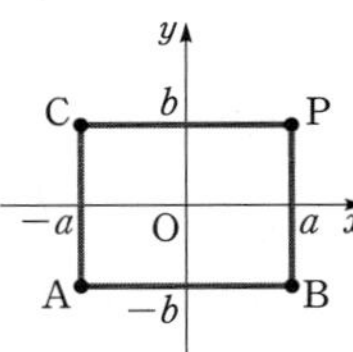

(단, $a \neq 0$, $b \neq 0$)

사각형 ABPC의 둘레의 길이는 12이므로
$$2(2|a| + 2|b|) = 12$$
$$4(|a| + |b|) = 12 \qquad \therefore |a| + |b| = 3$$
따라서 0이 아닌 두 정수 a, b의 순서쌍 (a, b)는
$(-2, -1)$, $(-2, 1)$, $(-1, -2)$, $(-1, 2)$, $(1, -2)$, $(1, 2)$, $(2, -1)$, $(2, 1)$의 8개이다.

2 소수는 2, 3, 5, 7, 11, …이므로

(i) $x+y=2$일 때, $(1, 1)$로 1개

(ii) $x+y=3$일 때, $(1, 2)$, $(2, 1)$로 2개

(iii) $x+y=5$일 때, $(1, 4)$, $(2, 3)$, $(3, 2)$로 3개

(iv) $x+y=7$일 때, $(2, 5)$, $(3, 4)$로 2개

따라서 구하는 순서쌍 (x, y)의 개수는
$$1+2+3+2=8$$

3 $a > 0$, $b > 0$이므로 점 P는 제1사분면 위에, 점 Q는 제2사분면 위에 있다.

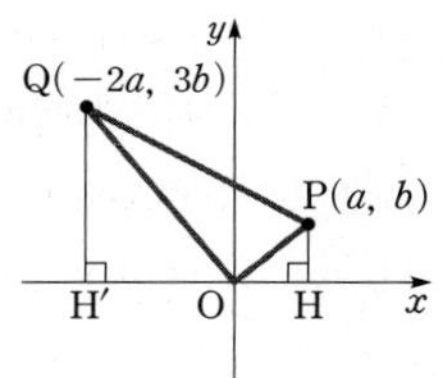

오른쪽 그림과 같이 두 점 P, Q에서 x축에 내린 수선의 발을 각각 H, H′이라 하면
$$H(a, 0), H'(-2a, 0)$$
이때
$$(\text{사다리꼴 } PQH'H \text{의 넓이}) = \frac{1}{2} \times (b+3b) \times 3a = 6ab$$
$$(\text{삼각형 } OQH' \text{의 넓이}) = \frac{1}{2} \times 2a \times 3b = 3ab$$
$$(\text{삼각형 } OPH \text{의 넓이}) = \frac{1}{2} \times a \times b = \frac{ab}{2}$$
즉, $(\text{삼각형 } OPQ \text{의 넓이}) = 6ab - \left(3ab + \frac{ab}{2}\right) = \frac{5}{2}ab$

이므로 $\frac{5}{2}ab = 15$ $\qquad \therefore ab = 6$

4 점 A가 x축 위의 점이므로 y좌표는 0

즉, $2 - 3b = 0 \qquad \therefore b = \frac{2}{3}$

또, 점 B가 y축 위의 점이므로 x좌표는 0

즉, $3a - 1 = 0 \qquad \therefore a = \frac{1}{3}$

따라서 $A(2, 0)$, $B(0, 2)$, $C(1, 1)$이므로 $C'(-1, -1)$

오른쪽 그림과 같이 세 점 A, B, C′를 지나면서 x축, y축과 평행한 직선을 그으면

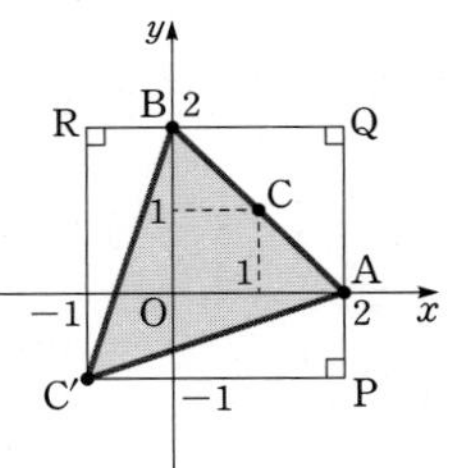

$$P(2, -1), Q(2, 2), R(-1, 2)$$
이므로
$$(\text{사각형 } PQRC' \text{의 넓이}) = 3 \times 3 = 9$$
$$(\text{삼각형 } AC'P \text{의 넓이}) = \frac{1}{2} \times 3 \times 1 = \frac{3}{2}$$
$$(\text{삼각형 } AQB \text{의 넓이}) = \frac{1}{2} \times 2 \times 2 = 2$$
$$(\text{삼각형 } BRC' \text{의 넓이}) = \frac{1}{2} \times 1 \times 3 = \frac{3}{2}$$
$$\therefore (\text{삼각형 } ABC' \text{의 넓이}) = 9 - \left(\frac{3}{2} + 2 + \frac{3}{2}\right) = 9 - 5 = 4$$

1 STEP
주제별 실력다지기

132~137쪽

1 ㄷ. $y=1000x$, ㄹ. $y=1400x$, ㅁ. $y=6x$

2 $y=-2x$　　3 $-\dfrac{4}{3}$　　4 $y=\dfrac{3}{5}x$

5 $y=\dfrac{2}{5}x$　　6 ⑤　　7 -10

8 $S=\dfrac{1}{4}a^2$, $(4, 2)$

9 ㄴ. $y=\dfrac{10}{x}$　ㄷ. $y=\dfrac{25}{x}$　ㅁ. $y=\dfrac{40}{x}$

10 $y=\dfrac{9}{x}$　　11 $\dfrac{4}{3}$　　12 $y=\dfrac{a^2}{x}$

13 $y=-\dfrac{2}{x}$　　14 4　　15 $a=-1$, $b=-\dfrac{3}{2}$

16 8개　　17 -2　　18 A$(-3, 4)$, B$(3, -4)$

19 10　　20 2 cm　　21 $\dfrac{25}{6}$초

22 $y=\dfrac{24}{x}$, 1, 2, 3, 4, 6, 8, 12, 24

1　ㄱ. $y=2x+8$

ㄴ. $y=\dfrac{50}{x}$(반비례)

ㄷ. $y=1000x$(정비례)

ㄹ. $y=1400x$(정비례)

ㅁ. $y=6x$(정비례)

2　$\dfrac{y}{x}=-2$이므로 $y=-2x$

3　$y=ax(a\neq0)$라 하고 $x=-3$, $y=2$를 대입하면

$2=-3a$　　$\therefore a=-\dfrac{2}{3}$

즉, $y=-\dfrac{2}{3}x$이므로 $x=2$일 때, $y=-\dfrac{4}{3}$

4　A가 x바퀴 회전할 때의 톱니 수는 $15x$, B가 y바퀴 회

전할 때의 톱니 수는 $25y$이므로

$15x=25y$　　$\therefore y=\dfrac{3}{5}x$

5　주어진 그래프는 점 $(5, 2)$를 지나므로 $y=ax$에

$x=5$, $y=2$를 대입하면

$2=5a$, $a=\dfrac{2}{5}$　　$\therefore y=\dfrac{2}{5}x$

6　$a\neq0$일 때, 항상 $|a|>0$이므로 $|a|=k$라 하면

$y=kx(k>0)$의 꼴이다.

즉, 그래프는 a의 부호에 관계없이 제1사분면과 제3사분면을

지나며, x의 값이 증가하면 y의 값도 증가한다.

7　두 점 O$(0, 0)$, A$(3, -6)$을 지나는 직선을 $y=ax$라

하고 $x=3$, $y=-6$을 대입하면

$-6=3a$　　$\therefore a=-2$

$\therefore y=-2x$

$y=-2x$의 그래프 위에 점 C$(5, k)$가 있으므로 $x=5$,

$y=k$를 대입하면

$k=-2\times5=-10$

8　점 P(a, b)는 정비례 관계 $y=\dfrac{1}{2}x$의 그래프 위의 점

이므로 점 P의 좌표를 $\left(a, \dfrac{1}{2}a\right)$라 하면

(삼각형 OPM의 넓이)$=\dfrac{1}{2}\times a\times b=\dfrac{1}{2}\times a\times\dfrac{1}{2}a=\dfrac{1}{4}a^2$

$\therefore S=\dfrac{1}{4}a^2$

이때 $S=\dfrac{1}{4}a^2=4$에서 $a^2=16$　　$\therefore a=4$ ($\because a>0$)

따라서 점 P의 좌표는 $(4, 2)$이다.

9　ㄱ. $y=4x$(정비례)

ㄴ. $xy=10$　　$\therefore y=\dfrac{10}{x}$(반비례)

ㄷ. $xy=25$　　$\therefore y=\dfrac{25}{x}$(반비례)

ㄹ. $y=1000x$(정비례)

ㅁ. $\dfrac{1}{2}xy=20$　　$\therefore y=\dfrac{40}{x}$(반비례)

10　$xy=a$라고 하면

$x=3$일 때, $y=3$이므로 $a=9$

$\therefore y=\dfrac{9}{x}$

11　$y=\dfrac{a}{x}$라고 하면

$x=\dfrac{1}{3}$일 때, $y=12$이므로

$12=3a$ $\quad\therefore a=4$

즉, $y=\dfrac{4}{x}$이므로 $x=3$일 때, $y=\dfrac{4}{3}$

12 오른쪽 그림에서

$a^2=xy$

$\therefore y=\dfrac{a^2}{x}$

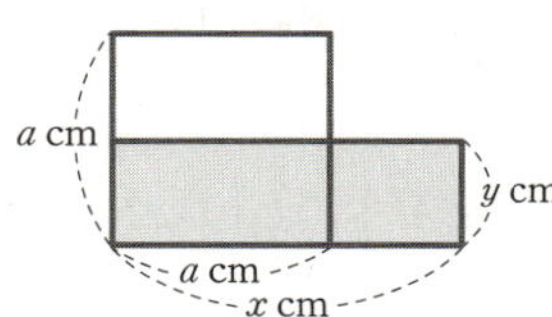

13 주어진 그래프는 점 $(1,\,-2)$를 지나므로

$y=\dfrac{a}{x}$에 $x=1$, $y=-2$를 대입하면

$-2=\dfrac{a}{1}$, $a=-2$ $\quad\therefore y=-\dfrac{2}{x}$

14 점 P는 $y=\dfrac{4}{x}\,(x>0)$의 그래프 위의 점이므로 점 P의

좌표를 $\left(a,\,\dfrac{4}{a}\right)(a>0)$라고 하면 두 점 A, B의 좌표는

$A(a,\,0)$, $B\left(0,\,\dfrac{4}{a}\right)$

$\therefore$ (직사각형 OAPB의 넓이)$=a\times\dfrac{4}{a}=4$

다른 풀이

반비례 관계 $y=\dfrac{4}{x}$의 그래프 위의 한 점 $P(x,\,y)$에 대하여
주어진 직사각형 OAPB의 넓이는 $|x\times y|=4$이다.

15 점 $(-1,\,3)$이 $y=\dfrac{3a}{x}$의 그래프 위에 있으므로

$y=\dfrac{3a}{x}$에 $x=-1$, $y=3$을 대입하면

$3=\dfrac{3a}{-1}$ $\quad\therefore a=-1$ $\quad\therefore y=-\dfrac{3}{x}$

또, 점 $\left(\dfrac{1}{2}b,\,4\right)$가 $y=-\dfrac{3}{x}$의 그래프 위에 있으므로

$y=-\dfrac{3}{x}$에 $x=\dfrac{1}{2}b$, $y=4$를 대입하면

$4=-\dfrac{3}{\frac{1}{2}b}$, $4=\dfrac{-6}{b}$ $\quad\therefore b=-\dfrac{3}{2}$

16 y좌표, 즉 $-\dfrac{6}{x}$이 정수가 되기 위해서는 x가 (6의 약수)
또는 $-$(6의 약수)이어야 한다.

따라서 $x=-6,\,-3,\,-2,\,-1,\,1,\,2,\,3,\,6$이므로 구하는
점은 $(-6,\,1)$, $(-3,\,2)$, $(-2,\,3)$, $(-1,\,6)$, $(1,\,-6)$,
$(2,\,-3)$, $(3,\,-2)$, $(6,\,-1)$의 8개이다.

17 점 A는 $y=-2x$와 $y=\dfrac{a}{x}$의 그래프 위의 점이므로

$y=-2x$에 $x=-1$을 대입하면 $y=2$

$\therefore A(-1,\,2)$

$y=\dfrac{a}{x}$에 $x=-1$, $y=2$를 대입하면

$2=\dfrac{a}{-1}$ $\quad\therefore a=-2$

18 점 $(-2,\,6)$은 $y=\dfrac{b}{x}$의 그래프 위의 점이므로

$y=\dfrac{b}{x}$에 $x=-2$, $y=6$을 대입하면

$6=\dfrac{b}{-2}$, $b=-12$ $\quad\therefore y=-\dfrac{12}{x}$

이때 점 B의 x좌표가 3이므로 $y=-\dfrac{12}{x}$에 $x=3$을 대입하면

$y=-\dfrac{12}{3}=-4$ $\quad\therefore B(3,\,-4)$

또한, 점 B는 $y=ax$의 그래프 위의 점이므로 $y=ax$에

$x=3$, $y=-4$를 대입하면

$-4=3a$, $a=-\dfrac{4}{3}$ $\quad\therefore y=-\dfrac{4}{3}x$

이때 $ab=\left(-\dfrac{4}{3}\right)\times(-12)>0$이므로 두 점 A, B는 원점
에 대하여 서로 대칭이다.

$\therefore A(-3,\,4)$, $B(3,\,-4)$

19 점 B의 좌표를 $(p,\,q)\,(p>0,\,q>0)$라 하면 색칠한
사각형의 넓이는 $pq=9$ $\quad\cdots\cdots$ ㉠

점 B는 $y=\dfrac{b}{x}$의 그래프 위의 점이므로

$q=\dfrac{b}{p}$ $\quad\therefore b=pq$ $\quad\cdots\cdots$ ㉡

㉠, ㉡에서 $b=9$ $\quad\therefore y=\dfrac{9}{x}$

한편, 점 A의 y좌표가 -3이므로 $y=\dfrac{9}{x}$에 $y=-3$을 대입

하면 $-3=\dfrac{9}{x}$, $x=-3$ $\quad\therefore A(-3,\,-3)$

또, $y=ax$의 그래프도 점 A를 지나므로 $y=ax$에 $x=-3$,
$y=-3$을 대입하면 $a=1$

$\therefore a+b=1+9=10$

20 삼각형 DPC의 넓이는

$y=\dfrac{1}{2}\times x\times 3=\dfrac{3}{2}x$

$y=3$일 때, $3=\dfrac{3}{2}x$이므로 $x=2$

$\therefore$ (선분 PC의 길이)$=2\ \text{cm}$

21 A는 출발한 지 3초 후에 24 m를 갔으므로 $y=ax$에

$x=3$, $y=24$를 대입하면

$24=3a$, $a=8$ $\quad\therefore y=8x$

B는 출발한 지 4초 후에 24 m를 갔으므로 $y=bx$에 $x=4$, $y=24$를 대입하면

$24=4b,\ b=6$ $\quad\therefore\ y=6x$

이때, A, B 두 사람이 100 m를 달렸을 때 걸리는 시간을 각각 구하면

A : $y=8x$에 $y=100$을 대입하면 $x=\dfrac{25}{2}$

B : $y=6x$에 $y=100$을 대입하면 $x=\dfrac{50}{3}$

따라서 A, B 두 사람의 기록의 차는

$$\dfrac{50}{3}-\dfrac{25}{2}=\dfrac{100}{6}-\dfrac{75}{6}=\dfrac{25}{6}(\text{초})$$

22 직사각형 모양의 가로에 놓인 타일의 개수는 x, 세로에 놓인 타일의 개수는 y이고 전체 타일의 개수는 24이므로

$xy=24$ $\quad\therefore\ y=\dfrac{24}{x}$

타일의 개수는 자연수이므로 가능한 x의 값은 24의 양의 약수인 1, 2, 3, 4, 6, 8, 12, 24이다.

2 STEP
실력 높이기

1 ③	**2** 1	**3** ②	**4** 8
5 $(3,3),\ (-3,-3)$		**6** $y=\dfrac{36}{x}$	
7 $y=\dfrac{2}{5}x$	**8** $y=\dfrac{a-c}{c-b}x$	**9** $\dfrac{1}{18}\le a\le 2$	**10** $\dfrac{1}{2}$
11 $\dfrac{4}{3}$	**12** $\dfrac{24}{25}$	**13** $(3,-8)$	**14** $\dfrac{1}{3}$
15 ⑤	**16** 40	**17** 풀이 참조	**18** 6

1 ① $\dfrac{1}{2}\times x\times 2y=10,\ xy=10$ $\quad\therefore\ y=\dfrac{10}{x}$(반비례)

② $\dfrac{10}{x}\times 100=y$ $\quad\therefore\ y=\dfrac{1000}{x}$(반비례)

③ $1000\times\dfrac{x}{100}=y$ $\quad\therefore\ y=10x$(정비례)

④ $xy=20$ $\quad\therefore\ y=\dfrac{20}{x}$(반비례)

⑤ $3\times 10=xy$ $\quad\therefore\ y=\dfrac{30}{x}$(반비례)

2 서술형

표현 단계 y의 2배가 $x+3$에 정비례하므로 x와 y 사이의 관계식은 다음과 같다.

변형 단계 $2y=a(x+3)\ (a\neq 0)$ $\quad\cdots\cdots$ ㉠

풀이 단계 $x=5,\ y=6$을 ㉠에 대입하면

$2\times 6=a(5+3),\ 12=8a$ $\quad\therefore\ a=\dfrac{3}{2}$

$a=\dfrac{3}{2}$을 ㉠에 대입하면

$2y=\dfrac{3}{2}(x+3)$ $\quad\therefore\ y=\dfrac{3}{4}(x+3)$

$y=3$일 때, x의 값을 구하면

$3=\dfrac{3}{4}(x+3),\ x+3=4$

확인 단계 $\therefore\ x=1$

3 x축은 $y=0$, 즉 $y=0\cdot x$이므로 $a=0$일 때이다.

$y=-3x$는 $a=-3$일 때이다.

따라서 $y=ax$의 그래프가 두 직선 사이에 존재하려면

$-3<a<0$

4 $y=\dfrac{30}{x}$에서 y가 양의 정수이므로 x는 30의 양의 약수이다.

즉, $x=1,\ 2,\ 3,\ 5,\ 6,\ 10,\ 15,\ 30$이므로 8개이다.

5 x좌표와 y좌표가 같은 점의 좌표를 $(a,\ a)$라 하고 $x=a,\ y=a$를 $y=\dfrac{9}{x}$에 대입하면

$a=\dfrac{9}{a}$에서 $a^2=9$ $\quad\therefore\ a=3$ 또는 $a=-3$

따라서 구하는 점의 좌표는 $(3,\ 3),\ (-3,\ -3)$이다.

6 서술형

표현 단계 작은 톱니바퀴의 톱니의 수 : 18

큰 톱니바퀴의 톱니의 수 : x

작은 톱니바퀴가 2바퀴 돌 때, 큰 톱니바퀴는 y바퀴 돈다.

변형 단계 두 개의 톱니바퀴가 맞물려 돌아간 톱니의 수는 서로 같으므로

풀이 단계 x와 y 사이의 관계식은 $18\times 2=x\times y$

y를 x에 대하여 풀면

확인 단계 $y=\dfrac{36}{x}$

7 매분 나오는 일정한 물의 양을 t라 하면 x분 동안 나오는 물의 양 y L는 $y=tx$이고, 5분 동안 2 L의 물이 흘러 나오므로 $x=5$, $y=2$를 대입하면

$$2=5t \qquad \therefore t=\frac{2}{5} \qquad \therefore y=\frac{2}{5}x$$

8 $a\,\%$의 소금물 x g에 녹아 있는 소금의 양은

$$\frac{a}{100}x \text{ g} \quad \cdots\cdots \text{㉠}$$

$b\,\%$의 소금물 y g에 녹아 있는 소금의 양은

$$\frac{b}{100}y \text{ g} \quad \cdots\cdots \text{㉡}$$

㉠, ㉡을 더한 소금의 양은 $c\,\%$의 소금물 $(x+y)$ g에 녹아 있는 소금의 양과 같다. 즉,

$$\frac{a}{100}x+\frac{b}{100}y=\frac{c}{100}(x+y)$$

$$(a-c)x=(c-b)y$$

$$\therefore y=\frac{a-c}{c-b}x$$

9 $y=\dfrac{8}{x}$에 $x=2$를 대입하면 $y=4$ $\qquad \therefore \text{A}(2,\,4)$

$y=\dfrac{8}{x}$에 $x=12$를 대입하면 $y=\dfrac{2}{3}$ $\qquad \therefore \text{B}\left(12,\,\dfrac{2}{3}\right)$

오른쪽 그림과 같이 a의 값은 $y=ax$의 그래프가 점 A를 지날 때 최대, 점 B를 지날 때 최소이다.

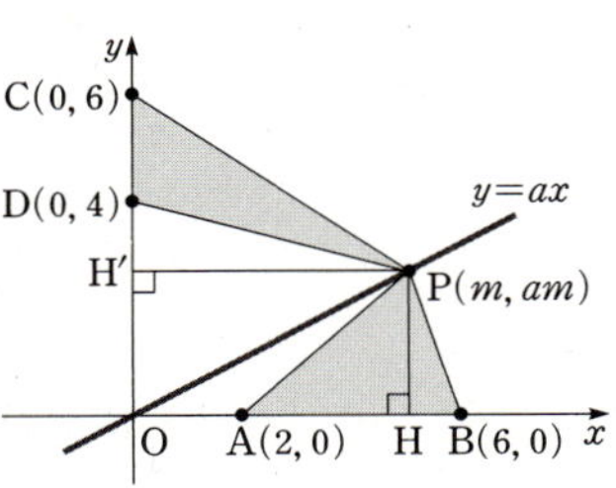

즉, $y=ax$에 점 A$(2,\,4)$의 x좌표와 y좌표를 각각 대입하면

$$4=a\times 2 \qquad \therefore a=2$$

$y=ax$에 점 B$\left(12,\,\dfrac{2}{3}\right)$의 x좌표와 y좌표를 각각 대입하면

$$\frac{2}{3}=a\times 12 \qquad \therefore a=\frac{1}{18}$$

따라서 a의 값의 범위는 $\dfrac{1}{18} \le a \le 2$

10 점 P는 $y=ax$의 그래프 위의 점이므로 좌표를 $(m,\,am)\,(m>0)$이라 하고, 오른쪽 그림과 같이 점 P에서 x축, y축에 수직으로 만나도록 그은 선분과 만나는 점을 각각 H, H′이라고 하자.

(선분 AB의 길이)$=4$, (선분 CD의 길이)$=2$,

(선분 PH의 길이)$=am$, (선분 PH′의 길이)$=m$이므로

$$\text{(삼각형 PAB의 넓이)}=\frac{1}{2}\times\overline{\text{AB}}\times\overline{\text{PH}}$$
$$=\frac{1}{2}\times 4\times am=2am$$

$$\text{(삼각형 PCD의 넓이)}=\frac{1}{2}\times\overline{\text{CD}}\times\overline{\text{PH′}}=\frac{1}{2}\times 2\times m=m$$

이때 (삼각형 PAB의 넓이)=(삼각형 PCD의 넓이)이므로

$$2am=m \qquad \therefore a=\frac{1}{2}\,(\because m\neq 0)$$

11 서술형

표현 단계 $y=ax$의 그래프가 직사각형 ABCD의 두 대각선이 만나는 점을 지나면 직사각형의 넓이를 이등분한다.

변형 단계 직사각형의 두 대각선이 만나는 점은 점 A$(1,\,5)$와 점 C$(5,\,3)$의 중점이므로

$$\left(\frac{1+5}{2},\,\frac{5+3}{2}\right), \text{ 즉 } (3,\,4)$$

풀이 단계 직사각형 ABCD의 넓이를 이등분하려면 $y=ax$의 그래프가 점 $(3,\,4)$를 지나야 한다.

$x=3$, $y=4$를 $y=ax$에 대입하면

$$4=a\times 3$$

확인 단계 $\therefore a=\dfrac{4}{3}$

12 점 C의 x좌표가 4이므로 $y=3x$에 $x=4$를 대입하면

$$y=3\times 4=12 \qquad \therefore \text{C}(4,\,12)$$

이때 점 B의 y좌표도 12이므로 B$(10,\,12)$

사다리꼴 OABC의 넓이는 $\dfrac{1}{2}\times\{(10-4)+10\}\times 12=96$

삼각형 OAB의 넓이는 $\dfrac{1}{2}\times 10\times 12=60$

$\therefore$ (삼각형 OAB의 넓이)$>\dfrac{1}{2}\times$(사다리꼴 OABC의 넓이)

즉, $y=ax$의 그래프가 사다리꼴 OABC의 넓이를 이등분하려면 $y=ax$의 그래프는 오른쪽 그림과 같이 변 AB와 만나야 한다.

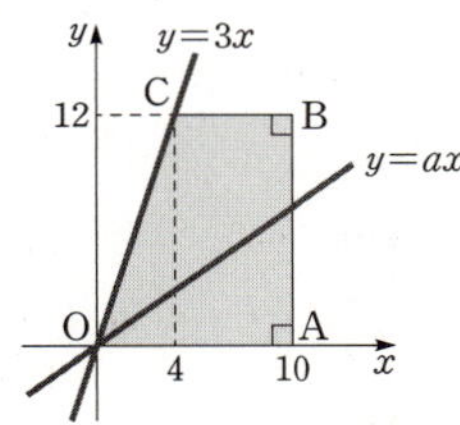

이때 $y=ax$의 그래프와 변 AB가 만나는 점을 D라 하면 D$(10,\,10a)$

(삼각형 OAD의 넓이)$=\dfrac{1}{2}\times$(사다리꼴 OABC의 넓이)

이므로

$$\frac{1}{2}\times 10\times 10a=\frac{1}{2}\times 96 \qquad \therefore a=\frac{24}{25}$$

13 두 점 P, Q는 반비례 관계 $y=\dfrac{a}{x}$의 그래프 위의 점이므로 두 점 P, Q의 좌표는

$$\text{P}\left(3,\,\frac{a}{3}\right), \text{Q}\left(4,\,\frac{a}{4}\right)$$

이때 점 Q의 y좌표가 점 P의 y좌표보다 2만큼 크므로

$\dfrac{a}{4}-\dfrac{a}{3}=2$에서 $-\dfrac{a}{12}=2$

$\therefore a=-24$

따라서 $y=-\dfrac{24}{x}$에 $x=3$을 대입하면

$y=-\dfrac{24}{3}=-8$　　$\therefore$ P$(3,\ -8)$

14 서술형

표현 단계 $\begin{cases} y=2x \\ y=ax \end{cases}$에서

변형 단계 점 C의 x좌표가 6이면 점 A의 x좌표는 $6-2=4$이
다.

점 A는 $y=2x$ 위의 점이므로 $x=4$를 대입하면
$y=2\times4=8$, 즉 A$(4,\ 8)$
직사각형의 세로의 길이가 6이므로 점 C의 y좌표는
$8-6=2$이다.
$\therefore$ C$(6,\ 2)$

풀이 단계 점 C$(6,\ 2)$는 직선 $y=ax$ 위의 점이므로 $x=6$,
$y=2$를 각각 대입하면 $2=a\times6$

확인 단계 $\therefore a=\dfrac{1}{3}$

15 점 P의 좌표를 $(x,\ y)$, 사각형 PQOR의 넓이를 S라
하면 $S=xy$ (S는 일정)이므로

$y=\dfrac{S}{x}$ $(S>0,\ x>0)$

따라서 점 P$(x,\ y)$가 그리는 그래프의 모양으로 알맞은 것
은 ⑤이다.

16 점 A의 좌표가 a이므로 A$(a,\ 2a)$, 정사각형 ABCD
의 한 변의 길이가 6이므로
B$(a-6,\ 2a)$, D$(a,\ 2a+6)$
점 B가 $y=-x$의 그래프 위의 점이므로 $y=-x$에
$x=a-6,\ y=2a$를 대입하면 $2a=-(a-6)$
$2a=-a+6$에서 $3a=6$　　$\therefore a=2$
$\therefore$ D$(2,\ 10)$
점 D가 $y=\dfrac{b}{x}$의 그래프 위의 점이므로

$y=\dfrac{b}{x}$에 $x=2,\ y=10$을 대입하면

$10=\dfrac{b}{2}$　　$\therefore b=20$

$\therefore ab=2\times20=40$

17 점 P가 선분 BC를 따라 점 B에서 점 C까지 움직이면
삼각형 ABP의 넓이는 점점 커지며 넓이는 선분 BP의 길이

에 정비례한다. 즉,

(삼각형 ABP의 넓이)$=\dfrac{1}{2}\times10\times$(선분 BP의 길이)

$\qquad\qquad\qquad=\dfrac{1}{2}\times10\times x=5x(\mathrm{cm}^2)$

그런데 점 P가 선분 CD 위에 있을 때의 삼각형 ABP의 넓
이는 밑변을 선분 AB, 높이를 선분 BC로 하는 삼각형과 넓
이가 같다. 즉,

(삼각형 ABP의 넓이)

$=\dfrac{1}{2}\times$(선분 AB의 길이)$\times$(선분 BC의 길이)

$=\dfrac{1}{2}\times10\times10$

$=50(\mathrm{cm}^2)$

따라서 구하는 그래프는 오른쪽과 같다.

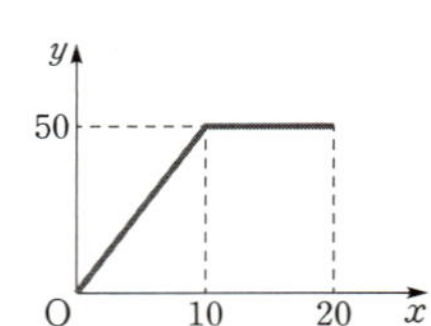

18 서술형

표현 단계 주어진 그래프는 반비례하므로 $y=\dfrac{a}{x}$ $(a\neq0)$라 하
자.

변형 단계 점 P$(-3,\ -1)$을 지나므로
$x=-3,\ y=-1$을 대입하면

$-1=\dfrac{a}{-3}$　　$\therefore a=3$

$y=\dfrac{3}{x}$에서 $xy=3$

풀이 단계 점 A의 좌표를 $(p,\ q)$라고 하면 $pq=3$
선분 AC와 x축이 만나는 점을 D라고 하면

(삼각형 AOD의 넓이)$=\dfrac{1}{2}\times p\times q$

$\qquad\qquad\qquad=\dfrac{1}{2}\times3=\dfrac{3}{2}$

이때 삼각형 ABC의 넓이는 삼각형 AOD의 넓이의
4배이다.

확인 단계 $\therefore$ (삼각형 ABC의 넓이)$=\dfrac{3}{2}\times4=6$

최고 실력 완성하기

1 풀이 참조	**2** $y=\dfrac{11}{3}x$	**3** $3\leq y\leq 4$
4 $\dfrac{2}{7}\leq a\leq 2$	**5** A$(4,\,12)$, B$(4,\,-16)$	**6** D$(8,\,9)$
7 53	**8** B$\left(\dfrac{m}{2},\,0\right)$	**9** 풀이 참조
10 $\dfrac{34}{5}$초 후		

1 $0<x<1$일 때, $y=1000$

$1\leq x<2$일 때, $y=2000$

$2\leq x<3$일 때, $y=3000$

$3\leq x<4$일 때, $y=4000$

$4\leq x<5$일 때, $y=5000$

$\vdots$

이므로 그래프를 그리면
오른쪽과 같다.

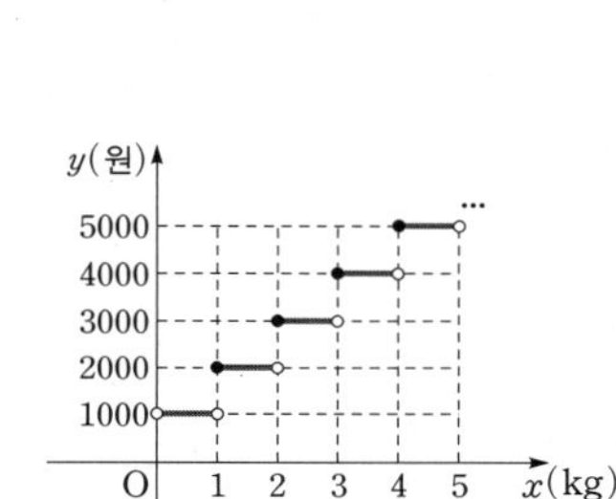

2 두 톱니바퀴 P, Q의 톱니 수를 각각 $11a$, $3a$(a는 자연수)
라고 하면 톱니바퀴 P의 1분 동안 맞물린 톱니 수는 $11ax$이
고, 톱니바퀴 Q의 1분 동안 맞물린 톱니 수는 $3ay$이다.
두 톱니바퀴 P, Q는 맞물려 있으므로 1분 동안 맞물린 톱니
의 수는 같다. 즉,

$11ax=3ay$ $\qquad \therefore y=\dfrac{11}{3}x$

3 $xy=240$에서 $y=\dfrac{240}{x}$

$60\leq x\leq 80$이므로 $x=60$일 때 $y=4$이고, $x=80$일 때
$y=3$이다.

$\therefore 3\leq y\leq 4$

4 a의 값은 $y=ax$의 그래프가 점 A를 지날 때 최대이고,
점 B를 지날 때 최소이다.
즉, $y=ax$에 점 A$(2,\,4)$의 x좌표와 y좌표를 각각 대입하면

$4=2a$ $\qquad \therefore a=2$

$y=ax$에 점 B$(7,\,2)$의 x좌표와 y좌표를 각각 대입하면

$2=7a$ $\qquad \therefore a=\dfrac{2}{7}$

따라서 a의 값의 범위는 $\dfrac{2}{7}\leq a\leq 2$

5 두 점 A, B의 x좌표를 $a(a>0)$라
고 하면 점 A의 좌표는 $(a,\,3a)$, 점 B
의 좌표는 $(a,\,-4a)$이다.
(선분 AB의 길이)$=3a-(-4a)=7a$
선분 AB와 x축이 만나는 점을 H라고
하면 (선분 OH의 길이)$=a$

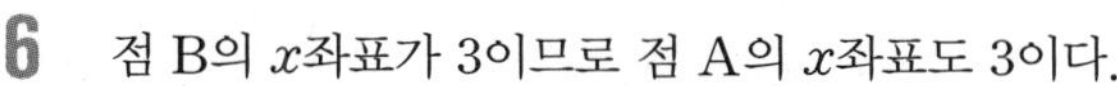

(삼각형 AOB의 넓이)$=\dfrac{1}{2}\times 7a\times a=56$

$a^2=16$ $\qquad \therefore a=4\ (\because a>0)$

$\therefore$ A$(4,\,12)$, B$(4,\,-16)$

6 점 B의 x좌표가 3이므로 점 A의 x좌표도 3이다.
즉, $y=3x$에 $x=3$을 대입하면 $y=9$ $\quad\therefore$ A$(3,\,9)$
점 C의 x좌표를 a라 하면 점 C는 $y=\dfrac{1}{2}x$의 그래프 위에 있

으므로 C$\left(a,\,\dfrac{1}{2}a\right)$, 즉 B$\left(3,\,\dfrac{1}{2}a\right)$

이때 사각형 ABCD는 정사각형이므로

(선분 AB의 길이)$=$(선분 BC의 길이)

(선분 AB의 길이)$=9-\dfrac{1}{2}a$, (선분 BC의 길이)$=a-3$

$9-\dfrac{1}{2}a=a-3$, $-\dfrac{3}{2}a=-12$ $\qquad \therefore a=8$

$\therefore$ C$(8,\,4)$

따라서 구하는 점 D의 x좌표는 점 C의 x좌표와 같고, y좌표
는 점 A의 y좌표와 같으므로 D$(8,\,9)$

7 제1사분면 위의 $y=4x$, $y=\dfrac{1}{4}x$, $y=\dfrac{16}{x}$의 그래프는
다음 그림과 같다.

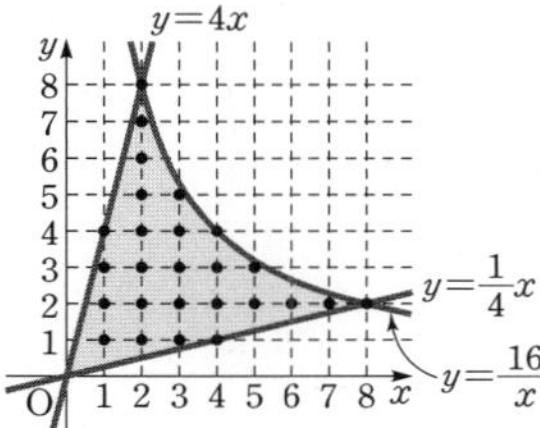

이때 x좌표와 y좌표가 모두 정수인 점은

$x=1$일 때, $y=1,\,2,\,3,\,4$의 4개

$x=2$일 때, $y=1,\,2,\,3,\,4,\,5,\,6,\,7,\,8$의 8개

$x=3$일 때, $y=1,\,2,\,3,\,4,\,5$의 5개

$x=4$일 때, $y=1,\,2,\,3,\,4$의 4개

$x=5$일 때, $y=2,\,3$의 2개

$x=6$일 때, $y=2$의 1개

$x=7$일 때, $y=2$의 1개

$x=8$일 때, $y=2$의 1개

이므로 제1사분면에서 구하는 점의 개수는

$4+8+5+4+2+1+1+1=26$

같은 방법으로 제3사분면 위에 있는 x좌표와 y좌표가 모두
정수인 점의 개수도 26이다.

또한, 원점도 x좌표와 y좌표가 모두 정수인 점이다.

따라서 구하는 점의 개수는 $26 \times 2 + 1 = 53$

8 오른쪽 그림과 같이 두 점 B와
C의 좌표를 B$(a,\,0)$, C$(b,\,0)$이
라고 하면 A$\left(a,\,\dfrac{3}{a}\right)$, D$\left(b,\,\dfrac{3}{a}\right)$,
E$\left(\dfrac{a+b}{2},\,\dfrac{3}{2a}\right)$이다.

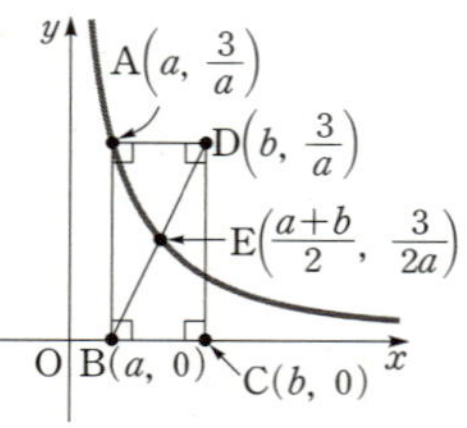

점 E가 $y=\dfrac{3}{x}\ (x>0)$의 그래프 위의 점이므로

점 E의 x좌표와 y좌표를 대입하면

$\dfrac{3}{2a}=\dfrac{6}{a+b}$, $3(a+b)=12a$ $\therefore b=3a$

$b=3a$를 점 E의 x좌표와 y좌표에 대입하면 E$\left(2a,\,\dfrac{3}{2a}\right)$

이때 점 E의 x좌표가 m이므로 $2a=m$

즉, $a=\dfrac{m}{2}$ $\therefore$ B$\left(\dfrac{m}{2},\,0\right)$

9 (i) 점 P가 선분 AB 위에 있을 때

$y=\dfrac{1}{2}\times40\times2x=40x\ (0<x<10)$

(ii) 점 P가 선분 BC 위에 있을 때

$y=\dfrac{1}{2}\times40\times20=400\ (10\leq x\leq30)$

(i), (ii)에 의하여 x와 y 사이의 관계를 그
래프로 나타내면 오른쪽 그림과 같다.

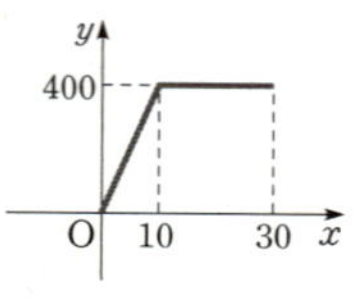

10 t초 후에 두 점 P와 Q가 처음으로 만난다고 하면 두 점
P, Q가 움직인 거리는 각각 $2t$, $3t$이다.

이때 두 점 P, Q가 만나려면 두 점이 움직인 거리의 합이 직
사각형의 둘레의 길이와 같아야 하므로

$2t+3t=34$, $5t=34$ $\therefore t=\dfrac{34}{5}$

따라서 두 점 P, Q는 $\dfrac{34}{5}$초 후에 만난다.

단원 종합 문제

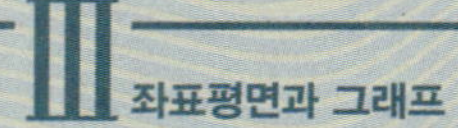

1 11   **2** ①   **3** $-3,\,-1,\,1,\,3$

4 18   **5** Q$(-a,\,-b)$ **6** 2

7 제1사분면, 제3사분면   **8** ②, ③, ⑤   **9** ③

10 ③   **11** ④

12 (1) 30초, 60초 (2) 해피, 대지, 구름 (3) 해피, 구름, 대지

13 ④   **14** ④   **15** ②   **16** 8

17 $-2\leq a\leq-1$ **18** 1   **19** 9

20 8   **21** $y=\dfrac{3}{2}x$ **22** A$(2,\,6)$

23 B$\left(6,\,\dfrac{4}{3}\right)$ **24** $\dfrac{3}{4}$ **25** $-\dfrac{2}{3}$

1 a는 1, 2, 3 중의 한 수이고, b는 2, 3, 4, 5 중의 한 수
이므로 $a\leq b$를 만족하는 순서쌍은

(i) $a=1$일 때, $b=2,\,3,\,4,\,5$가 가능하므로 순서쌍은 4개

(ii) $a=2$일 때, $b=2,\,3,\,4,\,5$가 가능하므로 순서쌍은 4개

(iii) $a=3$일 때, $b=3,\,4,\,5$가 가능하므로 순서쌍은 3개

따라서 구하는 순서쌍의 개수는 $4+4+3=11$

2 $-2<a<-1$이므로 $1<a^2<4$

$1<b<2$이므로 $-2<-b<-1$

따라서 $-1<a^2-b<3$이므로 점 P의 위치가 될 수 없는 곳
은 ①이다.

다른 풀이

$1<a^2<4$와 $1<b<2$에서 적당한 a, b를 정하여 a^2-b의 값
을 구해도 된다. 즉,

(i) $a^2=1.1$, $b=1.9$일 때 $a^2-b=-0.8$로 ②에 위치한다.

(ii) $a^2=2.1$, $b=1.9$일 때 $a^2-b=0.2$로 ③에 위치한다.

(iii) $a^2=3.1$, $b=1.2$일 때 $a^2-b=1.9$로 ④에 위치한다.

(iv) $a^2=3.9$, $b=1.1$일 때 $a^2-b=2.8$로 ⑤에 위치한다.

3 $|a|+1=2|a|-1$에서 $|a|=2$이므로

$a=2$ 또는 $a=-2$

$3|b|+4=|b|+6$에서 $2|b|=2$, $|b|=1$이므로

$b=1$ 또는 $b=-1$

즉, $a=2$, $b=1$일 때 $a+b=3$

$a=2$, $b=-1$일 때 $a+b=1$

$a=-2$, $b=1$일 때 $a+b=-1$

$a=-2$, $b=-1$일 때 $a+b=-3$

따라서 $a+b$의 값은 -3, -1, 1, 3

4 점 $A(3, 3)$과 x축에 대하여 대칭의 점의 좌표는
$B(3, -3)$

점 $A(3, 3)$과 y축에 대하여 대칭인 점의 좌표는
$C(-3, 3)$

세 점 A, B, C를 좌표평면 위에 나
타내면 오른쪽 그림과 같으므로
삼각형 ABC의 넓이는

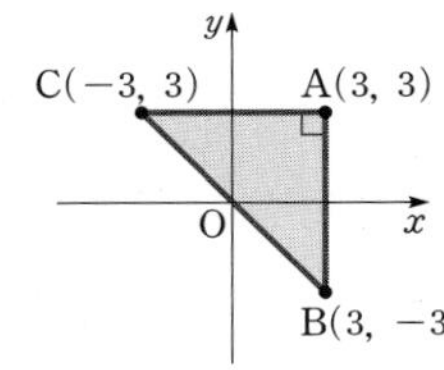

$\dfrac{1}{2} \times 6 \times 6 = 18$

5 점 P를 x축에 대하여 대칭한 후 다시 y축에 대하여 대
칭한 것은 점 P를 원점에 대하여 대칭한 것과 같다.

$\therefore Q(-a, -b)$

6 $a>0$이므로 점 $P\left(a, \dfrac{1}{a}\right)$은 제1사분면 위의 점이다.

또, 점 P와 x축에 대하여 대칭인 점 A의 좌표는 $\left(a, -\dfrac{1}{a}\right)$,

원점에 대하여 대칭인 점 B의 좌표는 $\left(-a, -\dfrac{1}{a}\right)$이므로

(선분 AP의 길이)

$=\dfrac{1}{a}-\left(-\dfrac{1}{a}\right)=\dfrac{2}{a}$,

(선분 AB의 길이)

$=a-(-a)=2a$

$\therefore$ (삼각형 PAB의 넓이)

$=\dfrac{1}{2} \times$ (선분 AP의 길이) $\times$ (선분 AB의 길이)

$=\dfrac{1}{2} \times \dfrac{2}{a} \times 2a=2$

7 $ab<0$에서 $a>0$, $b<0$ 또는 $a<0$, $b>0$이다.

(i) $a>0$, $b<0$이고 $|a|>|b|$일 때, 양수인 a의 절댓값이
음수인 b의 절댓값보다 크므로 $a+b>0$, $a-b>0$
따라서 점 P는 제1사분면 위의 점이다.

(ii) $a<0$, $b>0$이고 $|a|>|b|$일 때, 음수인 a의 절댓값이
양수인 b의 절댓값보다 크므로 $a+b<0$, $a-b<0$
따라서 점 P는 제3사분면 위의 점이다.

(i), (ii)에서 점 P는 제1사분면 또는 제3사분면 위의 점이다.

8 점 P가 제3사분면 위의 점이므로
(x좌표)<0, (y좌표)<0

$a-b<0$, 즉 $a<b$이고 $ab<0$이므로 $a<0$, $b>0$

따라서 점 $Q(-a, b)$는 $-a>0$, $b>0$이므로 제1사분면 위
의 점이다.

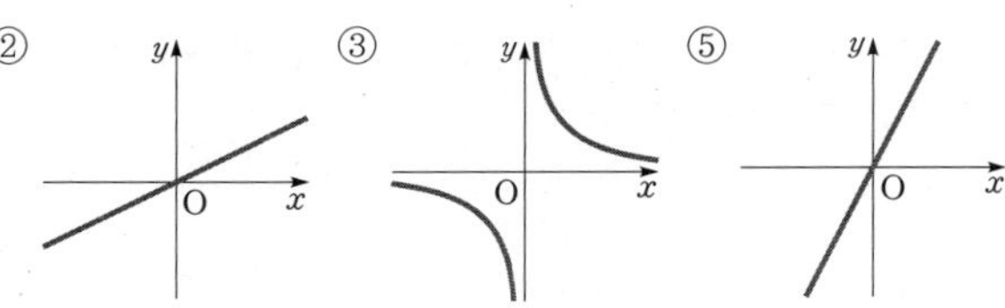

9 올라갈 때보다 내려올 때 걸린 시간이 적으므로 그래프
의 직선은 올라갈 때가 완만하고 내려올 때가 급한 경사를 갖
게 된다. 또, 산정상에서 1시간을 쉬었으므로 올라갈 때와 내
려올 때의 사이에는 평평한 구간이 있어야 한다.

따라서 가장 적절한 그래프는 ③이다.

주의

②의 그래프는 올라갈 때의 속력이 내려올 때의 속력보다 빠
른 경우이다.

10 ① 위에서 구름이가 차를 타고 달린 거리는 총
$100+20+10+90=220(km)$

② ⓓ 구간은 약속장소 방향으로 가는 것을 나타낸다.

③ 갈 때는 1시간 동안 $100\,km$를 갔으므로 평균속력은
$100\,km/$시, 올 때는 4시간 동안 $120\,km$를 갔으므로 평
균속력은 $\dfrac{120}{4}=30(km/$시$)$
따라서 올 때의 속력이 훨씬 느리다.

④ ⓒ 구간에서 거리의 변화가 없으므로 차가 운행하지 않고
멈춰있으므로 휴게소에서 쉬었다고 볼 수 있다.

⑤ 약속장소에 다녀오는 데 총 5시간이 걸렸다.

그래프를 ⓐ, ⓑ, ⓒ, ⓓ, ⓔ의 구간으
로 나누면

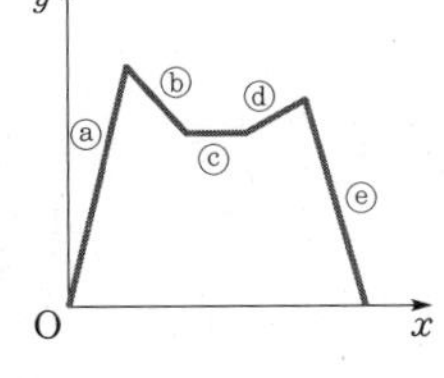

ⓐ 처음 1시간 동안 $100\,km$를 달렸
고, ⓑ 다음 1시간 동안 $20\,km$를 달
리다가 ⓒ 1시간을 쉰 후 ⓓ 3시간 후
부터 4시간 후까지 1시간 동안 $10\,km$를 달렸다.

이후 ⓔ 1시간 동안 $90\,km$를 달렸다.

11 그래프를 보면 변수 y의 값이 일정하다.

따라서 일정한 속력으로 달리는 ④의 그래프로 보는 것이 가
장 알맞다.

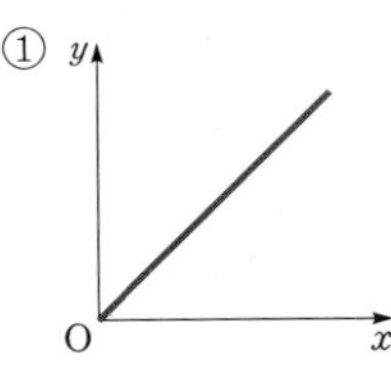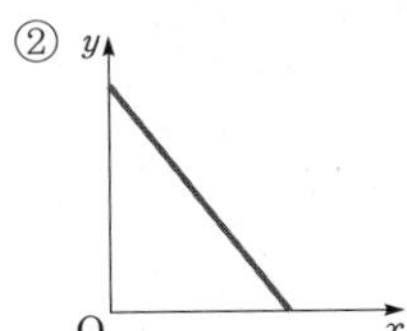

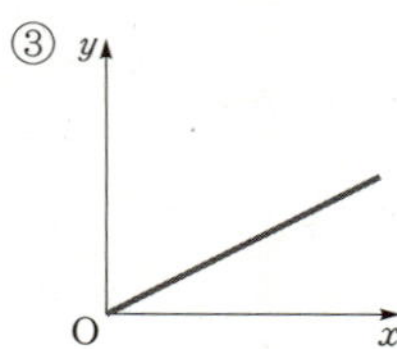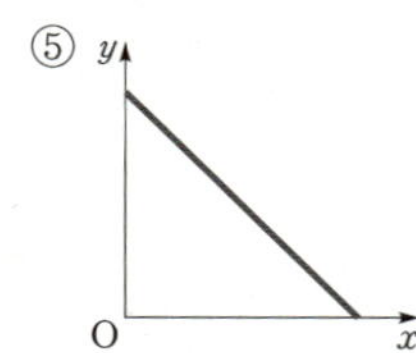

12 (1) 해피가 대지를 30초에 역전하여 순위가 바뀌고, 구름이가 대지를 60초에 역전하여 순위가 바뀌었다.

(2) 출발한 지 50초일 때, 출발점에서 가장 멀리 간 사람은 해피, 대지, 구름 순이다.

(3) 결승점에 들어온 순서는 400 m를 가장 빠른 시간에 도착한 그래프 순서이므로 해피, 구름, 대지 순이다.

13 처음엔 짧은 시간 동안 물의 높이가 급격하게 낮아졌고, 꺾인 점 이후로 직선이 완만해졌으므로 수조의 윗부분은 좁고, 밑부분은 넓은 2단 케이크의 형태임을 알 수 있다.
따라서 가장 알맞은 수조의 형태는 ④이다.

14 y가 x에 정비례하므로 관계식을 $y=ax$ ($a\neq 0$)라 하자.
$x=2$, $y=-1$을 대입하면
$$-1=2a \qquad \therefore a=-\frac{1}{2}$$
$$\therefore y=-\frac{x}{2}$$

15 반비례 관계 $y=-\dfrac{4}{x}$의 그래프는 제2, 4사분면을 지난다.
그런데 $x>0$이므로 그래프는 제4사분면만 그려진다.

16 $y=\dfrac{5}{x}$의 그래프와 x축, y축 사이에 있는 점 (x, y) 중에서 x, y가 정수인 점을 나타내면 오른쪽 그림과 같다.
따라서 제1사분면에 8개 존재한다.

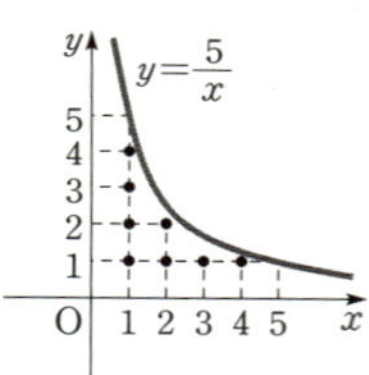

> **TIP** 반비례 관계의 그래프와 x축, y축의 사이에 있는 정수인 순서쌍 (x, y)이므로 그래프 위의 점 $(1, 5)$, $(5, 1)$은 해당되지 않음에 유의한다.

17 $y=ax$의 그래프가 선분 AB와 만날 때, a의 값은 점 A를 지날 때 최소, 점 B를 지날 때 최대이다.
즉, $y=ax$에 점 $\mathrm{A}(1, -2)$의 x좌표와 y좌표를 대입하면
$$a=-2$$
$y=ax$에 점 $\mathrm{B}(5, -5)$의 x좌표와 y좌표를 대입하면
$$a=-1$$
따라서 a의 값의 범위는 $-2\leq a\leq -1$

18 $y=\dfrac{k}{x}$에 점 $\mathrm{A}(2, 6)$의 x좌표와 y좌표를 대입하면
$$6=\frac{k}{2} \qquad \therefore k=12$$
따라서 $y=\dfrac{12}{x}$에 점 $\mathrm{B}(12, a)$의 x좌표와 y좌표를 대입하면
$$a=\frac{12}{12}=1$$

19 점 $(4, 3)$의 x좌표와 y좌표를 각 그래프의 식에 각각 대입하면
$$3=4a, \quad 3=\frac{b}{4}$$
따라서 $a=\dfrac{3}{4}$, $b=12$이므로 $ab=\dfrac{3}{4}\times 12=9$

20 $y=\dfrac{3}{2}x$의 그래프 위의 한 점의 x좌표가 2이므로 $x=2$를 대입하면 $y=3$
즉, $y=\dfrac{a}{x}$는 점 $(2, 3)$을 지나므로 $x=2$, $y=3$을 대입하면
$$3=\frac{a}{2} \qquad \therefore a=6$$
따라서 점 $(3, b)$가 $y=\dfrac{6}{x}$의 그래프 위에 있으므로
$x=3$, $y=b$를 대입하면
$$b=\frac{6}{3}=2$$
$$\therefore a+b=6+2=8$$

21 두 톱니바퀴 A와 B의 톱니 수의 비가 $36:24=3:2$이므로 A가 2번 회전할 때, B는 3번 회전한다. 즉,
$$x:y=2:3, \quad 2y=3x$$
$$\therefore y=\frac{3}{2}x$$

22 점 A의 좌표를 $(a, 3a)$라 하고 점 A에서 x축 위에 수직으로 그은 선분과 만나는 점을 D라 하면
(선분 OD의 길이)$=a$,
(선분 AD의 길이)$=3a$,
(선분 CD의 길이)$=10-a$
이므로

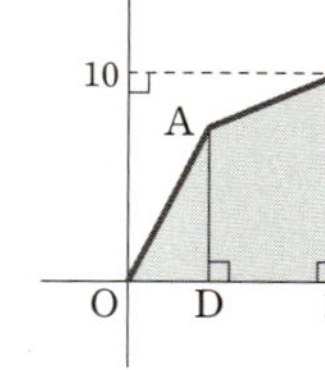

(사각형 OABC의 넓이)
$=$(삼각형 OAD의 넓이)$+$(사각형 ABCD의 넓이)
$=\dfrac{1}{2}\times a\times 3a+\dfrac{1}{2}\times(3a+10)\times(10-a)$
$=\dfrac{3}{2}a^2+15a-\dfrac{3}{2}a^2+50-5a$
$=10a+50=70$
$10a=20 \qquad \therefore a=2$

따라서 구하는 점 A의 좌표는 A$(2, 6)$이다.

23 x와 y 사이의 관계식을
$y=\dfrac{a}{x}$라 하자.

그래프가 점 $(2, 4)$를 지나므로
$x=2$, $y=4$를 대입하면

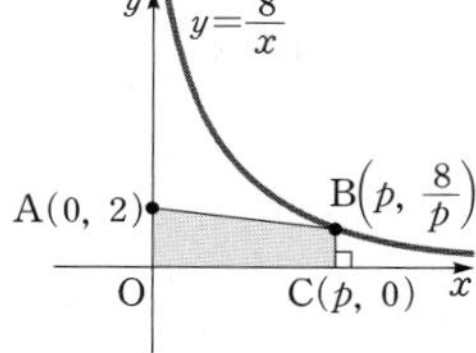

$4=\dfrac{a}{2}$ $\therefore a=8$

즉, $y=\dfrac{8}{x}$

$q=\dfrac{8}{p}$이므로 (선분 BC의 길이)$=\dfrac{8}{p}$

$\therefore$ (사각형 OABC의 넓이)$=\dfrac{1}{2}\times\left(2+\dfrac{8}{p}\right)\times p$

$\qquad\qquad\qquad\qquad\quad =p+4=10$

$\therefore p=6$ $\therefore$ B$\left(6, \dfrac{4}{3}\right)$

24 선분 AB와 $y=ax$의 그래프가 만나
는 점을 P$(k, ak)(k>0)$라 하면

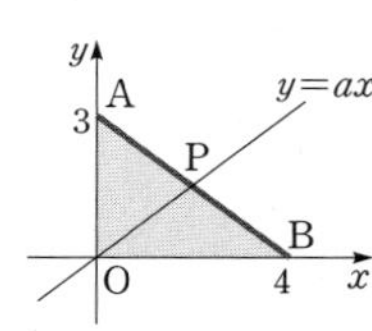

(삼각형 AOP의 넓이)$=\dfrac{1}{2}\times3\times k=\dfrac{3}{2}k$

(삼각형 BOP의 넓이)$=\dfrac{1}{2}\times4\times ak=2ak$

(삼각형 AOP의 넓이)$=$(삼각형 BOP의 넓이)이므로

$\dfrac{3}{2}k=2ak$

$\therefore a=\dfrac{3}{4}$

25 직사각형 ABCD의 넓이는
$(8-4)\times\{-2-(-10)\}=4\times8=32$
A$(4, -2)$, D$(8, -2)$이고 $y=ax$의 그래프와 직사각형
ABCD가 만나는 점을 각각 E, F라 하면 두 점 E, F는
$y=ax$의 그래프 위의 점이므로
E$(4, 4a)$, F$(8, 8a)$
$X:Y=3:1$에서
$X=\dfrac{3}{4}\times$(직사각형 ABCD의 넓이)이므로
$\dfrac{1}{2}\times[\{4a-(-10)\}+\{8a-(-10)\}]\times4$
$=2\times(12a+20)$
$=24a+40$
$=\dfrac{3}{4}\times32=24$
$24a=-16$ $\therefore a=-\dfrac{2}{3}$